U0258898

图 1 古代长江下游圩田
式样（采自 [明] 徐
光启《农政全书》）

图 2 位于无锡市太湖渤
公岛的张渤塑像

图 3 位于芜湖市老城区
的城隍庙

十餘萬圩既成　天子睇其名曰萬春其始謀議者
不快更造異說務危傷之後四歲郡圍十八大水江
浙溪渦間所在泛人廬舍流徒皆汲萬計宣池之間
圩之沉者千餘區而萬春獨屹然潘其一方群小圩
皆恃以無毀先是萬春通就又過其　東十五里梢
圩曰百丈其工半萬春因其舊器材蠡委之郡邑使
者不復親臨矣典議後非老督多少年喜事易之農
為愿方大水也百丈在沉中欲中傷有司者漫言圩
秦亦沒御史以為言天子遣使者臨視之使者新田

図 4　[宋] 沈括《万春圩図记》书影

図 5　[宋] 沈括《万春圩図记》铜浮雕

図 6　翻车 (采自 [元] 王桢《农书》)

図 7　筒车 (采自 [元] 王桢《农书》)

图 8　上海市志丹苑元代水闸遗址（迄今考古发现的规模最大、做工最精、保存最完
整的元代吴淞江流域水利工程遗址）

图 9　圩区内用以调节水量的水闸（采自
[元] 王桢《农书》）

图 10　池州傩舞《舞滚灯》，意为
驱除水患

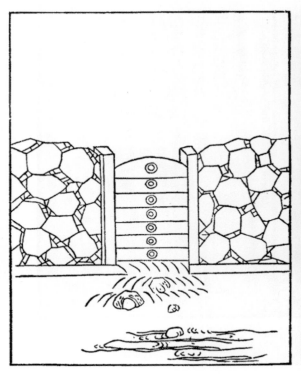

图 11 ［清］朱万滋《当邑官圩修防汇述》

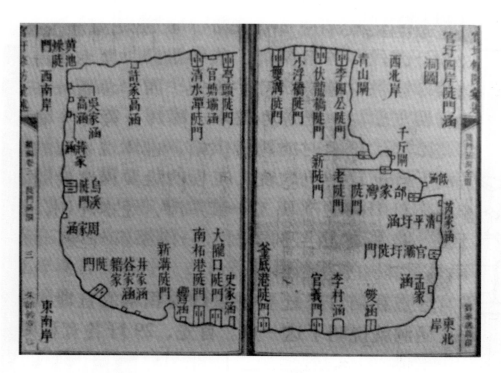

图 12 清代当涂官圩陡门涵洞图

图 13　大公圩古桥涵

图 14　"跳五猖"第三阵中
"双别龙门阵"，诸神
同贺祛祟（采自茆耕
茹《张渤信仰仪式的
跳五猖》）

图 15　江南首圩大官圩一隅

图 16　皖江圩区民众使用的部分农具

图 17　太湖娄港圩田一隅（已有 2500 多年历史，该工程先后入选"世界灌溉
　　　工程遗产"和"全球重要农业文化遗产"名录）

图 18　南京市高淳区永丰圩北内陡门（采自《高淳历史文化大成》）

图 19　位于宣城市金宝圩内的梓潼阁（原名文昌阁）

图 20　郎溪县圩区一览

图 21　宣城市金宝圩一隅

庄华峰 著

唐宋时期长江下游圩田
开发与环境问题研究

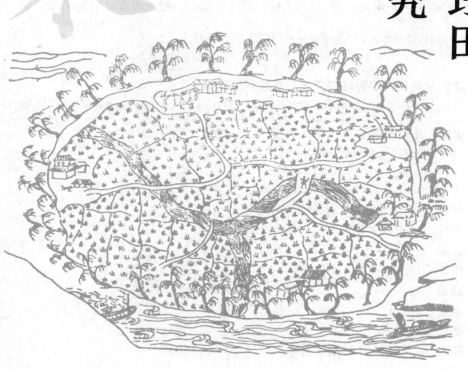

中国科学技术大学出版社

内 容 简 介

本书系国家社会科学基金项目的结项成果。本书突破了以往学界单一圩田史研究视野的局限,而把唐宋时期长江下游圩田的开发及其与环境的关系联系起来考察。全书以正史方面的文献为基本史料,结合考古、档案、方志、碑刻、文集、笔记、圩田志等相关资料,围绕唐宋时期圩田的开发与修筑、圩田的管理、圩田的经济地位、圩区的自然灾害以及圩田开发与生态环境之间的关系等重要议题进行了翔实讨论与细致分析,既注重宏观考察,也致力于个案研究。本书基于新视野,运用新方法,探讨新问题,既促进了历史学与其他学科间的交叉和结合,拓展了历史学的研究领域,又注重总结历史的经验和教训,为协调本地区经济发展与生态环境的关系,保证本地区"生态—经济—社会"三维复合系统的健康运行与可持续发展,提供了可靠的基础理论依据与历史借鉴。本书适合在读中国史专业博士、硕士研究生,以及环境史、灾害史、乡村史研究者阅读,对于长江下游地区的水利、文化部门管理者也有参考价值。

图书在版编目(CIP)数据

唐宋时期长江下游圩田开发与环境问题研究/庄华峰著.—合肥:中国科学技术大学出版社,2023.12
ISBN 978-7-312-05631-4

Ⅰ.唐… Ⅱ.庄… Ⅲ.长江流域—圩区治理—研究—唐宋时期 Ⅳ.S277.4

中国国家版本馆 CIP 数据核字(2023)第 049466 号

唐宋时期长江下游圩田开发与环境问题研究
TANG-SONG SHIQI CHANGJIANG XIAYOU WEITIAN KAIFA YU HUANJING WENTI YANJIU

出版	中国科学技术大学出版社
	安徽省合肥市金寨路 96 号,230026
	http://press.ustc.edu.cn
	https://zgkxjsdxcbs.tmall.com
印刷	合肥市宏基印刷有限公司
发行	中国科学技术大学出版社
开本	710 mm×1000 mm　1/16
印张	16.75
插页	4
字数	267 千
版次	2023 年 12 月第 1 版
印次	2023 年 12 月第 1 次印刷
定价	68.00 元

序　言

　　庄华峰教授自 2013 年出版《古代长江下游圩田志整理与研究》以来，十年磨一剑，又有新著《唐宋时期长江下游圩田开发与环境问题研究》即将付梓，我有幸先睹为快！

　　庄教授采取长时段研究的方法，将长江下游圩田置于我国传统社会唐宋大变革的历史长河中进行考察，在考察过程中紧紧围绕土地开发和环境问题进行深入探讨。本书以翔实的史料告诉我们，长江下游地区的农业开发起步比较早，早在春秋战国时期就获得了快速发展。魏晋南北朝时期，随着北方近百万各族人口的迁徙与先进生产工具及生产技术的引进，长江下游的农业开发更有了长足进步。这些均是唐宋时期长江下游圩田开发的基础。研究表明，我国经济发展重心南移，当始于魏晋南北朝时期，而隋代大运河网络的形成，为后来长江下游水利工程的进一步完善创造了条件。唐代长江下游农田水利的开发，首先与人口数量的增加和人地关系的紧张密不可分，其次农业技术的进步为这里农田水利的发展提供了可能，同时也与这里成为唐代经济命脉所在而颇受中央政府的高度重视有关。宋代尤其南宋移都临安以后，长江下游的农田水利建设在隋唐的基础上有了进一步的发展，这里经济发达、商品流通活跃、国际贸易繁荣，系以前时代难以望其项背的。

　　由于历史时期尤其中古时代农田水利建设的一系列发展变化，到唐宋时期长江下游地区出现了包括圩田、湖田、柜田、涂田、沙田、架田、梯田等不同形式的农田，出现了形式多样的农田水利开发热潮。其中，圩田在长江下游农业开发史上最具代表性，具有开发时间长、面积广阔、结构合理、效益明显等特点。长江下游劳动人民在长期的社会实践中认识到围堤连圩具有提高圩区防御旱涝的功能,这不失为筑圩史乃至水利史上的一个创举。不仅如此,唐宋时期长江下游圩田不仅数量多、规模大、经济效益和社会效益均比较明显,而且出现了兴建圩田的理论——"圩田五说",这对于因地制宜扩大耕地面积、发展农业生产、有效解决经济与环境关系,起到了积极作用。尤其重要的是,这是我们今天仍然需要进行传承的优秀农业遗产。同时,本书对大量史料进行梳理后强调,淮南、江东与太湖流域的圩田在结构、规模等方面有比较大的差异:一是江东沿江圩田既有单独成圩的,也有联圩并圩的,但即使是并圩联圩,圩田的数量也有限,而太湖流域的圩田则是多个圩田的集合体;二是江东沿江圩田规模大,而太湖流域的单个圩田相对狭小。

圩田开发是一个系统工程,需要解决好引水和排灌等问题。圩田在开发前一般要进行规划和设计,无论在选址上还是在结构上,均有一定的科学性。在唐宋圩田的修筑中,政府组织修筑了一系列农田水利工程,在长江下游圩田的开发中占据主导地位。大型圩田水利工程显然非一家一户所能完成的,政府在其中扮演了主要角色。对于江南圩田这样庞大而严密的系统,唐宋政府除了在政策上给予支持、财政上给予倾斜、组织上给予保证,并制定和出台有关法律法规予以规范外,还采取一系列措施以对圩田进行有效管理。圩田修筑涉及诸多居民的利益,要使圩田系统正常运行,圩与圩之间的塘浦、堰闸等必须保持正常使用,若其中任何一个环节受阻,都会导致大片圩田受灾。尽管民间私人筑圩与官府比要逊色得多,民间私人筑圩也是有一定程度的发展,尤其南宋时,地主豪强争相围湖造田,以至政府不得不采取一系列措施对其加以限制。芜湖万春圩是江淮地区开发较早的圩田,其前身是北宋土豪秦氏"世擅其饶"的秦家圩。其规模之大,工程之坚固,在宋代各圩中首屈一指,以至于"万春圩"一直沿用至今,成为唐宋长江下游圩田的活化石。

在长期的博弈过程中,政府与民间在圩田修筑上形成了既有分工又有合作的关系,合作的形式是政府进行圩田的总体规划,私人负责具体工程,最后达到双赢之效。作者强调的是,唐宋时期的塘浦圩田体系虽然逐渐被分割为小圩,但是塘浦渠系并没有废弃,后历经元明清各代的不断治理,基本上完整地保存了下来,成为今天长江下游圩田的沟洫系统,仍然发挥着一定的效益。这无疑是传统社会劳动人民留给我们今天的一份宝贵的历史文化遗产。

本书对长江下游圩田建设和管理过程中的创新进行了学理方面的总结。在宋代长江下游的圩田修建中,以工代赈是一个创新,在当时收到了良好的经济效益与社会效益。首先,长江下游以工代赈在某种程度上同水利建设需要大量当地劳力相吻合,而这在政府组织的圩田开发中经历了一个以差调为主到以雇募为主的发展过程,而雇募制的实施为以工代赈作了制度上的铺垫。宋代长江下游圩田修建过程中以工代赈的管理制度,在我国古代赋役史和社会保障史上占有非常重要的地位,其直接缓解了圩区灾情,促进了当地农业和水利事业的发展,同时发挥了维护社会稳定的功能,其在我国传统社会保障史上具有重要地位。正如王安石所总结的:"募人兴修水利,即既足以赈救食力之农,又可以兴陂塘沟港之废。"对此一举两得的举措,该书进行了辩证的分析,强调宋代长江下游圩田中的以工代赈具有一定的局限性:一是当时工赈水平普遍不高,灾民虽然能从工赈中得到一定的生活保障,而恢复生产的能力仍然有限;二是工赈所赈济的面比较有限,工赈时受到救济的只是部分有劳动能力的灾民;三是工赈中受到赈济的灾民被视为"流民""穷民",得不到时人的认可与尊重。

将唐宋长江下游圩田开发与生态环境有机结合起来进行综合考察,是本书自始至终遵循的一个原则。因为在长江下游圩田开发的漫长过程中,诸多因素叠加在一起使其成为超负荷的农业生态系统,圩田的过度开发导致整个圩区的生态环境处于失衡状态,这是一种常态,最直接的表现便是水患频仍。具体而言,圩田高度开发,破坏了原有的湖泊、河流水文环境,再加上各地政府在圩田管理方面各自为政,各地区的圩田难以形成一个相对完整的系统,缺乏相互间的协作。圩田本身是在原来不利于乃至无法耕种的湖泊及地势低洼之地,通过人工修堤拦水等途径进行开发的,相对于其他土地利用方式,其本身具有明显的生态脆弱性,加上过度开发利用及缺乏合理的护理,这种超负荷的耕作方式受到大自然的惩罚是不可避免的。鉴于此,唐宋时期已经产生了初步的生态保护思想与措施。当时人们认识到圩田过度开发必然会导致生态系统的进一步脆弱,强调古代天地人和谐的"三才"思想,提倡对圩田的适度开发。这些认识反映了唐宋时期人们对于生态环境的自觉意识与维护生态平衡的初步觉醒,实属难能可贵。

尽管如此,我们对于唐宋时期人们对于长江下游圩田开发与环境关系认识的评价不宜评价过高,因为当时保护生态环境的观念还比较淡薄。正因为如此,在利益驱动下,当时围湖筑圩等破坏生态环境的现象屡见不鲜。作者对此认真分析后认为,地方官吏不能切实贯彻政府阻止圩田扩张政令的原因只是一个表象,实际上在圩田禁围与反禁围的问题上包含着深刻的利害关系,即长远利益与现实利益的矛盾,中央与地方利益的矛盾,各级政府与地主、豪强利益的矛盾,等等。作者的结论是:上述问题不在圩田本身,而是土地私有制带来的必然结果。这符合当时的实际情况。

作者在阐述各级政府重视圩田管理时指出,唐宋统治者对于圩田管理的根本目的不在于保护环境、防止水旱灾害的发生,而主要是增加政府的赋税收入,可谓一语中的! 生产是社会的生产,其总是在一定的生产关系中进行的。本书根据翔实的史料,从理论的高度对宋代长江下游圩区的租佃关系进行了总结:一是沙田分布范围广且零碎分散;二是圩田的占佃权可以转移;三是浙西、江东和淮南东路一带的地租较重;四是两浙路、江东路等地存在劳役地租。由上可知,在宋代长江下游的圩区,主客户的人身依附关系是比较强的。这一结论在经济史上具有典型意义,在一定程度上丰富了租佃关系的内涵。

长江下游地区对于圩田的开发利用,是一个动态过程。唐宋时期,江东、两浙地区圩田在当地耕地面积中占有比较大的比重,加上稻作技术的变革以及稻麦复种制的推行,这里已成为全国农业生产发达的地区,南宋以后已经盛行"苏湖熟,天下足"或"苏常熟,天下足"的谚语。长江下游的农业生产在全国已经具有举足轻重的地位,而在当地的耕地中,圩田又占有重要的比例。唐宋圩田无疑促进了长江流域基本经济区的形成,从而成为引发经济重心大转移的砝码。

从本书中可以看出,作者将历史评价和现实关怀以及理论探讨有机地结合在一起。农业开发与生态环境保护是一个世界性的命题。唐宋时期长江下游圩田的开发与发展,是我国先民在长期与自然和谐相处与斗争中探索出的一种因地制宜的土地开发利用模式,从根本上改变了我国地区间的经济格局,对我国传统社会的繁荣昌盛作出了重大贡献。正如元代农学家王祯对圩田如此评价:"虽有水旱,皆可救御。凡一熟之余,不惟本境足食,又可赡及邻郡,实近古之上法,将来之永利。富国富民,无越于此!"庄教授认为,圩田在其历史长河中形成了一种与其经济效益和社会效益相匹配的特殊文化——圩田文化。这是庄教授提出的新的学术命题,值得学术界的思考与回应! 对此,我们翘首以待。

　　本书的出版,对于推动唐宋农业开发与环境史乃至经济史的研究具有重要作用,同时其现实镜鉴价值也不可小觑。笔者才疏学浅,在社会经济史学习中只是对传统工业史略有肤浅认识,对于农业史尤其对于长江中下游圩田不敢置喙。之所以在这里敢谈对庄先生著作的心得体会,全是得到张国刚教授的鼓励。我与国刚先生结缘于 40 年前的中国唐史学会第二届年会,国刚博士在大会上做主题报告,而与其同庚的我只是作为一名硕士研究生陪同导师金宝祥先生参加会议。从此以后,国刚教授对我关心提携颇多,令人感佩不已! 这次国刚教授鼓励我为庄先生大作作序,我权当作一次向庄华峰教授学习与交流的机会。

　　是为序。

魏明孔

2023 年劳动节于三里河无书房斋

目　录

序言 ……………………………………………………………（ⅰ）

绪论 ……………………………………………………………（ 1 ）

第一章　唐宋及此前长江下游的农田水利开发………………（34）

　　第一节　唐以前长江下游农田水利的初步开发 ……………（34）

　　第二节　唐宋时期长江下游农田水利的开发热潮 …………（38）

第二章　唐宋时期圩田的开发与修筑 ………………………（52）

　　第一节　唐宋时期圩田开发的特点及其相关理论 …………（52）

　　第二节　唐宋时期圩田的修筑 ………………………………（67）

　　第三节　太湖塘浦圩田的衰落及其原因 ……………………（86）

第三章　唐宋时期圩田的管理 ………………………………（91）

　　第一节　政府对圩区的管理 …………………………………（91）

　　第二节　民间对圩区的管理 …………………………………（109）

　　第三节　官圩与私圩的比较与分析 …………………………（115）

　　第四节　圩区的水事纠纷及应对 ……………………………（123）

第四章　唐宋时期圩田的经济地位 …………………………（140）

　　第一节　圩田在各地耕地中所占比重 ………………………（140）

　　第二节　两熟制的推行与圩田的高产稳产 …………………（145）

　　第三节　粮米赋税仰给于圩田 ………………………………（156）

　　第四节　圩田在公益事业田产中所占比例 …………………（159）

　　第五节　圩田开发的历史效应 ……………………………………（161）

第五章　唐宋时期长江下游圩区的自然灾害问题 ………………（165）
　　第一节　圩区自然灾害的分布与特点 ……………………………（165）
　　第二节　圩区自然灾害的成因与影响 ……………………………（170）
　　第三节　应对自然灾害的措施 ……………………………………（177）

第六章　唐宋时期圩田开发与生态环境问题 ……………………（188）
　　第一节　圩田开发对生态环境的影响 ……………………………（188）
　　第二节　生态保护思想与措施 ……………………………………（200）
　　第三节　圩田禁围与反禁围的冲突与对抗 ………………………（213）

结语 …………………………………………………………………（225）

附录　唐宋时期长江下游圩区自然灾害表 ………………………（233）

参考文献 ……………………………………………………………（250）

后记 …………………………………………………………………（257）

绪　论

一、本书研究的区域范围

对于研究区域史而言,合理而明确地划分所研究区域的地域范围,是研究者在开展研究前必须考虑好的。目前学术界对于研究区域的划分,见仁见智,但总的来看,其划分方法不外乎两种:一是以地理学中的自然区域来划分,主要以河流、山脉、平原、森林、草原等地形、地貌为基础加以划分;二是以历史上的行政区划为依据进行划分。而历史上行政区划的形成和发展变化,往往是与该地区的经济社会发展水平相一致的,因而这种行政区划的划分是动态的,而非一成不变的。因此,研究区域的划分既要考虑到自然地理条件,又要兼顾行政区划的要素,最好能够把两者统一起来。

长江是一个干流长、支流多的庞大水系,从青藏高原唐古拉山脉主峰各拉丹冬雪山西南侧的发源地到上海市吴淞口的入海口,习惯上分为上、中、下三大段,即从长江正源沱沱河至湖北省宜昌的江段为上游,宜昌至江西省湖口的江段为中游,湖口以下至长江出海口的江段为下游。长江下游流经安徽省境内的江段称为皖江,自江苏省扬州、镇江以东的江段称为扬子江。本书研究的长江下游地区的地域范围,与根据地形、地貌所划定的自然地理区界基本一致。在行政区划上,本书的研究范围大致包括今上海市、浙江省全境、安徽省一部分、江苏省大部分和江西省一部分。唐代的"道"在前期只是监察区域,而非正式的行政机构,安史之乱后,地方割据兴起,"道"才成为正式的行政机构。在唐代,长江下游流域主要包括以下诸道:

淮南道:武德二年(619 年),隋东道大总管杜伏威归唐,为东南道行台尚书令,亦称淮南道行台。九年,为扬州大都督府。十一年,降扬州大都督府为扬州都督府,另割山南道安州都督府合为淮南道。本道处于长江下游的有扬州、和州、滁州、寿州、濠州、楚州、庐州、舒州。其中,扬州:原为隋时江都郡;武德二年,改为前扬州,置总管府;七年,改为邗州;九年,改为扬州,直属扬州大都督府;天宝元年(742 年),改为广陵郡,隶广陵郡都督府;乾元元年(758 年),复为扬州,领江都、江阳、扬子、六合、石梁(千秋、天长)、高邮、海陵(吴陵)7 县。和州:原为隋时历阳郡;武德二年,为南和州,置和州总管府;贞观八年(634 年),为和州,属扬州大总管府;天宝元年,复为历阳郡,隶广陵郡都督府;乾元元年,复为和州,领历阳、含山(武寿)、乌江 3 县。滁州:武德三年,割扬州的清流、全椒两县为滁州,属东南道行台。天宝元年,改为永阳郡,隶广陵郡都督府;乾元元年,复为和州,领清流、全椒、永阳 3 县。寿州:原为隋时淮南郡,武德二年,改为寿州,隶和州总管府;天宝元年,改为寿春郡;乾元元年,复为寿州,领寿春、安丰、盛唐(前霍山、武昌、霍山)、后霍山(淠水、潜)、霍邱 5 县。濠州:原为隋时钟离郡;武德二年,为濠州,隶和州总管府;天宝元年,复为钟离郡;乾元元年,复为濠州,领钟离、招义(化明)、定远(临濠)3 县。楚州:隋大业十三年(617 年),割江都郡山阳、安宜二县,另置淮阴县,立为楚州,隶海州总管府;武德四年归唐,改为东楚州;八年,复为楚州,直属后扬州大都督府;天宝元年,改为淮阴郡;乾元元年,复为楚州,领山阳、盐城(射阳)、宝应(安宜)、盱眙(建中)、淮阴 5 县。庐州:原为隋时庐江郡;武德二年,改为庐州,隶和州总管府;天宝元年,复为庐江郡;乾元元年,复为庐州,领合肥、慎、巢(襄安)、庐江、舒城 5 县。舒州:原为隋时同安郡;武德四年归唐,改为舒州,取上古群舒之地为名,隶寿州总管府;天宝元年,复为同安郡;乾元元年,复为舒州,领怀宁、望江、宿松、太湖、桐城(同安)5 县。

江南东道:贞观十年(636 年),置江南道;景云二年(711 年),为江南东道;江南东道大部分在长江下游流域。其中苏州:原为隋时吴郡;武德二年(619 年),改为苏州;天宝元年(742 年)复为吴郡;乾元元年(758 年),复为苏州,领吴、长洲、常熟、昆山、华亭、海盐、嘉兴 7 县。润州:武德三年,杜伏威改云州前延陵县为丹徒县,置润州;天宝元年,改为丹阳郡;乾元元年,复为润州;领丹徒(前延陵)、后丹阳(曲阿)、金山、后延陵、句容(琅琊)、上元

（江宁、归化、金陵、白下）6 县。常州：原为隋时毗陵郡；武德二年，改为常州；三年归唐，直属东南道行台；天宝元年，改为晋陵郡；乾元元年，复为常州，领晋陵、武进、义兴、无锡、江阴 5 县。湖州：武德四年，割长州、乌程置湖州；天宝元年，改为吴兴郡；乾元元年，复为湖州，领乌程、德清（武原、临溪）、武康、安吉、长城 5 县。杭州：原为隋时余杭郡；武德二年，改杭州；天宝元年，复为余杭郡；乾元元年，复为杭州，领钱塘（钱唐）、富阳、新城、紫溪（前武隆）、唐山（后武隆、武崇）、於潜、临安（临水）、余杭、盐官 9 县。睦州：原为隋时新定郡；隋末改为睦州，取俗阜人和、内外辑睦之义；武德七年，为东睦州；贞观八年，复为睦州；天宝元年，为新定郡；乾元元年，再为睦州；领建德、寿昌、遂安、清溪（雉山、新安、还淳）、分水（武盛）、桐庐 6 县。歙州：原为隋时新安郡；隋末改为歙州；天宝元年，复为新安郡；乾元元年，复为歙州，领歙、休宁、婺源、黟、北野 5 县。越州：原为隋时会稽郡；武德二年，为越州；天宝元年，复为会稽郡；乾元元年，复为越州，领会稽、山阴、余姚、剡、暨阳（诸暨）、萧山（永兴）6 县。明州：武德四年，割越州句章县置鄞州，隶越州总管府；开元二十六年（738 年），置明州，以四明山为名；天宝元年，改为余姚郡，相传其地是帝舜余姚之墟；乾元元年，复为明州，领鄮（句章）、奉化、慈溪、翁山 4 县。台州：武德四年，割括州临海县为海州；五年，改为台州，以天台山为名；天宝元年，改为临海郡，以临海县为名；乾元元年，复为台州，领临海、黄岩（后永宁）、乐安、唐兴（始丰）、宁海、象山 6 县。婺州：原为隋时东阳郡；武德二年，改为婺州；天宝元年，复为东阳郡；乾元元年，复为婺州，领金华（金山）、兰溪、浦阳、义乌（乌伤、乌孝）、东阳、永康、武义（武成）7 县。衢州：武德四年，割婺州之信安县置衢州，以州西三衢山为名；天宝元年，改为信安郡；乾元元年，复为衢州，领信安（西安）、盈川、龙丘（太末）、须江、玉山（武安）、常山（定阳）6 县。括州：括州原为隋时永嘉郡；武德二年，改为括州；天宝元年，以缙云县为名，改为缙云郡；乾元元年，复为括州，领括苍（括仓、后丽水）、缙云、青田、松阳、遂昌 5 县。温州：武德五年，割括州永嘉县置东嘉州；上元二年（761 年），以永嘉、安固二县置温州，以温峤岭为名；天宝元年，改为永嘉郡；乾元元年，复为温州，领永嘉、乐城（乐成）、瑞安（安固）、横阳 4 县。

　　江南西道：景云二年（711 年），割江南道洪、潭、黔、播四州都督府及饶、江、鄂三州置江南西道监理区。江南西道也有部分地区在长江下游的范围中。其中宣州：原为隋时宣城郡；隋末，改为宣州；天宝元年（742年），复为宣城郡；乾元元年（758年），复为宣州，领宣城、广德（绥安）、宁国、泾县、太平、秋浦、青阳、南陵、当涂、溧水、溧阳11县。饶州：原为隋时鄱阳郡；隋末，改为饶州；天宝元年，复为鄱阳郡；乾元元年，复为饶州，领鄱阳、浮梁（新平、新昌）、乐平、弋阳、余干5县。江州：原为隋时九江郡；隋末，改为江州；天宝元年，为浔阳郡；乾元元年，复为江州，领浔阳、彭泽、都昌3县。

北宋实行路制，太宗至道三年（997年）分天下为十五路，后来不断拆分，多次调整。相对于唐代，宋代路、州的行政区划相对稳定。其中处于长江下游流域的有如下诸路。

两浙路：两浙路于熙宁七年（1074年）四月分东、西两路，同年九月合为一路；熙宁九年再次分开，熙宁十年又重新合并。两浙路全境均在长江下游流域。其中杭州领钱塘、钱江（仁和）、於潜、余杭、富阳、盐官、唐山、新登（新城）、安国（临安）、昭德10县。越州领会稽、山阴、剡（嵊）、诸暨、萧山、余姚、新昌、上虞8县。苏州于政和三年（1113年）升为府，即平江府，领吴、长洲、昆山、常熟、吴江5县。润州于政和三年升为府，即镇江府，领丹徒、延陵、丹阳、金坛4县。湖州领乌程、归安、武康、安吉、长兴、德清6县。婺州领金华、东阳、义乌、兰溪、永康、武义、浦江7县。明州领鄞县、奉化、慈溪、象山、定海、昌国6县。常州领晋陵、武进、无锡、义兴（宜兴）、江阴5县。温州领永嘉、瑞安、乐清、平阳4县。台州领临海、黄岩、天台、永安（仙居）、宁海5县。处州领丽水、白龙（松阳）、缙云、遂昌、青田、龙泉（剑川）6县。衢州领西安、江山、龙游（盈川）、常山4县。睦州领建德、寿昌、遂安、分水、清溪（淳化）、桐庐6县。秀州领嘉兴、海盐、华亭、崇德4县。

淮南东路：本路处于长江下游的有如下诸州。扬州领江都、广陵、天长3县。楚州领山阳、淮阴、宝应、盐城4县。泰州领海陵、兴化、泰兴、如皋、海陵5县。滁州领清流、全椒、来安3县。真州原为建安军，至道二年（996年）升为直隶州，领永贞（扬子）、六合2县。通州领静海、海门2县及利丰监。高邮军原为扬州高邮县，后直属京师，领高邮县。

淮南西路：本路处于长江下游的有如下诸州。寿州于政和六年（1116年）升为府，即寿春府，领下蔡、寿春、安丰、霍邱、霍山5县。六安军原来是县，政和八年升为军，后于绍兴十三年（1143年）降为县，领盛唐（六安）县。庐州领合肥、慎、舒城3县。和州领历阳、乌江、含山3县。舒州领怀宁、桐城、望江、宿松、太湖 5 县及同安监。无为军领无为、巢湖、庐江 3 县。

江南东路：本路大部分地区都在长江下游流域。其中昇州于天禧二年（1018 年）为江宁府，领江宁、上元、溧水、溧阳、句容 5 县。宣州领宣城、泾县、南陵、宁国、旌德、太平 6 县。歙州于宣和三年（1121 年）改为徽州，领歙、休宁、绩溪、黟、祁门、婺源 6 县。江州领德化、彭泽、德安、瑞昌、湖口 5 县及广宁监。池州领贵池、建德、石埭、青阳、铜陵、东流 6 县及永丰监。饶州领鄱阳、余干、浮梁、乐平、德兴、安仁 6 县及永平监。太平州原为雄远军，开宝八年（975 年）为平南军，太平兴国二年（977 年），升为太平州，领当涂、芜湖、繁昌 3 县。广德军领广德、建平 2 县。

南宋时期，长江下游的行政区域基本沿袭了北宋的格局，损益不大，多是州级单位的局部调整，这里不再赘述。

二、长江下游的气候条件与自然环境

（一）气候条件

气候，是指某一地区多年的天气情况，它由太阳辐射、大气环流、地面性质等因素的相互作用所决定。气候是自然界中与人类生活关系最为密切的环境因素之一，其对于社会生产，尤其是农业生产有着重大影响。关于历史时期我国气候的变迁情况，已有不少学者做过研究。竺可桢根据考古资料及历史文献中丰富的气象学和物候学方面的材料，经过认真、系统地研究认为，我国近 5000 年气候的演变大致是冷暖交替，但其总趋势是由暖变寒，即温暖期趋短，程度趋弱；寒冷期趋长，程度趋强。[①] 隋唐时代，7 世纪中期，气温普遍偏高，时人将高温气候称为"常燠"，其特征是"夏则暑杀人，冬则物华宝"。这方面的记载俯拾皆是：

唐玄宗天宝元年（742 年）："冬，无冰。"

德宗贞元十四年（798 年）："夏，大燠。"

宪宗元和九年（814 年）："六月，大燠。"

元和十一年（816 年）："十二月，雷，桃李俱花。"

穆宗长庆二年（822 年）："冬，少雪，水不冻冰。"

---

① 竺可桢.中国近五千年来气候变迁的初步研究[J].考古学报,1972(1):15-38.

穆宗长庆三年(823年)："十二月,水不冻,草萌芽,如正、二月之候。"

僖宗广明元年(880年)："暖如仲春。"①

这种高温状况一直持续到10世纪后半叶。至11世纪初,气候开始转冷。12世纪初气候进一步转冷,气温低于今天。北宋政和元年(1111年),2000多平方千米的太湖竟全部封冻,洞庭山与湖岸间"蹈冰可行",柑橘再次大量冻死。江浙"是冬大寒,屡雪,冰厚数寸,北人(即从北方迁居杭州的人)遂窖藏之"②。南宋时,杭州城下雪时间持续到三月。南宋初期,每10年最迟平均降雪日期为四月九日,比北宋中叶以前整整推迟了一个月。③宋高宗绍兴二十三年(1153年),金使来临安,宋廷要召集苏州一带民工破冰开路。④孝宗淳熙十二年(1185年),"是冬,大雪。……冰沍尺余,连日不解。台州(今浙江临海)雪深丈余,冻死者甚众"⑤。这一时期,寒潮向南侵袭的趋势日益加剧。到13世纪初气候开始转暖,但平均气温仍然要低于现今,此种状况一直持续到13世纪后半叶。从文献记载来看,南宋庆元六年(1200年)、嘉定六、九、十三年(1213、1216、1220年)杭州再没有出现冰冻和降雪。尽管如此,这一时期的气温也已比不上宋初之高,详见图0-1。

就唐宋气候变化的态势来看,的确是处于冷暖交替阶段,唐五代为温暖期,宋代为寒冷期。唐宋之际的气候经历了由暖转寒的变化。竺可桢对唐宋气候变化的研究主要依据物候情况而定,因为这一时期人们还没有仪器进行气象观测,而只能用目光来观看降霜下雪,河开河冻,草木抽芽吐绿,开花结果以及候鸟春来秋往等来判断四季,再与以前文献相比较,判定气候的冷暖以及变化的规律。

① 上述史料散见于《隋书》卷二三《五行志下》;《旧唐书》卷四《高宗纪上》、卷三七《五行志》;《新唐书》卷七《宪宗纪》、卷八《穆宗纪》、卷九《僖宗纪》、卷三四《五行志一》等。

② [宋]庄绰.鸡肋编:卷中[M].北京:中华书局,1983:64.

③ 竺可桢.中国近五千年来气候变迁的初步研究[J].考古学报,1972(1):15-38.

④ [金]元好问.中州集:卷一 撞冰行[M].北京:中华书局,1962:34.

⑤ 宋史:卷六二 五行一下[M].北京:中华书局,1985:1343.

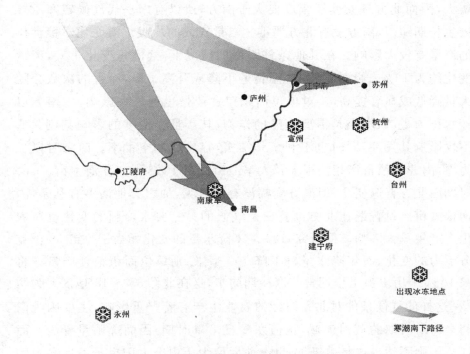

图 0-1　宋代江南地区超常低温主要发生地示意图

　　上述气候变化对农业生产的影响很大,具体表现在三个方面:一是影响了粮食作物的生长期。众所周知,在一般情况下,气候温暖即潮湿,寒冷即干燥。中国农业文明的发展史表明,气候温暖潮湿有利于作物的生长,气候寒冷干燥则不利于作物的生长。唐五代温暖期作物的生长期比现今长十天以上,两宋寒冷期作物的生长期则比现今短。[①] 唐两税法规定夏税无过六月,秋税无过十一月。而北宋夏税纳毕的时间南北三个不同的地区分别为七月十五日、七月三十日、八月五日;秋税则十二月十五日毕,后又并加一月。[②] 这说明北宋谷物收获期大大迟于唐代。南宋时连江南的冬小麦也要迟至五月才成熟。[③] 麦收时间的推迟影响了其他作物的种植,因此一年中总的生长期缩短了。有资料显示,气候变化的幅度往往随纬度增高

　　① 纪念科学家竺可桢论文集[M].北京:科学普及出版社,1982:195-212.
　　② 宋史:卷一七四 食货上二[M].北京:中华书局,1985:4202-4204.
　　③ [宋]范成大.范成大集:卷二八 四时田园杂兴六十首 夏日田园杂兴十二绝[M].北京:中华书局,2020:489-490.

而增大,因而北方气候变迁幅度要大于南方,所以有宋一代气候转寒所导致的生长期缩短,南方没有北方严重。二是气候的冷暖干湿变化对粮食作物的产量有较大影响。在其他条件不变的情况下,气温每变化 1 ℃,产量的变化约为 10％。此外,年均气温普遍下降或升高 1 ℃,冷害的次数会随之大量降低或显著提高,这对单位面积粮食产量也有重大影响。[①] 南方以生产水稻为主,而水稻是需要高温的作物,其产量受温度的影响甚剧。低温不仅影响其发芽,同时也不利于其结实,容易增加空秕率。南宋时以长江为界,南北水稻亩产相差很大:"大率淮田百亩所收,不如江浙十亩。"[②]两宋时期南北方普遍变冷,但南方变幅没有北方大,加之其他诸多有利条件,因而粮食亩产量普遍比北方高。三是气候的另一要素降雨的变化也对农业生产产生重大影响。据研究,100 毫米降水量的变化相当于每亩 50 千克水分潜力的变化,而年降水量每下降 100 毫米,则单位面积粮食产量亦将下降 10％。[③]历史上干旱期常与寒冷期同步,这在北纬 35°～40°地区尤为明显。[④] 这样的气候条件对北方地区的农业生产有着严重影响,主要因为南宋与金对峙时期的黄河流域,正值寒冷且干旱时期,因而降雨量稀少。而长江流域则不然。这是由于 12 世纪前后恰为历史上太阳黑子发现最多的时期,而雨量既可因黑子增加而增加,又可因黑子增加而减少。长江流域属前者,黄河流域属后者。因此这一时期黄河流域亢旱无雨,长江流域却雨雪丰盛。[⑤] 有资料显示,长江流域平均降水量近 1100 毫米,高于全国平均降水量 650 毫米,仅低于华南沿海地区。雨季一般在 4—10 月,其间降水量占全年降水量的 85％左右。流域降水的年际变化不大,年降水量最大最小值之比,一般在 1.5～3.0。雨量的丰沛和降水的分配情况,对长江下游地区农业生产的发展十分有利。

（二）土地资源

土地乃财富之母,作为一个综合概念的土地包括地质、地貌、气候、水文、土壤、植被等自然因素。这里仅就地貌、土壤、积水沼泽化以及土地利

①③ 张家诚.气候变化对中国农业生产的影响初探[J].地理研究,1982(2).

② [宋]虞俦.尊白堂集.卷六 使北回上殿札子[M]//影印文渊阁四库全书本.台北:商务印书馆,1986:1154,136.

④ 气候变迁和超长期预报文集[M].北京:科学出版社,1977:29-32.

⑤ 竺可桢文集[M].北京:科学出版社,1979:58-68.

用等问题作一阐述。

唐宋时期,长江下游具有丰富的土地资源。在土地构成上,具有山地丘陵多、平原少的特征。下面我们根据今天行政区划中各省份的山地、丘陵、平原情况,参照谭其骧主编的《中国历史地图集》第三册推定其大致情况是:山地占 37.5%,为 185708 平方千米;丘陵占 21.6%,为 107291 平方千米;平原占 40.9%,为 202808 平方千米。详见表 0-1。

表 0-1　长江下游各省份土地构成一览表

	总面积(平方千米)	山地面积(平方千米)	山地面积占比	丘陵面积(平方千米)	丘陵面积占比	平原面积(平方千米)	平原面积占比
安徽	118680	40248	33.9%	38055	32.1%	40377	34.0%
江苏	102000	0	0	14586	14.3%	87414	85.7%
江西	167717	84194	50.2%	47967	28.6%	35556	21.2%
浙江	101267	61266	60.5%	6683	6.6%	33316	32.9%
上海	6145	0	0	0	0	6145	100%
总计	495809	185708	37.5%	107291	21.6%	202808	40.9%

长江流域由于植被、气候、地形、成土母质诸因素的相互作用,流域内存在着复杂、多样的土壤。其中下游地区以红壤和黄壤为主。这些土壤的共同特征是都由酸性母质所形成,所以土壤呈强酸性反应;同时由于本区降水丰富,因而其土壤又具有潮湿而黏重的特点。这些土壤在初垦阶段,耕作性能差,保水保肥和抗旱能力弱,产量低。《禹贡》中就说扬州"厥田下下"。但是,经过长期的种植,这些土壤的熟化过程加速,肥力不断增加,有机质和无机质养分含量均大大超过母土,成为适宜农作物生长的重要土壤资源。如江苏太湖地区和浙江杭嘉湖地区,由于河流湖泊冲击、淤积而成的鳝血黄泥土和黄斑塥土等土壤,在长期精耕细作的条件下,其保水、保肥能力良好,对水稻生产十分有利,因而这些地区成为我国历史上著名的水稻高产区。

长江下游地势低洼,有的地方季节性积水,有的地方则常年积水,沼泽化程度较为严重。《水经注·沔水注》载:"东南地卑,万流所凑,涛湖泛决,触地成川,枝津交渠。"这概括地说明了本区的这一特征。由于本区的土地资源存在着较大的开发潜力,一经开发,便可得到厚利。因此到了唐宋时期,尤其是江南一带,与水争田、与山争地的情况愈演愈烈。

（三）江河湖泊

长江下游水网密布,有为数众多的支流,水域宽广,江湖河道相通,其中主要有以下5大水系:

一为太湖水系。其上游来水以荆溪和苕溪为主,自古以来,殆无变化。太湖下游去水,《禹贡》记载:"三江既入,震泽底定。"震泽就是太湖,三江指古代太湖出水的三大干流,即吴淞江、娄江和东江。三江系统大约维持到8世纪,不久三江之中的东江和娄江相继淤塞,吴淞江也日趋束狭,出现了湖泊广布的局面。至五代吴越时期,随着人类活动的加强,水网化基本形成。

二为钱塘江水系。其中包括钱塘江干流及支流新安江、金华江、浦阳江等。

三为淮河水系。淮河水量的80%~90%经大运河汇入长江,故淮河实际上是长江的一条支流。其中包括淮河干流水道及支流涡河、西淝河、茨淮新河、大潜山干渠、新汴河、浍河、城西湖、城东湖、瓦埠湖、沱河、新濉河、瓦东干渠、瓦西干渠、淠河、池河、女山湖、洪河等。

四为以合肥为中心的巢湖水系。其中包括南淝河、巢湖湖区、丰乐河、杭埠河、派河、金牛河、塘串兆河、柘皋河、裕溪河、洲河等。

五是以南昌为中心的鄱阳湖水系。其中包括鄱阳湖湖区、赣江及其支流抚河、锦江、赣水、姚江、贡水,还有信江、饶河及其支流昌江、修水等。

长江下游湖泊星罗棋布,我国5大淡水湖中有4大淡水湖分布在本地区,即我国最大的淡水湖鄱阳湖以及太湖、巢湖、洪泽湖。此外,还有鄞县的广德湖、东钱湖,上虞的西溪湖、夏盖湖、白马湖、屿湖、黎湖,诸暨的七十二湖,绍兴的鉴湖,宣城的童家湖,当涂的路西湖,无锡的芙蓉湖,定海的凤浦湖、沉窑湖,临安的西湖、上湖、下湖、北湖,萧山的湘湖,余姚的黄山湖,会稽的回涌湖,奉化的白杜湖、仁湖,慈溪的白洋湖、慈湖,华亭的淀山湖,润州的练湖,建康的后湖,溧水的固城湖、石臼湖、丹阳湖,句容的赤山湖,溧阳的长荡湖等湖泊。

唐宋时期长江下游的江河湖泊凸显如下几个特点:一是水域面积大。以湖泊为例,鄱阳湖、太湖、巢湖以及洪泽湖等湖泊自不待论,都是湖阔水深的大型湖泊,上述其他湖泊的水域面积也都很大,如广德湖周围 50 里[①],夏盖湖周围 105 里[②],定山湖"湖阔四十余里,所以潴泄九乡之水"[③],练湖"周八十里,纳长山诸水,漕运资之"[④]。二是水量大,汛期长。丰富的水资源给本地区农业的发展创造了十分有利的条件。唐宋时期,本地区人民在开发利用江河、湖泊方面取得了显著成就。其中最引人注目的是在圩田开发方面,形成了以太湖地区为中心的轰动性大开发,对我国政治、经济、人口都产生了深远的影响。三是由于降雨量年际分配、季节分配和地区分配的差异,洪水威胁历来就是本地区治水需要解决的一个重要问题。

三、选题的目的与意义

　　长江下游地区地势低洼,河湖广布,雨热同季,降水丰沛,圩田分布广,开发时间长,发展较为成熟,其标志之一是圩田的类型多样化,既有大圩、小圩、联圩、圩套圩之分,又有官圩、民圩之别,可以说全国圩田的类型在这里应有尽有,从而为圩田研究提供了丰富的资料。同时,从社会因素上讲,长江下游圩区凸显出鲜明的地区特色,它在圩田的修筑与管理、应对自然灾害、政府与民间防范生态环境异化的对策诸方面,在整个长江流域圩田中具有一定的代表性。对于这样一个区域的圩田开发问题进行多纬度的考察,可能获得一些更具有历史认识价值的研究成果。

　　加强对本选题的研究,其意义有三:

　　其一,运用多学科的手段和方法,从人地关系的角度,探讨唐宋时期圩田开发与自然环境相互作用的历史过程、动态机制及其演变方向,是本选题的主要学术目标。加强对本选题的研究,一方面可以推进长江下游地区开发史与环境变迁的研究,另一方面还可以促进历史学与其他学科间的交叉和结合,拓展历史学的研究领域,带动相关学科的发展。

　　其二,长江下游地区在长江流域乃至全国社会经济发展中具有十分重

---

① [清]徐松.宋会要辑稿:食货七[M].北京:中华书局,1957:4928b.
② [明]徐光启.农政全书:卷一六〇 水利[M].影印文渊阁四库全书本.台北:商务印书馆,1986:731,219.
③ [清]徐松.宋会要辑稿:食货六一[M].北京:中华书局,1957:5938a.
④ [宋]王应麟.玉海:卷二三 地理[M].影印文渊阁四库全书本.台北:商务印书馆,1986:943,585.

要的地位。然而长江下游地区经济的高度发展以及在全国领先地位的确立,并非一蹴而就,而是有一个渐次形成的过程。我们研究当今长江下游地区社会经济发展时,决不可割断它与历史的关联。因为无论过去、现在,还是将来,从本质上看它们都是一个连续不断、一脉相承的整体。因此,从当今长江下游地区社会经济发展的实际出发,去研究唐宋时期这一地区圩田开发及其与生态环境的关系,总结历史的经验和教训,对于协调本地区经济发展与生态环境的关系,保证该地区"生态—经济—社会"三维复合系统的健康运行与可持续发展,无疑可以提供可靠的基础理论依据与历史借鉴。

其三,圩田这种水利系统符合世界历史文化遗产的三个条件:唯一性、保存的完整性以及现在仍具有生命力。中国历史上的水利系统很多,但像圩田这种相对成熟、系统完整而又科学的工程系统却不多见。长江流域的几处圩田至今仍保存完整,而且还在继续发挥巨大作用。特别是"塘浦圩田"是千百年来太湖人民利用、改造低湿洼地的独特壮举,唐宋以来,这一圩田工程支撑了中国传统社会最高产、最发达的农业——江南水田稻作农业。因此,加强对本选题的研究,对于更好地保护圩田这份农耕文明的遗产也具有积极的意义。

四、学术史回顾与问题的提出

圩田(又称围田)是我国江南人民在长期治田治水实践中创造的农田开发的一种独特形式,它广泛分布在江苏西南部、安徽南部和浙江西北部。圩田开发是历史上人与自然互动的重要内容,也是当前该地区土地利用的重要形式。有鉴于圩田开发的历史作用与现实价值,自 20 世纪中叶以来,学界对于圩田问题的研究一直持续不断。

我国学界对于圩田问题的研究开始于 20 世纪五六十年代,这一阶段的研究相对薄弱,成果较少,仅有少量论文见诸报刊。这些论文主要集中于对圩田概念及其发展过程的描述,如宁可的《宋代的圩田》(《史学月刊》1958 年 12 期)对宋代圩田修筑办法、分布情况、官圩私圩特点、圩田形成的原因与影响等问题作了初步研究。缪启愉的《吴越钱氏在太湖地区的圩田制度和水利系统》(《农史研究集刊》第二册,科学出版社 1960 年版)对圩田的起源和发展作了一定的梳理,对吴越时期的圩田结构、水利技术及管理制度作了初步的分析。吉敦谕的《何谓圩田？其分布地区与生产情况怎样？》(《历史教学》1964 年 8 期)对圩田的概念、圩区的农业生产作了介绍。这是圩田研究的起步阶段。

20 世纪八九十年代以来,有关圩田的研究进一步受到学界的重视,并取得了一定的成果。90 年代中期以后,社会史的迅速发展以及一些交叉学科的建立和发展,为圩田的研究提供了新的视角和方法,并促使圩田研究向纵深发展。特别是近几年来,社会变迁关系的研究勃然而兴,人们从灾害学、历史气候学、历史地理学的角度,综合考察圩田的经济、社会与生态环境之间的互动关系及其变化。这一阶段的研究成果较为丰富,这里从专著、论文和课题立项三个方面予以回溯。

（一）专著方面

这一时期出版的专题研究圩田问题的著作仅有两部,较早问世的为 20 世纪 80 年代中期缪启愉的《太湖塘浦圩田史研究》(农业出版社,1985 年),近期出版的则有赵崔莉的《清代皖江圩区社会经济透视》(安徽人民出版社,2006 年)。前者以塘浦圩田为中心,就历史资料所及,介绍了塘浦圩田的产生、发展及其演变情况,通过历史概貌的分析,探讨塘浦圩田开发的成败得失。后者在介绍清代皖江流域圩区的圩田分布、圩田类型和特点,并分析其组织特点的基础上,集中探讨了不同自然环境和社会状态下圩区的应对问题,展示了其内部的组织管理及权力运作方式,从中透视出水利社会中国家、地方与社会的关系。

而涉及圩田问题研究的相关著作则有不少。如冀朝鼎的《中国历史上的基本经济区与水利事业的发展》(中国社会科学出版社,1981 年),日本学者长濑守的《宋元水利史研究》(国书刊行会,1983 年),郑肇经的《太湖水利技术史》(农业出版社,1987 年),中国农业遗产研究室编写的《太湖地区农业史稿》(农业出版社,1990 年),汪家伦、张芳的《中国农田水利史》(农业出版社,1990 年),彭雨新、张建民的《明清长江流域农业水利研究》(武汉大学出版社,1993 年),韩茂莉的《宋代农业地理》(山西古籍出版社,1993 年),魏嵩山的《太湖流域开发探源》(江西教育出版社,1993 年),肖华忠的《鄱阳湖流域开发探源》(江西教育出版社,1995 年),龚胜生的《清代两湖农业地理》(华中师范大学出版社,1996 年),万绳楠、庄华峰等的《中国长江流域开发史》(黄山书社,1997年),应岳林、巴兆祥的《江淮地区开发探源》(江西教育出版社,1997年),日本学者森田明的《明代水利社会史研究》(国立编译馆,1997年)与斯波义信的《宋代江南经济史研究》(江苏人民出版社,2001年),张研的《19世纪中期中国双重统治格局的演变》(中国人民大学出版社,2002年),蒋兆成的《明清杭嘉湖社会经济研究》(浙江大学出版社,2002年),冯贤亮的《明清江南地区的环境变动与社会控制》(上海人民出版社,2002年),吴必虎、刘筱娟的《中国景观史》(上海人民出版社,2004年),庄华峰的《古代长江下游圩田志整理与研究》(安徽师范大学出版社,2014年),王英华、杜龙江、邓俊的《图说古代水利工程》(中国水利水电出版社,2015年)等著作,都辟有专章或专节论述圩田问题。

(二) 论文方面

有关圩田研究的论文涉及面较为广泛,研究的内容也较为丰富,涉及圩田的起源、区域分布、分类、发展特点、修筑管理、作用评价等诸多方面。多数学者认为,圩田由长江下游地区向中游地区扩展,依次为太湖地区、江淮地区和汉江流域。成果主要集中在以下几个方面。

1. 圩田开发方式与农业生产研究

圩田开发方式在传统农业生产中占有重要地位,相关研究不乏其人。圩田的开发与社会条件分不开。首先,圩田的开发与人口因素密切相关。许多学者认为人口过度膨胀给农业带来了巨大压力。为了解决这一压力,农民势必要开垦新的耕地。张建民《清代江汉:洞庭湖区堤垸农田的发展及其综合考察》(《中国农史》1987年第2期),认为清代时期人口增长的压力,成为推动江汉——洞庭湖区围垦筑垸的强大动力。张建民《江苏、安徽沿江平原圩田水利研究》(《古今农业》1993年第3期)对江苏、安徽沿江平原圩田从宋代到清代的变迁情况,以及圩区农业生产情况作了论述。同时,围圩垦荒是一项艰苦劳动,人口的不断增长提供了必要劳力,这在圩田开垦的初期是相当重要的。闻国年、陈钟明、钱亚东、王红在《长江三角洲地区人地关系的历史渊源与协调发展研究》(《南京师范大学学报》1998年第4期)中认为,太湖地区完备的塘浦圩田制度与人口和耕地的比例协调分不开,因为充裕的劳力,既能完成塘浦圩田的修筑,又使人均耕地较为富余,既做到地尽其用,又无须乱垦乱围。

人口的大量流动即移民潮的发生对圩田的发展有重要作用。张国雄《中国历史上移民的主要流向和分期》(《北京大学学报》1996 年第 2 期)从中国历史上人口大规模迁徙的角度考察了圩田的发展,认为唐宋时期大批北方移民的迁入,促使了以太湖平原为中心的长江下游经济区的崛起;明清时期"江西填湖广"移民潮的到来,解决了江汉—洞庭湖平原以前人口较少、劳力缺乏的困难,并构成其产生"湖广熟,天下足"的重要内因。

除了人口因素以外,圩田的开发还受其他社会经济因素的影响。许怀林《明清时期鄱阳湖区的圩堤围垦》(叶显恩主编《清代区域社会经济研究》下册,中华书局 1992 年版,第 850～861 页)认为明清时期,政府对鄱阳湖区征派巨额的税粮,促使湖区扩大围垦以增加耕地面积;此外,航运商业的繁荣,也激发了人们开垦圩田的热情,以便使更多的粮食进入流通领域。谢湜《明前期江南水利格局的整体转变及相关问题》(《史学集刊》2011 年第 4 期)指出,明代前期太湖流域上游改筑东坝等大工程的实施,促使太湖以东以黄浦江为泄水主干的局面最终奠定,形成了江南水利的新格局。它改变了江南圩田开发的水环境,也提供了太湖以东进一步围垦土地的便利,水利徭役等赋役制度的改革亦由此展开。王建革、周晴《宋元时期江南运河对嘉湖平原圩田体系的影响》(《风景园林》2019 年第 12 期)认为,正是宋元时期嘉湖平原地区沼泽地的开发,形成了以江南运河为主干河道的河网,推动了以运河为框架的圩田水利开发。王建革、袁慧《清代中后期黄、淮、运、湖的水环境与苏北水利体系》(《浙江社会科学》2020 年第 12 期)又指出,官方水利工程的建设,在改变水系环境,形成水灾的同时,也促进了苏北地区圩田体系和垛田体系的增长。

巴兆祥从圩田的发展脉络、区域分布特征、类型,以及在圩田维护方面的成就与经验等方面对江淮地区圩田的开发状况作了探讨(《江淮地区圩田的兴筑与维护》,《中国农史》1997 年第 3 期)。王建革在研究圩田精耕细作的农业生产技术与土壤的环境关系时,应用大量土壤地理学知识,具体分析了圩区土壤的形成、演变、分类和分布情况(《技术与圩田土壤环境史:以嘉湖平原为中心》,《中国农史》2006 年第 1 期)。

有的学者则结合具体圩田作个案分析,如周生春以宣城的百丈圩作为研究对象,具体考察了该圩兴修的创议者、工程的主持人、修筑的时间、圩堤溃决的具体原因以及最终被废弃的缘由等问题,并对诸多问题作了一番考订正讹工作(《论百丈圩的兴废》,《浙江大学学报》1992年第1期)。赵崔莉《晚清当涂官圩衰落探源》(《中国社会经济史研究》2008年2期)以晚清当涂大官圩为个案,考察了大官圩逐渐衰落的表现,如水灾频仍、频繁修改圩规、圩区乡董无力举赈;并从自然环境、人地关系、圩区管理、世风民情、社会形势以及战乱等方面多角度探求其衰落原因。庄华峰、丁雨晴《清代圩田的开发与环境问题:基于当涂大公圩的考察》(《安徽师范大学学报(人文社会科学版)》2013年第6期)以清代当涂大公圩为个案,对安徽当涂县大公圩的形成特点、管理特色及其对生态环境的影响作了详细探讨。康翊博《对古代圩田系统中人地关系的再思考:以明清无锡芙蓉圩为例》(2017年河南大学历史地理学第三届学术论坛)则以明清时期无锡芙蓉圩为研究对象,审视了其修筑的环境原因、社会原因及其修筑带来的环境影响与社会响应,提供了在全流域尺度下具体圩田系统的"环境－社会"模式分析的一则案例。

各个时期圩田开发的特点也引起人们的关注。其中何勇强《论唐宋时期圩田的三种形态:以太湖流域的圩田为中心》(《浙江学刊》2003年第2期)认为,学界对唐宋时期圩田的种种争论是源于江淮、浙西、浙东这些不同地区的圩田在形式上各不相同之故。浙东的圩田,又称湖田,在山地高处的湖泊上辟地修筑而成,而江淮、浙西的圩田筑于低洼地。江淮圩田虽多单独成圩,但往往规模宏大;浙西太湖流域的圩田则是由众多圩田连片而成的集合体,其单个圩田往往规模较小。唐代后期,随着人口的增多,太湖流域中心的低洼地逐渐被人们开发,圩田开始大量涌现。由于太湖流域的圩田系统是一个众多圩田的集合体,因此政府的管理和维护对圩田的正常运作起着很大作用,但宋代以降,由于政府管理圩田的公共职能逐渐废弛,整个圩田处于一种无序的状态之中,圩田随之走向衰败。崔思棣《江淮地区圩田初探》(《安徽史学》1984年6期)认为,江淮地区到了宋代大量修建圩田并日趋完善,达到了全盛时代,并具有规模大、结构合理、修筑技术也相当完善等特点。王建革《泾、浜发展与吴淞江流域的圩田水利(9—15世纪)》(《中国历史地理论丛》2009年第2期)认为,自宋代的塘浦系统开始瓦解以来,吴淞江流域的泾浜体系开始发展,并形成了具有干支结构的网状水系,在这种水系下,治水必须与治田相结合。鲁西奇《历史时期汉江流域农业经济区的形成和演变》(《中国农史》1999 年 1 期)认为,元代的江汉平原,因劳动力匮乏,经济处于曲折缓慢发展过程中,但垸田的兴起,开启了江汉平原全面开发的历史进程。日本学者滨岛敦俊《土地开发与客商活动:明代中期江南地主的投资活动》认为,明代江南地区在 15 世纪中期以前,主要开垦圩田或围田以扩大农田面积,属于外延式开发;此后,则采用分圩和干田化的方式进行农田的改良,属于内涵式开发。李伯重《宋末至明初江南人口与耕地的变化:十三、十四世纪江南农业变化探讨之一》(《中国农史》1997 年第 3 期)认为,"干田化"的方法,除了疏通河道排水外,就是将一个大圩分为众多小圩,即"分圩"。梁诸英、顾芳《明代皖南平原的圩田与农业生产》(《中国农史》2006 年第 1 期)认为,洪武至正德期间,圩田有较为明显的发展,富豪围垦在其中占有重要地位,同时,圩田发展与蓄水防洪的矛盾已经凸显;嘉靖以后,水灾呈现加剧的趋势,除固有的自然因素的原因外,过度围垦、民人渔利、修防低效等社会因素都起到重要作用。汪家伦《明清长江中下游圩田及其防汛工程技术》(《中国农史》1991 年第 2 期)认为,太湖地区的塘浦渠系历明清朝屡经治理,基本上保存下来。江淮地区的圩田到了明清时期进入了极盛时期,新筑的圩田数以百计,其中千亩以上的大圩有五六十座。刘纯志、宋平安《清代江汉地区垸田经济简论》(《中南财经大学学报》1990 年第 2 期)认为,江汉平原的垸田随着赣、皖移民的大量进入,在明清时期进入大开发的全盛时代。到了清代,江汉平原经济开发出现两个显著特征,即私垸大量出现和洲滩地日益被开垦。这时的围垦很盲目,加速了水患的发生,从而抑制了江汉平原经济发展的速度。江汉经济就是在这种前进中有倒退、倒退后重新组合中螺旋式发展。总之,明清时期宜农土地垦殖已趋于基本饱和,在巨大人口压力以及急切的生存压力驱动下,与水争田、垦山为地不可避免地带有强争性,这一时期的围垦带有明显盲目性的特点。

2. 圩田过度开垦与生态环境研究

圩田开发是长江下游人民在农业生产及水利建设方面的一个创举,它在解决江南人多地少的矛盾、促进农业生产的发展方面发挥了巨大作用,但是也因过度围垦而带来了许多消极影响。首先,圩田过度开垦造成湖面缩小、水旱灾害加剧,导致水土流失,河湖淤塞,进而引起严重的生态失控。近年来,不少学者对于这一问题给予了较多关注。林承坤指出,古代江汉平原采用筑堤围垸的开垦方式,致使地表起伏增大,河床淤高,沿岸河滩等淤积,从而使泄洪和调节径流能力降低,破坏了地理环境,造成了严重的自然灾害。而江南三角洲塘浦圩田的开垦方式,则不改变地表起伏,水系、湖泊都能得以长期保存,因而历史上洪、涝、旱等灾害显著减少(《古代长江中下游平原筑堤围垸与塘浦圩田对地理环境的影响》,《环境科学学报》1984年第2期)。张芳也认为,过度围垦,"与水争田"必然会缩小太湖面积、破坏水网,引发水土流失,提高水旱灾害的发生频率,甚至导致土地肥力下降,农业减产,严重威胁农民生计(《太湖地区古代圩田的发展及对生态环境的影响》,《中国生物学史暨农学史学术讨论会论文集》2003年)。庄华峰《江南圩田:一个古老而弥新的话题》(《光明日报》2003年6月3日)、《安徽古代沿江地区圩田开发与生态环境变迁》(《安徽大学学报》2004年第2期)、《长江下游圩田开发与环境问题》(《安徽师范大学学报》自然科学版2004年第3期)及《古代江南地区圩田开发及其对生态环境的影响》(《中国历史地理论丛》2005年3期)诸文具体探讨了圩田开发对生态环境所造成的影响,认为因过度围垦破坏了江南地区原有的湖泊河流水文环境,造成"水不得停蓄,旱不得流注"的严重局面,从而给圩田大大增加了防患水灾的压力;历代地方政府在圩田管理方面也是各自为政,各地圩田缺乏相互间的协作,使因破圩而形成的局部水灾年年有之;大量构筑圩田,使湖泊面积大为缩小,影响其调节水量的功能,破坏了本地区的生态条件,致使灾害频频发生。同时,一些作者还对圩区的可持续发展问题作了理性思考。朱诚等《长江三角洲及其附近周围地区2000年来水灾研究》(《自然灾害学报》2001年第4期)认为,元、明、清各代,长江三角洲地区的盲目围垦,使河港淤浅,水系紊乱,一遇洪水则宣泄困难,常滞流于太湖的湖荡河网区,水患自然愈演愈烈。刘沛林《历史上人类活动对长江流域水灾的影响》(《北京大学学报》1998年第6期)认为明清时期洞庭湖一带筑堤围垦过多,严重影响江湖蓄泄关系,湘鄂两省水灾不断。汪润元、勾利军《清代长江流域人口运动与生态环境的恶化》(《上海社会科学院学术季刊》1994年第4期)认为,清代长江流域的农民移垦山林和围湖造田,带来了空前的生态破坏。郭广春、宫超《皖江流域圩田开发对区域生态环境影响分析》(《安徽理工大学学报(社会科学版)》2011年第3期)认为清代中叶以后,伴随着人地矛盾的日渐突出,更大规模的圩田开发运动带来了物产枯竭、地力下降、水土流失、渔业受阻、水患加剧等一系列生态问题,地区生态系统愈显脆弱。虽然也有学者,如杭宏秋认为,现如今圩区的环境破坏等问题不能完全归咎于圩田的开发(《"三湖"圩区开发史实及其思考》,《古今农业》2004年第4期)。但总体而言,明清两代的围湖造田、盗湖为田变本加厉,使得河湖水的面积萎缩,导致对圩田调蓄功能的破坏和灌溉效益的丧失,以及对航运、水产以至于气候都有不同程度的影响。此外,水环境的改变也会导致圩田制度的变化。王建革《水流环境与吴淞江流域的田制(10—15世纪)》(《中国农史》2008年第3期)指出,吴淞江流域10—15世纪的圩田系统基本上处于一种大圩系统下。这种系统的功能是狭水以提高塘浦的水位。但由于围垦和运河堤的兴建,宋中叶以后吴淞江逐步淤塞,塘浦提高水位的功能不再被重视,大圩不再利于新形成的众浦排水格局的功能发挥,小圩代替了大圩。水流环境的改变导致了圩田制度的变化。

第二,圩田的过度开垦造成农业的减产,从而减少了国家的财政收入。圩田的过度开垦使河湖水面积萎缩,进而使得渔业受损。尹玲玲《明清时期湖北地区的渔业经济》(《中国历史地理论丛》2000年2期)指出,明中叶以后,湖北地区因围湖建圩严重,河流湖泊逐渐淤浅、淤废,致使渔利有所下降、渔业渐趋衰落。清代以后,围湖建圩更加严重,河湖渔利进一步迅速减少,渔业经济日渐萎缩。圩田水旱灾害的加剧带来农业的减产。宋平安《清代江汉平原水旱灾害与经济开发探源》(《中国社会经济史研究》1990年第2期)认为,清前期以前江汉平原的发展比较繁荣,但在清中后期由于水灾频繁,江汉平原的圩田农业严重受损,粮食生产明显滞后于洞庭湖平原。而农业的减产必然会加重国家财政的负担。张建民《清代江汉—洞庭湖区堤垸农田的发展及其综合考察》(《中国农史》1987年第2期)指出,清代江汉—洞庭湖区堤垸的洪涝灾害频繁,引起修防负担加重,导致了钱粮的免征以及巨大的赈灾费用,给国家财政收支造成了巨大影响。

3. 圩区基层社会组织与社会管理研究

关于圩田的体系,有的学者借助社会学的理论和方法进行研究。陈阿江《水域污染的社会学解释:东村个案研究》(《南京师范大学学报》2000年第1期)即从社会学角度,通过个案研究认为圩田体系是由田、地、水域构成的地理环境,以及生活在这一环境中的人和其他生物构成的生态系统,即包括旱地、水田、圩岸以外的河流或湖泊以及村民。通俗地说,圩区就是圩圩相接与河渠结合的完整系统,即圩连圩、圩套圩的大片区域。这一问题的研究成果主要体现在明清时期圩田的研究上。吴滔《明清江南地区的"乡圩"》(《中国农史》1995年3期)认为,由于圩田水利的重要地位,明清时期,各种行政干预手段和自发性民间团体介入圩岸的修筑和管理,并与塘长制、圩长制相配合,结成一种以圩田网络为基本纽带的农村社会组织。文章通过考察明清两地"乡圩"组织体系的变迁,论述了圩田水利组织在维系江南地区乡村基层社会构成方面发挥的作用。日本学者滨岛敦俊则通过对圩区"连圩结甲"等关系的分析,探讨了圩与村落等基层社会组织的联系与区别(《关于江南"圩"的若干考察》,《历史地理(第七辑)》,上海人民出版社1990年版)。赵崔莉在《清代皖江圩区的组织功能与社会控制》(《农业考古》2008年3期)中认为清代皖江圩区具有水利组织和基层组织的社会功能,并主要通过宗族对圩区进行社会控制。

　　圩区的管理主要包括政府和民间两个方面。圩田水利的管理构成圩区管理的重要方面。在中国古代农业社会中,政府在水利事业中的组织作用和管理机能最为关键。田静茹在《试论唐代长江下游地区农田水利和农业生产发展的特点》(《武汉交通管理干部学院学报》1997年第3期)中指出,唐政府职能的发挥对长江下游地区农田水利的发展变化有重要作用。这表现在从中央到地方设置一套管理修建水利的行政机构,由地方政府负责主持农田水利的兴建维修;制定水利管理法令和法规,如指令全国水利的《水部式》和地方性法规《钱塘湖石记》,对灌溉用水和一些与水利有关的其他事务作出具体的规定。虞云国在《略论宋代太湖流域的农业经济》(《中国农史》2002年第1期)中认为,宋代政府给予太湖流域水利建设上以积极的财力和物力支持,并把兴修水利纳入地方官的常规公务;规定兴修圩田、河渠、堤堰、陂塘之类水利的诸多内容不仅作为州县长吏的重要职责,还直接与考科磨勘优劣相联系。庄华峰对唐宋时期政府对圩田的管理问题作了专题探讨,指出唐宋时期尤其是在宋代,长江下游地区圩田开发在以往的基础上有了长足发展,从而使这一地区成为全国重要的粮食基地。圩田的快速发展,除了因为该地区拥有优越的自然条件外,当与政府有效的管理密不可分。政府对圩田的管理主要包括创设圩田管理制度、组织圩田生产,以及修筑堤岸、生物养护、设置堰闸、开浚港浦等内容。由于政府的有效管理,圩田产生了多元化的效应(《唐宋时期政府对圩田的管理及其效应:以长江下游圩区为中心》,《中国社会科学院研究生院学报》2009年第6期)。王建革于《10—14世纪吴淞江地区的河道、圩田与治水体制》(《南开学报(哲学社会科学版)》2010年第4期)中指出,到宋元时期,国家负责一般干河的疏淤,许多大圩相对独立,也有许多自然圩与基层单位仍是合一的。豪强围垦的兴起使官方开始对基层水利界限进行控制。这时期的治水官员利用各种措施以增加圩内团结力,以此完成共同修圩之事务。日本学者滨岛敦俊与我国学者李伯儒通过对江南三角洲圩田水利的考察指出,欠缺中间团体的中国,终究只能借由国家(专制权力)赋予地方向心力,进而形成合作组织(《江南三角洲圩田水利杂考》,《明代研究》2015年)。沈世培则对南宋江南圩田开发中政府的公共职能进行探析,认为南宋政府圩田政策和实践活动的出发点是增加财政收入,具有重兴修而轻管理和控制、对私人滥开圩田控制不足、圩田兴修与水利建设结合不够等特点,并指出不仅要让古代政府的公共职能真正发挥出作用,现代应更是如此(《南宋江南圩田开发中政府公共职能探析》,《中国农史》2017年第2期)。

　　民间对圩区的管理主要表现在圩长制的创设上。圩长担负着重要的职能,成了圩区重要的管理人员。圩长在有些地方被称作塘长,也称田甲、圩甲。圩长多由田土多的大户担当,其阶级属性是地主、富农,担负着维持全圩劳动的组织和管理的责任。林金树《明代江南塘长述论》(《社会科学战线》1986年第2期)具体考察了明代江南塘长的设立和职责,指出塘长的设立除更好地组织当地人力、物力,整治水患,开塘筑岸外,还兼管钱粮、赋役等杂事。日本学者川胜守《明代江南水利政策的发展》(《明清史国际学术讨论会论文集》)一文认为,万历初年江南水利修筑的特点是重视塘长与圩长的作用,提倡利用当地的权利关系。日本学者滨岛敦俊在《明代江南之圩田水利与地主佃农》(《明清史国际学术讨论会论文集》)中指出,除了圩长、塘长之外,明代前期江南地区,粮长、里长、老人等也对圩区实施管理职能,并对修筑圩岸、疏浚塘浦负主要责任。

4. 圩田开发与水事纠纷研究

　　所谓水事纠纷是指在水事活动中不同利益主体之间的矛盾、争执甚至暴力冲突事件,这是圩区的主要社会矛盾之一。学界对这一问题的研究取得了一些成果。宁可《宋代的圩田》(《史学月刊》1958年第12期)指出,豪强形势之家强占民田,或纵容奴仆恶佃欺凌人民,引起不少纷争和词讼,因而激化了阶级矛盾。熊元斌在分析清代浙江地区水事纠纷时,将水利纠纷分成地区之间、村落之间、宗姓间、土客之间、农民与势豪地主之间、农民与商人间等各种利益群体的矛盾与冲突(《清代浙江地区水利纠纷及其解决的办法》,《中国农史》1988 年第 3 期)。张崇旺从水事纠纷产生的主体着眼,指出明清江淮地区水事纠纷有个人和个人、个人和集体、集体和集体、行政区之间、上下游之间、国家和地方之间等类型。同时指出,在注重"人治"和私人土地占有制盛行的传统社会,江淮的水事纠纷往往不能得到及时预防和正确处理,因而引起了严重的后果:一是造成严重的人祸天灾,二是造成严重的人员伤亡和财产损失,三是造成地方社会的动荡和不安(《光明日报》2006 年 4 月 11 日)。庄华峰则将宋代长江下游圩区各利益主体之间的水事纠纷作为研究重点,他指出,宋代长江下游圩区产生水事纠纷的原因有五:一是豪强地主兼并土地,霸占水利设施,致使圩民剥削加重;二是人口增长迅速,导致圩区人水关系紧张;三是圩区往往圩圩相邻并且圩中有圩,在发生水涝或干旱时,这些不同的圩就会由于排水或引水问题发生利益冲突;四是圩民小农意识浓厚;五是水利资源使用权、管理权不明晰。文章着重探讨了水事纠纷下两宋政府所采取的积极的对策。这些对策主要包括构建圩区基层组织、修复水利设施改善用水环境、建立水则石碑等相关预警设施、制定水事法律法规、注意圩址勘察等(《宋代长江下游圩区水事纠纷与政府对策》,《光明日报》2007 年 1 月 12 日;《宋代长江下游圩田开发与水事纠纷》,《中国农史》2007 年第 3 期)。除了水事纠纷外,还有学者关注到了因圩田开发所引起的草洲使用纠纷,如刘诗古认为,明中叶以降鄱阳地区圩田开发的推进,刺激了野草这一肥料需求的增长,引发当地草洲使用纠纷(《"习惯"与"业权":明中叶以降鄱阳湖区的圩田开发与草洲使用纠纷》,《西华师范大学学报(哲学社会科学版)》2016 年第 6 期)。

5. 圩区社会风尚研究

圩区民风民俗研究受到部分学者的重视,并取得一定的研究成果。赵崔莉在《清代皖江圩区的民间信仰》(《古今农业》2007 年第 1 期)中指出,在清代皖江流域的圩区中,圩民们拥有相似的民风民俗和宗教信仰。皖江圩区宗教信仰形式多样,普遍建有寺庙庵堂,并有举行家祭的传统。作者认为皖江圩区的祭祀活动既具有共性,也凸显出本圩区的特点:一是对保护圩区农业生产安全的神灵特别崇拜,体现出重农的崇拜观念;二是许多对圩区作出卓越贡献的官绅成为圩民祭祀的神灵。这些神灵都是保佑圩区风调雨顺和为农业、渔业消灾避难的庇护之神。通过这些祭祀活动,圩民之间的凝聚力得到增强。

6. 圩区水域景观研究

以圩田景观为主体的水域景观研究日益受到学界重视,并取得了一定的成果。安介生认为(《历史时期江南地区水域景观体系的构成与变迁:基于嘉兴地区史志资料的探讨》,《中国历史地理论丛》2006年第4期),地处杭嘉湖平原的嘉兴地区水域景观种类繁多,体系完整,且以水田景观(即圩田)为主体形态,具有很高的研究价值。他还指出,历史时期嘉兴地区的景观体系经历了三个各具特色的发展阶段,即先秦至南北朝以“三江五湖”为主要标志的原生态景观形态;唐五代直到宋元时期围垦式景观体系的全面形成;明清以来水网如织、陂塘密布式精细化景观(即整治景观)系统的最后定型,认为导致这一地区景观变化的最主要动力来自历代人民推动农业与水利事业发展的艰苦努力,突出展示了社会生产实践活动与地理环境变迁之间的密切关系。王建革《唐末江南农田景观的形成》(《史林》2010年第4期)一文认为,唐末吴淞江流域形成了以大圩和塘浦河道的网络形态,局部形成完美棋布化的状态。在这种网络基础上,农田景观搭配野生风光,特别是水面渔业环境与野生植被,形成了经典的江南风光。郭巍、侯晓蕾《筑塘、围垦和定居:萧绍圩区圩田景观分析》(《中国园林》2016年第7期)则以萧绍圩区景观为研究对象,从风景园林学的角度,将其分解为一个自然、耕植和聚落系统的叠加,借此描述了萧绍圩区圩田景观的形成过程。并从由海塘、河网和闸堰设施组成的圩区水利系统、圩田子系统以及由孤丘聚落、塘堰聚落、溇港聚落形成的圩区聚落系统三部分对萧绍圩田景观加以分析,得出了圩区具有尺度的层级性、形态的整体性和文化的衍生性等特征的结论。

值得一提的是,在近年来的圩田研究中,研究方法日趋多样化。我们知道,圩田问题是一个涉及土地利用、水利开发与纠纷、生态环境变化、人地关系互动、乡村社会等内容的多学科交叉的课题。因此,一些学者除采用传统的史学研究方法之外,也注意运用其他相关学科的研究方法,从新的角度对圩田的相关问题作了深入的探索。如王心源、陆应诚、庄华峰等在分析圩田的时空特征时,主要运用陆地卫星影像与地理信息技术,并结合历史地理学对皖东南及邻域圩田的时空特征进行研究,得出结论(《基于遥感技术的圩田时空特征分析》,《长江流域资源与环境》2006年第1期)。赵崔莉、刘新卫(《清代无为江堤的屡次内迁与长江流域人地关系考察》,《古今农业》2004年4期)在考察明清无为州江堤不断出现江逼堤退原因时,即从人地关系的视角,并借鉴地理学河流系统论原理,综合考察了长江流域人口、资源、环境三者之间的关系,指出清朝长江流域人地关系失调和自然环境恶化是真正的罪魁祸首。侯晓蕾、郭巍在《圩田景观研究形态、功能及影响探讨》(《风景园林》2015年第6期)中基于风景园林的视角,论述了圩田以圩堤、河渠、堰闸为核心的形态结构,以分区分类为特色的土地利用模式和与圩田水利紧密相关的聚落分布特征;总结了圩田的生产、生态和文化功能;论证了圩田对于我国传统造园,尤其是对于地处湖泊湿地基址的风景营建的影响;最后,通过纵向和横向类比,探讨了圩田对我国河网地带传统城市布局形态的影响。另外,考古学、环境学、灾害学、社会学、人类学、园林学等学科的研究方法也正在不断被运用到圩田研究上。

(三)课题立项方面

近年来,在学界加强圩田开发与生态环境变迁问题研究的同时,相关研究课题也不断获准立项。如近年来庄华峰就主持了多项相关课题:安徽省跨世纪学科带头人科学研究资助项目"历史时期长江下游地区圩田开发与水患防治研究";国家社科基金资助项目"7—19世纪长江下游圩田开发与生态环境变迁";全国高校古籍整理研究工作委员会资助项目"11—19世纪长江下游圩田志要籍辑校"。课题立项给研究工作注入了活力,因而有关圩田问题研究的成果也不断涌现。

综上所述,自20世纪五六十年代以来,圩田研究有了长足的进展,取得了不少成绩。但这一研究也存在明显的不足,主要有以下几个方面:第一,就整个圩田史的研究而言,对唐宋圩田的研究尚属薄弱环节。其研究的深度与广度,远不如明清时期,因而表现出研究时段的不平衡性。第二,既有的唐宋圩田研究多流于宏观问题的探讨,多集中于圩田的开发、整治诸问题,从而出现了圩田研究或不够具体、或研究多有重复等不足之处。

研究不够具体之处如圩堤修缮经费的筹集、宗族势力对圩区水利的控制以及对圩区社会的影响、圩区两熟制的推行(稻作两熟制、稻麦两熟制)等问题尚无人问津;重复性研究较多地反映在论述圩田、灾害、经济等关系时,常陷入"圩田的过度开发—水旱灾害加剧—农业经济倒退"的循环之中。这种结论的推导过程是无可非议的,但是这无助于推进史学研究。第三,研究的空白处或研究有待加强的地方尚有许多。如圩区的自然灾害及其社会应对问题,生态环境变化与社会自控问题,圩田的经营与管理模式问题,圩田粮食产量的估算问题,圩区民众的生态环境保护意识问题,以及政府与民间在圩田问题上的冲突及影响、圩民的生活状况等问题,均有待进一步探讨。又如圩田作为一个水利共同体,形成独立的水利社会。对于不同地方的圩田水利,仅考察其形成和演变是不够的;在社会职能上,圩田作为重要的基层组织的联结点,它在人们的生活和生产中所起的作用和扮演的角色,以及与经济发展、政治格局、社会变迁之间的关系等还有待细致考察。第四,借鉴其他学科的研究成果,进行多学科交叉研究虽然取得了一定成绩,但总的看来仍需进一步加强。如遥感技术在反映空间分异、揭示区域发展过程方面具有现代科学技术的独特作用,其宏观、准确以及定量与经济性等,在土地利用研究方面有着巨大优势。但在以往的圩田研究中,这一研究手段运用得很少。有鉴于此,我们认为有必要转换研究视角,采用新的研究方法,从新的角度、新的高度、新的视野对唐宋时期圩田的耕作制度、管理模式、经济地位、自然灾害及其社会应对、生态环境变化与社会自控等学界鲜见论及的问题作出更全面、深入、准确、客观的分析和论证。

五、研究方法与研究思路

本书注重运用历史地理学、社会学、经济学等多学科的理论与方法。所采用的具体研究方法主要是定量分析与定性分析相结合、宏观研究与个案研究相结合的方法以及比较研究的方法等。

圩田研究涉及农业开发、社会经济、水利建设、生态、灾害、圩田社区与乡村社会等领域,进行圩田研究,必然体现了多学科交叉的特点。如借助生态学原理,把圩田纳入"天、地、人"这个宏观的体系进行科学而系统的分析。由于研究的主要内容是唐宋时期长江下游圩田开发与环境问题,因而特别注重运用历史地理学的方法来考察环境变迁,从时间和空间上对研究所需资料进行梳理和考辨。还要借助水利学的原理,考察圩田中水利设施的技术水平、实际修筑情况以及对农业的实际作用等。从社会控制的研究角度看,对研究中涉及的圩区生态环境变迁及其社会应对以及国家政权、民间组织在圩田开发、护理诸方面与生态环境的互动关系等问题,又需运用社会学的理论与方法加以解释;而社会学的统计以及人类学的实地调查方法对于圩区的考察也是必要的。对圩田的关注还引起对其所造成灾害的关注,因此利用灾害学的知识对过度开垦圩田所造成的灾害进行分析,必然更加科学,更令人信服。如依据灾害学的知识,从历史上长江下游洪涝灾害程度的划分标准以及洪涝灾害的频率与周期入手,对于朝廷对洪涝灾害的赈济标准与措施,以及圩民对洪涝灾害的心理承受能力及适应性进行了较深入的论述。这不仅有助于了解当时该地区的洪涝灾害及其对社会经济发展的影响,还大大提高了研究结论的科学性与可信性。

在资料的选择和运用上,在大量采用正史方面的文献的同时,尽可能地利用考古、方志、碑刻、文集、笔记、圩田志方面的材料,以增强论证的可信度和说服力。

本书的研究思路是:

其一,突破以往多据行政区划研究圩田的局限,而将长江下游圩区作为一个完整的地理单元进行系统考察。同时突破以往学界单一圩田史研究视野的局限,而以整体史的视角开展全景式圩田研究。

其二,长江下游圩区自然灾害频仍,分析掌握圩区自然灾害形成的原因应是本书首先需要解决的问题。为此,本书将对历史上本地区的地形、气候、水文、水资源、江河基本特性进行研究,切实把握本地区历史发展的多样性及其人地关系的特点,这是正确认识该地区圩田开发与生态环境关系的历史前提。

其三,长江下游圩区的环境演变不是单纯的自然演化,而是自然与人为因素相互叠加、共同作用的结果。因此,研究本地区的环境变迁既要注意人类开发活动的影响,又不能忽视环境演化的自然规律。

其四,在影响圩区环境变迁的诸多因素中,人口变动与土地利用方式的变化是两个最为重要的方面。其中,人口的增长是引发本区圩田开发的主导因素；土地利用方式则是连接人与环境的中心环节。因此，本书将围绕人口与土地利用这两个主要方面展开对圩田开发与环境变迁关系的考察。

本书将研究时段界定在唐宋时期，空间范围则以自然地理概念上的"长江下游地区"为基本框架。通过研究，将圩田开发与生态环境的关系充分展现出来。针对不同方面的问题，本书设置了若干专题，分别就相关问题进行讨论。

第一章通过对唐代以前长江下游农田水利的初步开发、唐宋时期长江下游农田水利的开发热潮等问题的叙述，为全书圩田开发与生态环境问题研究的展开提供背景分析。

第二章讨论唐宋时期圩田的开发与修筑。首先，对长江下游圩田开发的基本特点及其相关理论进行简要概括，分别对江东沿江地区和太湖流域两个单元圩田的起源与发展进行了初步梳理。其次，讨论了圩田的修筑情况，内容涉及圩田建设的规划设计、修筑方式、征召夫力及经费的筹集等问题。再次，阐述了太湖塘浦圩田的衰落及其原因。在论及塘浦圩田的衰落原因时指出，它与土地所有制发展及经营方式变化、与漕运的冲击以及人们对土地的迫切要求关系至密。

第三章讨论唐宋时期圩田的管理。先从政府和民间两个层面讨论了圩区的管理情况。政府的管理主要从财力、物力上对水利事业的支持、建立圩田管理机构、制定水利管理法令法规以及圩田的生产关系诸方面加以论述，并讨论了圩田的管理模式及其成效；对于民间的管理，主要阐述了圩长制设立、规划圩内农田、重视圩岸护养等问题。同时对官圩与私圩在管理上的优劣进行了比较与分析。本章还讨论了圩区的水事纠纷及其应对问题。首先界定了圩区水事纠纷的主要类型，继而分析了导致圩区发生水事纠纷的原因，最后重点讨论了面对圩区的水事纠纷政府所采取的积极对策：一是构建圩区基层组织，二是建立水则石碑等相关预警设施，三是制定水事法律法规，四是注意圩址勘察。

第四章论述圩田的经济地位。着重从圩田在当地总耕地中所占比重、两熟制的推行与圩田的亩产量、圩田在公益事业田产中所占比例、圩田对于国家赋税的贡献，以及圩田开发产生的社会效应诸方面展开讨论。通过论述，我们得出结论：圩田是我国先民与自然界斗争过程中探索出的一种土地开发的最佳方式。它从根本上改变了我国地区间的经济格局,为我国封建社会的繁荣昌盛作出了历史性的重大贡献。

第五、六两章探讨圩区自然灾害频发及环境变动状态下的社会控制问题。其中第五章着重阐述了圩区自然灾害的分布与特点、成因与影响以及应对自然灾害的措施等问题。第六章则分析了圩田开发对生态环境的影响,指出圩田在开发的过程中,由于诸多原因,而成为超负荷的农业生态系统,圩田的过度开发导致整个圩区的生态环境处于经常性的失衡状态,水患频发仍是最直接的表现。在此分析的基础上,着重阐述了在圩田开发和管理过程中所形成的生态保护思想及所采取的生态保护举措,并论述了圩田禁围与反禁围的冲突与对抗。

六、资料来源与选择

本书主要研究唐宋时期长江下游圩田开发与生态环境变迁问题,因而所采用的资料主要是这一历史时期中的史料,主要涉及的正史有《史记》《三国志》《隋书》《旧唐书》《新唐书》《宋史》等,涉及的政书、专史有《文献通考》《续文献通考》《唐会要》《宋会要辑稿》《农书》《农政全书》等,涉及的地理志书有《元和郡县图志》《太平寰宇记》《元丰九域志》《景定建康志》等。此外,还包括这一历史时期的其他史书,如《资治通鉴》《续资治通鉴长编》《建炎以来系年要录》《续编两朝纲目备要》等;宋元人的文集、笔记小说和石刻资料也是本书资料的一个重要来源。

笔者在本书写作中对以下史料给予了更多的重视:

《新唐书》,宋欧阳修、宋祁等撰,是一部记述唐代近三百年史事的正史,此书对唐代长江下游圩区的建设与管理、圩区的规划、圩区的自然灾害与生态环境方面的资料,多有记述,重点在《地理志》《五行志》《食货志》部分。

《宋史》,元代官修的宋代正史,脱脱和阿鲁图等撰。其中与本书相关的主要是《食货志》《地理志》《五行志》部分。这些史料对于长江下游各州在两宋时期的圩田建设与管理的记载较为详尽,同时在圩田沿革上溯时也包含了一些唐代的相关材料。

《唐会要》,宋王溥撰,记载了自唐高祖到唐宣宗时的史事。《唐会要》成书于宋初,其主要部分修撰于唐朝中后期,故书中保存了丰富的唐代原始资料,其中许多资料为《旧唐书》《新唐书》所不及。与本书相关的内容主要是《食货》,它可与《新唐书》的《食货志》相互补充。

《宋会要辑稿》,由清人徐松辑录而成,史料源出于《永乐大典》,保留了大量宋代的官方原始文献,其《食货》部分记述较为详细,不少内容是其他书所没有的,它为我们研究宋代长江下游圩田的开发与管理提供了第一手丰富的资料。

《文献通考》,宋末元初马端临撰,属于典志体史书,记载了上古到宋宁宗时典章制度的沿革,其中《田赋考》七卷、《户口考》二卷,是本书主要参考的部分。但由于此书因袭过多,记载间有疏失,因而材料在使用时需加以慎重考辨。

《资治通鉴》,北宋司马光主编。其中唐宋时期的史料对本书具有很高的价值。宋元之际胡三省为《资治通鉴》作注,其中对官制和地理两方面考证十分精详,且保存了一部分后已亡佚的史书,如书中引用了大量宋人宋白所著的《续通典》,为唐宋圩田的研究提供了不少珍贵史料。

《农书》,作者王祯,是中国元代综合性农书。全书内容包括《农桑通诀》6 集、《百谷谱》11 集、《农器图谱》20 集。该书兼论南北农业技术,对土地利用方式和农田水利叙述颇详,并详细介绍了各种农具,是一本很有价值的书。虽然其为元时的作品,但书中关于圩田的图文资料对于我们研究唐宋时期的圩田仍有很高的价值。

此外,一些宋人的文集也保存了大量有关圩田方面的史料。如南宋杨万里《诚斋集》中的《圩丁词十解》,是他路过当涂见到圩丁筑堤的情景而写的,为我们研究圩田问题保存了珍贵的资料;南宋范成大的《吴郡志》为吴郡(今苏州)的方志,对宋时吴郡的经济和农业记载较为详细,可作为研究的参考;南宋卫泾的《后乐集》和北宋沈括的《长兴集》亦保存了不少珍贵的圩田资料。这些文集的记载可弥补官修史书之不足。

以上各资料成书时间不一,各有其相应的价值,可互为补充,其中也存在相互抵牾之处,因而在引用不同资料时也需进行必要的考辨。

本书在撰写过程中,也重视今人的相关研究成果,力求在辩证分析的基础上予以吸取,并试图在前人的基础上有所发展。

七、相关概念的界定

(一) 圩田

"圩"字最早见于《史记》一书。该书《孔子家世》云:"孔子……生而首上圩顶,故因名曰丘。"《索隐》云:"圩音乌,顶音鼎。圩顶言顶上窊也,故孔子顶如反宇。反宇者,若屋宇之反,中低而四旁高也。"[①]用高堤把水挡在堤外,堤内为湖底,故中间低而四方高,注疏家遂用以形容孔子的圩顶,可谓是惟妙惟肖。

"圩田"一词最早见载于宋代文献《宋会要》。该书《食货》七之六载,天禧二年(1018年)十二月,都官员外郎张若谷云:"宣州化成圩水陆地八百八十余顷,岁纳租米二万四千余硕……"南宋杨万里和马端临也都说"农家云:圩者围也"[②]。归有光《三吴水利录》也云:"古之田虽各成圩,然所名不同,或谓之'段',或谓之'团'。"[③]在时人看来,圩田即围田,两者毫无二致。

圩田是人们筑造长堤短坝,内以围田、外以挡水的水利田,主要分布在江、海、河、湖周边沿岸地带的陂塘、沼泽、河道、滩涂等低洼地区。围裹农田的堤埂称圩岸。圩岸两额,或植榆柳,或栽水杨,内种茭蒲,外捍芦苇之类以固岸基,圩岸一侧置有闸门。这是圩之外围的情况,圩内则按地势高下,建筑屋宇,分列田塍界岸,并于塍岸之间开挑水沟。这样一来,田有圩岸,可障御水势,使农田无恙;岸有闸门,可相机启闭,调节水位;圩内水沟纵横相通,既可排泄田内积水,又能引水灌溉。这是圩田的一般情况。不过,由于各地习惯不同,圩田有不同的称呼,如浙东地区称"湖田",主要指在山地高处的湖泊上辟地修筑而成;浙西太湖流域称"围田",主要指由众多农田连片而成的集合体;淮南及江东称"圩田",多分布在地势低洼之地,大多单独成圩,且往往规模宏大。此外,还有"垸田""院田""柜田""垣田"

---

① 史记:卷四七 孔子家世[M].北京:中华书局,1982:1905.
② [宋]杨万里.诚斋集:卷三二 圩丁词十解[M].影印文渊阁四库全书本.台北:商务印书馆,1986:1160,345.
　　[元]马端临.文献通考:卷六 田赋考六 水利田[M].北京:中华书局,2011:148.
③ [明]归有光.三吴水利录:卷一 郑瑄书二篇[M].影印文渊阁四库全书本.台北:商务印书馆,1986:576,524.

"坝田"等称呼。以上这些水利田只是叫法不同,实际上都大同小异,都是同一类型的土地。而且,浙东的湖田、浙西的围田有时也被称作圩田,淮南、江东的圩田有时也被称为围田或湖田。隆兴元年(1163年)张阐上书说:"切见近降指挥,将绍兴府监湖田、明州广德湖田尽买,二湖灌溉民田浩瀚,后缘民间侵耕,遂作圩田。"[①]这是浙东湖田称为圩田的例子。《宋史·五行志》载:"乾道元年六月,常、湖州水坏圩田。"[②]又《咸淳毗邻志》记常州晋陵县的芙蓉湖云:"岁久淹废,今多成圩矣。"[③]这是浙西围田称为圩田的例子。南宋著名诗人杨万里在考察了"上自池阳,下至当涂"的江东地区的圩田后,曾对圩田的意义解释道:

> 江东水乡,堤河两岸,而田其中,谓之圩。农家云:圩者,围也,内以围田,外以围水。盖河高而田反在水下,沿堤通斗门,每门疏港以溉田,故有丰年而无水患。余自溧水县南一舍,所登蒲塘河小舟,至镇水行十二里,备见水之曲折。上自池阳,下至当涂圩,河皆通大江。而蒲塘河之下十里,所有湖曰石臼,广八十里。河入湖,湖入江,乡有圩长,岁晏水落,则集圩丁,日具土石,楗枝以修圩。余因作词,以拟刘梦得竹枝柳枝之声,以授圩丁之修圩者,歌之以相其劳云:圩田元是一平湖,凭仗儿郎筑作圩。万雉长城倩谁守,两堤杨柳当防夫。何代何人作此圩,石顽土腻铁难如。年年二月桃花水,如律流归石臼湖。上通建德下当涂,千里江湖缭一圩。本是阳侯水精国,天公敕赐上农夫。南望双峰抹绿明,一峰起立一峰横。不知圩里田多少,直到峰根不见塍。两岸沿堤有水门,万波随吐复随吞。君看红蓼花边脚,补去修来无水痕。[④]

尽管圩田和围田都是水利田,但宋人认为,这两种田在垦田方式上是不同的,两者既有相同的地方,又有不同之处。对此,元代农学家王祯在

①　[清]徐松.宋会要辑稿:食货六一[M].北京:中华书局,1957:5931.

②　[元]脱脱.宋史:卷六一　五行一上[M].北京:中华书局,1985:1330.

③　[宋]史能之.咸淳毗陵志:卷一五　山水志　湖[M]//宋元方志丛刊:第3册.北京:中华书局,1990:3090.

④　[宋]杨万里.诚斋集:卷三二　圩丁词十解[M].影印文渊阁四库全书本.台北:商务印书馆,1986:1160,345-346.

《农书》中说道:

　　　　围田,筑土作围,以绕田也。盖江淮之间,地多薮泽,或濒水,
不时淹没,妨于耕种。其有力之家,度视地形,筑土作堤,环而不
断,内容顷亩千百,皆为稼地。后值诸将屯戍,因令兵众分工起
土,亦效此制。故官民异属,复有圩田。

　　　　谓叠为圩岸,捍护外水,与此相类。虽有水旱,皆可救御。凡
一熟之余,不惟本境足食,又可赡及邻郡,实近古之上法,将来之
永利,富国富民,无越于此。诗云:度地置围田,相兼水陆全。万
夫兴力役,千顷入周旋。俯纳环城地,穹悬覆幕天。中藏仙洞秘,
外绕月宫圆。蟠亘参淮甸,纡回际海堧。官民皆纪号,远近不相
缘。守望将同井,宽平却类川。隰桑宜叶沃,堤柳要根骈。交往
无多径,高居各一廛。偶因成土著,元不异民编。生业团乡社,嚣
尘隔市廛。沟渠通灌溉,塍埒互连延。俱乐耕耘便,犹防水
旱偏。①

　　综合文献记载可知,围田和圩田都是内以围田、外以隔水的水利田。
不过两者的差别也是明显的。圩田是将已耕熟田筑以堤围或圩岸的水利
田,其堤岸多为开放型,利用斗门与湖水相通或相隔;而围田则是一种新拓
耕地的方式或名称,其堤岸多为封闭型,四面有湖岸可以凭借②,无须筑堤。
当然这种新拓耕田在耕熟以后一般也都建为圩田,但在垦拓初期毕竟是有
区别的,故而《文献通考》卷六将“圩田水利”和“湖田围田”分别列目。宋代
江阴境内的芙蓉湖,“周围一万五千三百顷,又号三山湖,今皆为圩田”③,这
些圩田显然是由湖田围田改造而成的;而嘉定二年(1209 年)湖州境内因修
筑堤岸,“变草荡为新田者凡十万亩”④,自然也是围田或湖田;绍兴年间,太
湖“濒湖之地,多为军下兵卒侵据为田”⑤,“队伍既众,易于施工,累土增高,

---

① [元]王祯.农书:卷一一 农器图谱 田制门[M].北京:中华书局,1956:134-135.
② 张全民.两宋生态环境变迁史:下[M].北京:中华书局,2015:457.
③ [明]张衮.嘉靖江阴县志:卷三 山川[Z].明嘉靖刻本.
④ [清]徐松.宋会要辑稿:食货六[M].北京:中华书局,1957:4894.
⑤ [宋]李心传.建炎以来系年要录:卷一六五[M].影印文渊阁四库全书本.台北:商务印书馆,
1986:327,310.

长堤弥望,名曰坝田"①,坝田也是围田和湖田的别称。

　　本书为方便叙述起见,无论是官田、民田还是私田,也无论是屯田、职田还是沙田、泥田,凡具有筑堤围田特征者,都称作圩田。

(二) 圩区

　　圩区可以借助社会学中社区的概念来解释。在社会学领域,"社区"是"社(会)"和"区(地)"两者的结合,是指由居住在某一地区的人们结成多种社会关系和社会群体、从事多种社会活动所构成的社会地域生活共同体,在这个共同体中大家有着相近的生活方式和意识观念。有学者在研究清代社区时指出,清代社区就是清代的区域社会,这种区域社会是清人以各种群体、组织形式聚居其中,进行各种社会活动、产生各种互动关系而共生共存的社会地理空间。根据社会学的知识,宽泛意义上的社区是指具有某种互动关系和共同文化维系力的人类群体进行特定的社会活动的区域。从社区定义的外延上看,社区就是区域性的社会。由于圩田水利的兴修无法独立完成,这就要求在一定地域范围内不同圩民联合起来共同修筑,并进行管理。这种以圩田水利的共同劳动、共同管理为媒介,将那些进行相同经济活动、彼此没有多少依赖性的小农联系起来,便形成一个共同权力机构、一个水利共同体。总之,圩圩相接与河渠结合的完整系统,即圩连圩、圩套圩的大片区域即形成了圩区。圩区是一个相对圩田较为宽泛的概念,是从社会组织及基层管理的层面上所作的界定。

(三) 长江下游地区

　　本书所讨论的长江下游地区大致与广义的"江南"相当,包括唐代行政区的淮南区、浙东区、浙西区和宣歙区,宋代行政区的两浙东、两浙西、江南东、江南西、淮南东、淮南西诸路的全部或大部。本地区的中心区域是长江三角洲的太湖流域,亦即江南平原,包括现今的苏南和浙北。

---

①［宋］李心传.建炎以来系年要录:卷一六五［M］.影印文渊阁四库全书本.台北:商务印书馆,1986:327,310.

第一章 唐宋及此前长江下游的农田水利开发

长江下游地区的农田水利开发起步较早,在春秋战国和六朝时期获得了快速发展。到唐宋时期,由于人口的大量增加、农业生产技术的进步等因素的影响,长江下游的农田水利事业获得了快速发展,出现了农田水利建设的热潮。本章通过对唐宋及此前长江下游农田水利开发状况的回溯,为全书圩田开发与生态环境互动关系的展开提供一个背景分析。

第一节 唐以前长江下游农田水利的初步开发

长江下游是我国经济开发较早、历史悠久、经济繁荣、文化发达的一个重要经济区域。这个重要经济区域并非自古有之,而是在我国人民世世代代利用和改造大自然的斗争中创造出来的。

大量考古实物表明,我们的祖先在远古时代,即在长江下游一带劳动、生息和繁衍,长江下游同黄河流域一样,也是中华民族古代文明的发祥地之一。1980 年在安徽和县发现的"和县猿人"距今约 69 万年,在江苏丹徒县高资镇发现的"高资猿人"也与"北京猿人"生活的时代大致一样。此外,在江苏泗洪县发现的"泗洪人"、丹徒县发现的"丹徒人"、溧水县发现的"溧水人"、宜兴县发现的"宜兴人"等,这些"新人"生活的年代都距今 1 万年到 5 万年不等。当时,由于劳动能力极为低下,他们都以采集和渔猎谋生。

新石器时代,长江下游地区的农业生产有了很大程度的发展,表现之一是定居农业的出现。定居农业出现于母系氏族公社时期,1973 年,考古学家在距今 6700 多年的浙江余姚县河姆渡遗址中,发现河姆渡文化时期人们已经开始了定居生活,居住地区形成许多大小各异的村落,出现了栽桩架板的干栏式房屋建筑。这种类型的村落遗址在同一时期的其他地区也有发现。长江下游地区村落的出现表明人们定居生活的开始,而定居生活又为耕种农业的发展提供了契机。表现之二是水稻等农作物的种植。长江下游地势平坦,水源充足,河网密布,湖沼众多,气候温暖湿润,适宜于农作物特别是稻谷、小麦的生长。河姆渡遗址中,人们还普遍发现由稻谷、稻壳、稻秆、稻叶及其他禾本科的农作物堆积,其中堆积最厚者竟有 1 米多。经科学鉴定,属于人工栽培稻中的晚籼稻,这是我国目前发现的最早的人工栽培水稻。这里稻谷堆积如此之多,说明当时农业相当发达,也说明人们在此经历了长时间的农业定居生活。除在河姆渡遗址发现稻谷外,在江淮地区、太湖流域和东南沿海一带,也都发现了较早的稻谷遗存。上海青浦县崧泽、江苏吴江县草鞋山、安徽含山县大陈墩等地遗址中,也发现了籼稻的稻谷、稻叶、稻粒等实物,表明水稻的种植在长江下游是比较普遍的。在稍晚一些的浙江嘉兴的马家浜文化和浙江余杭的良渚文化中,稻作农业已经成为农业生产的重心,饲养家畜与渔猎衰落为农业生产的补充,农业生产的效率大大提高。表现之三是农业生产工具的改进和生产技术的提高。在长江下游诸多的文化遗存中,骨器、木器和石器大量被发现,有斧、刀、铲、锤、矛、镞、耜、锛等,其中很多是用于农业生产的。如骨耜、石斧、石铲、石镐等农具用以开垦农田,石刀、蚌镰等农具用来收割庄稼。农业生产工具的发明和改进带动了这一时期农业生产的发展。

新石器时代长江下游的农业生产还仅仅处于萌芽阶段,到了春秋以降,长江下游地区农业生产和农田水利的开发进入了一个快速发展的时期。春秋时期,长江下游地区出现了两个大的邦国,即吴国和越国。吴王阖闾为了争霸,实行"富民"政策,鼓励人民耕种田亩,减轻田亩税收,大力兴修水利,使吴国国力得以强盛。吴国兴建的水利工程著名者有泰伯渎、胥溪和邗沟三大运河。越王勾践同样高度重视农业生产,奖励农桑,开垦土地,兴修水利,修建富中大塘,讲究耕作技术和田间管理,"留意省察,谨除岁秽,秽除苗盛"[①],使越国的粮食、蚕桑、麻、葛等农产品产量都大幅增

---

① [汉]赵晔.吴越春秋:卷九　勾践阴谋外传[M].南京:江苏古籍出版社,1986:121.

加。吴国和越国对长江下游地区的农田水利开发为后世该地区农业的繁荣奠定了基础。

秦汉时期，随着铁制农具的广泛使用和牛耕技术的推广，长江下游农田水利开发事业进一步发展。但是，此时期长江下游各地的发展仍呈现出不均衡的特点。邻近中原地区的淮北和江淮一带发展较为充分，基本上达到了北方的发展水平，《汉书·地理志》载："海、岱及淮惟徐州。淮、沂其乂，蒙、羽其艺。大野既猪，东原底平……田上中，赋中中。"[①]即是说，徐淮一带，淮、沂两水已经治理，蒙、羽山区都已开垦，东原成为有利于耕稼的大平原，土地肥沃程度全国列二等，赋税征收列五等。而江南地区不少地方由于人口稀少，并没有得到很好的开发。战国时期，"楚越之地，地广人稀，饭稻羹鱼，或火耕而水耨，果隋蠃蛤，不待贾而足"[②]。可见，当时江南地区人口与可耕地之间的矛盾尚不太尖锐，人们采用火耕水耨的低水平生产，便足以维持"无冻饿之人，亦无千金之家"[③]的平均生活状态。两汉时期，江南地区的人口虽有所发展，人口数量和人口密度与其他地区相比仍有不足。据《汉书·地理志》载，江南地区的会稽郡和丹阳郡人口仅143万，淮北地区的东海郡、楚国、泗水国人口达到了217万。会稽在当时，尚被视为边区，以至需迁移关东的贫民去实边。《汉书·武帝纪》载："（元狩）四年冬，有司言关东贫民徙陇西、北地、西河、上郡、会稽凡七十二万五千口，县官衣食振业，用度不足。"[④]这表明江南地区的农业发展仍然没有赶上北方，甚至还不及同处于长江下游的江淮、淮北地区。

魏晋南朝时期，长江下游江北各地由于长期的割据和战争的破坏，经济发展受到很大破坏，而长江下游的江南各地，由于受到战争的破坏较小，加之东晋和南朝都以建康（今南京）作为国都，成为南方的政治中心，这就使过去经济上比较落后的江南地区迅速地发展和繁荣起来。特别是从西晋末年开始，因北方战乱而渡江南来的人口日益增多，据统计，西晋末年永嘉之乱后，中原地区八人中间约有一人南迁[⑤]，则南迁之人大约有90万，这是我国历史上的第一次人口大迁徙。北方近百万人南移，使江南和沿江地

① 汉书：卷二八上 地理志上[M].北京：中华书局 1962：1527.

②③ 史记：卷一二九 货殖列传[M].北京：中华书局 1997：3270.

④ 汉书：卷六 武帝纪[M].北京：中华书局，1962：178.

⑤ 据《晋书》相关资料推算，若以当时侨州郡县的户口数作为南渡人口的约数，南渡人口数约为90万，占西晋时北方诸州及徐州淮北部分人口的八分之一。

区获得了比较充实的劳动力,同时,他们还带来了北方较为先进的生产工具和生产技术,从而大大推动了南方经济的开发,农田水利事业也得到进一步发展。这一时期,南方各地大量开辟湖田,扩大耕地面积,如晋末宋初的谢灵运在会稽的回踵湖、始宁(浙江上虞)的岯崲湖开垦湖田,刘宋时,孔灵符奏请迁移贫苦农民到余姚、鄞(浙江鄞县)、鄮(浙江鄞县东)三县,开辟湖田。为了保护农田,长江下游的许多地区还修筑了海塘,如吴兴乌程狄塘,"晋太守殷康所开,旁溉田千余顷。"①吴兴塘,"太守沈攸之所建,灌田二千余顷。"②长城县方山下的西湖,"南朝疏凿,溉田三千顷"③。正是从这个时期开始,我国的经济发展重心逐渐南移,南方的经济渐渐赶上了北方。

通过对唐代以前长江下游地区农田水利事业的简要回顾,我们看到一个值得思考的现象,处于分裂状态的春秋战国和六朝时期,长江下游地区的农业生产和水利事业获得了快速发展,而大一统的秦汉时期,长江下游地区的农田水利开发事业发展却相对滞后,这是什么原因呢? 已故经济学家冀朝鼎先生提出的"基本经济区"理论有助于我们对此问题的理解。他指出:"中国历史上的每一个时期,有一些地区总是比其他地区受到更多的重视。这种受到特殊重视的地区,是在牺牲其他地区利益的条件下发展起来的,这种地区就是统治者想要建立和维护的所谓基本经济区。"④冀朝鼎先生这一看法颇有见地。秦汉王朝立国于关中,自然把关中作为其"基本经济区",为了加强中央集权的统治,推动关中地区的发展,最终达到以关中控制全国的目的,必然采取强干弱枝的政策,故关中经济迅速发展,并由此确立了对其他经济区的优势。而对于地方经济,中央王朝则采取了束缚和压制之策,使其他经济区无力与"基本经济区"分庭抗礼,这便使其他经济区的发展速度大大减缓。吴王刘濞在经营吴地过程中,大力发展地区经济,为长江中下游地区包括农田水利建设在内的地方经济发展作出了很大贡献,然而地方经济的发展和地方势力的逐步强大,引起了西汉中央政府的猜忌和不安,最终汉景帝采用晁错的《削藩策》,先后下诏削夺楚、赵等诸侯国的封地,导致"吴楚七国之乱"爆发,长江中下游地区经济快速发展的

① [宋]谈钥.嘉泰吴兴志:卷一九[M].杭州:浙江古籍出版社,2018:348.
② [唐]李吉甫.元和郡县图志:卷二五　江南道一[M].北京:中华书局,1983:605.
③ 旧唐书:卷一五六[M].北京:中华书局,1975:4129.
④ 冀朝鼎.中国历史上的基本经济区与水利事业的发展[M].朱诗鳌,译.北京:中国社会科学出版社,1981:8.

势头被人为地遏制,致使长江中下游经济发展推迟了两三个世纪,一直到六朝时期才获得快速发展而跻身于全国经济发展的先进地区行列。①

第二节　唐宋时期长江下游农田水利的开发热潮

唐代长江下游农田水利的开发,首先与人口的大量增加和人地关系的紧张关系至密。东晋南朝时期,江南地区虽因人口的增加而获得了长足的发展,但在隋唐以前与黄河流域相比仍有很大的差距。正如《隋书·地理志下》所讲的:"江南之俗,火耕水耨,食鱼与稻,以渔猎为业,虽无蓄积之资,然而亦无饥馁"。② 当时关中京兆郡有 388499 户,而滨江的江都郡(今扬州)却仅有 115524 户,即为京兆郡的三分之一。为了进一步开发江淮,唐初不得不"移高丽户二万八千二百,车一千八十乘,牛三千三百头,马二千九百匹,驼六十头,将入内地,菜、营二州般次发遣,量配于江、淮以南及山南、并、凉以西诸州空闲处安置"③。这里所说的"山南",即唐初的山南道,它的位置相当于今日四川的西部,陕西、甘肃的南部,湖北、河南两省的西南部和湖南北部的广大地区。"并、凉以西诸州"当指今甘肃永昌县和天祝藏族自治县以西的地区。唐初把"江淮以南"的地区与山南道及并、凉以西诸州相提并论,说明当时江南地区还处在地广人稀、不甚发达的时代。关于此时江南人口的不足,还有史料为证。史载,在唐代的一个相当长时期内,江南普遍发生虎患,皇帝不得不下诏书,派人到江淮传授捕老虎的方法④,这充分说明了江南人口相对稀少。不过,过了一百多年之后,情况发生了很大变化。唐朝天宝末年,安史之乱(755—763 年)掀起的狂飙自北向南,横扫整个黄河中下游地区,北方人民为逃避战祸的侵扰,纷纷向较为安宁的江南地区迁徙,出现了诗人李白所描绘的"三川北虏乱如麻,四海南奔似永嘉"⑤的大迁徙广阔画面。有关本次北人南迁的记载我们还能举出不少实例:

————————

① 陈勇.唐代长江下游经济发展研究[M].上海:上海人民出版社,2006:39-40.
② 隋书:卷三一 地理志下[M].北京:中华书局,1973:886.
③ 旧唐书:卷五 高宗下[M].北京:中华书局,1975:92.
④ [清]董诰.全唐文:卷二七 命李全确往淮南授捕虎法诏[M].北京:中华书局,1983:307.
⑤ [清]彭定求,等.全唐诗:卷一六七 永王东巡歌十一首[M].北京:中华书局,1960:1725.

《全唐文》卷 529 引顾况《送宣歙李衙推八郎使东都序》："天宝末,安禄山反,天子去蜀,多士奔吴为人海。"①

《全唐文》卷 500 引权德舆《王公神道碑铭》："时荐绅先生,多游寓于江南。"②

《旧唐书》卷 148《权德舆传》："两京蹂于胡骑,士君子多以家渡江东。"③

《李太白集》卷 25《为宋中丞请都金陵表》："天下衣冠士庶,避地东吴,永嘉南迁,未盛于此。"④

这是就一般情况而言的。记载个别人物或家庭避地于本地区的更是多见。如赵郡人李希仲"挈家避乱入江淮"⑤;崔孚因"天宝末盗起燕蓟……遂以族行,东游江淮"⑥;梁肃"窜身东下,旅于吴越"⑦。

大批北方人民来到南方,自然使南方的户口大量增加,根据吴松弟先生的研究,安史之乱结束后,大约有 250 万北方移民定居在南方⑧。到唐天宝元年(742 年),南方户数达到 405 万,占全国总户数的 45.2%⑨,从户数上来看,基本上与北方持平。

环境的容纳量是有限的。人口的不断增长,在给长江下游带来了大量劳动力、先进的中原文化与生产技能的同时,也对本地区产生了一些负面影响,其直接后果是人地矛盾变得十分尖锐。如何安置南来流民也就成了封建政府必须考虑的现实问题。在以农为本的封建社会里,束民于土地发展生产是安辑流民的最好途径,这样,江南沿江低洼地区大量的湖滩地便成为吸引流民大规模开发的最佳选择。

其次,农业生产技术的进步也为长江下游农田水利事业的发展提供了必要条件。唐时长江下游地区耕作、种植、灌溉、收割等农具比较齐全,并

---

① [清]董诰.全唐文:卷五二九 送宣歙李衙推八郎使东都序[M].北京:中华书局,1983:5370.

② [清]董诰.全唐文:卷五〇〇 故太子右庶子集贤院学士增左散骑常侍王公神道碑铭[M].北京:中华书局,1983:5091.

③ 旧唐书:卷一四八 权德舆传[M].北京:中华书局,1975:4002.

④ [唐]李白.李太白集:第六册 卷二六 为宋中丞请都金陵表[M].北京:商务印书馆,1930:61.

⑤ [宋]计有功.唐诗纪事校笺:卷二八 李希仲[M].北京:中华书局,2007:592.

⑥ [清]董诰.全唐文:卷六七八 唐故湖州长城县令赠户部侍郎博陵崔府君神道碑铭[M].北京:中华书局,1983:6929.

⑦ [清]董诰.全唐文:卷五一七 过旧园赋[M].北京:中华书局,1983:5249.

⑧ 吴松弟.中国移民史:第三卷 隋唐五代时期[M].上海:复旦大学出版社,2022:216.

⑨ 据《旧唐书·地理志》统计所得。

较以前有了较大的进步。唐末陆龟蒙在《耒耜经》中,详尽地介绍了江东犁的结构和使用方法。江东犁由 11 个部件组成,犁镵和犁壁属于铁制部件,"镵表上利,壁形下圆"①,犁起土块用镵,复土块用壁,显然考虑到耕作易磨损的需要。其他犁底、压镵、策额、犁箭、犁辕、犁评、犁建、犁梢、犁盘 9 个部件是木制的。这种犁结构复杂,操作灵活,入土深浅应用自如,广大农村普遍应用。在灌溉工具方面,唐代也作了许多改进,制造了连筒、筒车、桶车、水轮等效率更高的灌溉工具。同时,牛耕已普遍应用。当时吴郡耕牛之多,确属罕见。陆龟蒙《祝宫牛辞》云:"四牸三牯,中一去乳。天霜降寒,纳此室处……或寝或讹,免风免雨。宜尔子孙,实我仓庾"。② 一家有 7 条牛,表明耕地很多并普遍地使用了牛耕。陆龟蒙家处太湖之滨的吴郡甫里,"有地数亩,有屋三十楹,有田奇十万步,有牛不减四十蹄,有耕夫百余指"③。因而他的记载是有说服力的。农业生产工具的改良和农业生产技术的进步为该地区的农田水利开发提供了便利。

第三,唐时长江流域尤其是长江下游淮南与江南两道农田水利事业的大发展,还与江南、淮南为唐朝经济命脉所在之地息息相关。

依据《新唐书·地理志》所载可知,江南道在天宝以后,水利工程兴造多达 79 处,其中有些虽为天宝以前乃至前朝所造,但都经过天宝以后的修治。大水利工程有岁利百倍的润州丹徒县的伊娄河;灌溉达丹阳、金坛、延陵 3 县,周回 80 里的丹杨练湖;经修治后,开田万顷的江宁绛岩湖(赤山湖),溉田达 4000 顷的常州武进县的孟渎;苏州海盐开古泾达 301 条;溉田3000 顷的湖州长城县的西湖;杭州盐官县的捍海塘堤长达 124 里;溉田千余顷的杭州余杭县的北湖;越州会稽县的防海塘自上虞至山阴,长达百余里,用以蓄水溉田;溉田数千顷的明州鄮县的仲夏堰,溉田千顷的宣州宣城县的大农陂。这些大水利工程都在江东、浙东、浙西与宣歙之地,可见唐朝对命脉江东地区特别重视④。

唐朝地方官员之所以如此重视长江中下游地区水利的兴修,首先是为了巩固王朝的统治。江淮为天下财富所聚之地,即是皇朝命脉,赋税成了

　① [唐]陆龟蒙.唐甫里先生文集:卷一九 耒耜经[M].南京:凤凰出版社,2015:1037.
　② [唐]陆龟蒙.唐甫里先生文集:卷一六 祝宫牛辞[M].南京:凤凰出版社,2015:951.
　③ [唐]陆龟蒙.唐甫里先生文集:卷一六 甫里先生传[M].南京:凤凰出版社,2015:940.
　④ 新唐书:卷四一 地理五[M].北京:中华书局,1975:1056-1076.

江淮的第一要素。因此,长江下游农田水利事业在唐时获得了较大的发展,与该地区成为唐朝经济命脉所在地是分不开的。唐天宝以前,随着长江下游农田水利开发的推进,农业发展较快,时人权德舆曾说:"江淮田一善熟,则旁资数道,故天下大计,仰于东南。"①安史之乱爆发后,黄河流域战争频繁,人民困苦不堪,因此,唐王朝的财赋收入,主要依靠江南、江淮一带。唐人常说:"赋出于天下,江南居十九"②,又说:"天下以江、淮为国命"。③ 每年唐政府从江南之地征收的租米,少则一百万石,多至四百万石,具体如唐初时在一二百万石米,天宝时增至四百万石。每年从江南把租米运往京都,需历时数月。宣州刺史裴耀卿在上报文书中说:

> 本州正二月上道,至扬州入斗门,即逢水浅⋯⋯至四月以后,始渡淮入汴⋯⋯计从江南至东都,停滞日多,得行日少,⋯⋯又江南百姓不习河水,皆转雇河师水手,更为损费。④

从上述可知,长江下游一带成了唐王朝的主要粮食供应基地,江、淮农田水利如不注意发展,势必会影响唐朝的生存。当然,地方官吏勤修水利比但知害民的官吏要好得多,这点也须看到。

关于淮南道的水利兴修状况,现据《新唐书·地理志》⑤论述如下:

扬州广陵郡:雷塘、勾城塘、爱敬陂、七里港渠水、高邮堤塘。

江都县条云:"东十一里有雷塘,贞观十八年,长史李袭誉引渠,又筑勾城塘,以溉田八百顷。有爱敬陂水门,贞元四年,节度使杜亚自江都西循蜀冈之右,引陂趋城隅以通漕,溉夹陂田。宝历二年,漕渠浅,输不及期,盐铁使王播自七里港引渠东注官河,以便漕运。"《新唐书》卷五十三《食货志三》云:"初,扬州疏太子港、陈登塘,凡三十四陂,以益漕河,辄复堙塞。淮南节度使杜亚乃浚渠蜀冈,疏句城湖、爱敬陂,起堤贯城,以通大舟。"⑥杜亚的办法是将句城湖、爱敬陂的水,开渠自蜀冈引向江都城隅,入大运河以通漕

① 新唐书:卷一六五 权德舆传[M].北京:中华书局,1975:5076.
② [清]董诰.全唐文:卷五五五 送陆歙州诗序[M].北京:中华书局,1983:5612.
③ [清]董诰.全唐文:卷七五三 上宰相求杭州启[M].北京:中华书局,1983:7806.
④ 旧唐书:卷四九 食货下[M].北京:中华书局,1975:2114.
⑤ 新唐书:卷四一 地理五[M].北京:中华书局,1975:1051-1056.
⑥ 新唐书:卷五三 食货三[M].北京:中华书局,1975:1370.

运,更溉陂田。这是邗沟的又一次治理。

高邮县条云:"有堤塘,溉田数千顷,元和中,节度使李吉甫筑。"按《新唐书·食货志三》所载,杜亚引渠水益运河之后,"河益庳,水下走淮,夏则舟不得前。节度使李吉甫筑平津堰,以泄有余,防不足,漕流遂通。"[①]李吉甫的办法是:在高邮筑堰,以此拦截存留河水,以解决漕运航行不畅的问题。这是邗沟通航的第二次治理。此后敬宗宝历二年王播自江都七里港引渠东注官河(邗沟)以便漕运,是第三次。

楚州淮阴郡:常丰堰、白水塘、羡塘、徐州泾、青州泾、大府泾、竹子径、棠梨泾。

山阳县条云:"有常丰堰,大历中,黜陟使李承置以溉田。"

宝应县条云:"西南八十里有白水塘、羡塘,证圣中开,置屯田。西南四十里有徐州泾、青州泾,西南五十里有大府泾,长庆中兴白水塘屯田,发青、徐、扬州之民以凿之,大府即扬州。北四里有竹子泾,亦长庆中开。"

淮阴县条云:"南九十五里有棠梨泾,长庆二年开。"

和州历阳郡:韦游沟。

乌江县条云:"东南二里有韦游沟,引江至郭十五里,溉田五百余顷,开元中,丞韦尹开。贞元十六年,令游重彦又治之,民享其利,以姓名沟。"

寿州寿春郡:永乐渠。

安丰县条云:"东北十里有永乐渠,溉高原田,广德二年,宰相元载置。大历十三年废。"永乐渠使用了16年。

渠光州弋阳郡:雨施陂。

光山县条云:"西南八里而有雨施陂,永徽四年,刺史裴大觉积水以溉田百余顷。"

淮南道与江南道同为唐长安朝廷两税供应基地,唐时往往合称"江淮",所谓"天下以江淮为国命"是也。此江淮即指江南道与淮南道,非谓淮河以南、长江以北之地。淮南道兴造的水利工程几可与江南道比美。邗沟在德宗贞元四年(788年)、宪宗元和中(806—820年)、敬宗宝历二年(826年)三次得到修治,以保证运河通航。元和中李吉甫所筑堤塘(平津堰)溉

---

① 新唐书:卷五三 食货三[M].北京:中华书局,1975:1370.

田多至数千顷,是一项既利于运河航运又有益于灌溉的重要工程[①]。

两宋时期,尤其是南宋移都临安以后,长江下游地区的农田水利事业在唐代的基础之上,有了更快的发展。

两宋时期,长江下游的人口总量继续增加,人地之间的矛盾进一步凸显,农田水利的进一步开发势在必行。关于西汉至宋我国南北户数的增减变化情况,详见表 1-1。

表 1-1　西汉至宋我国南北户数增减变化情况

时　　代	北方户数	南方户数	南方所占
西汉(元始二年,公元 2 年)	4669 万	1098 万	19%
东汉(永和五年,140 年)	3179.4 万	1609.8 万	33.6%
西晋(太康元年,280 年)	134 万	113 万	45.7%
隋(大业五年,609 年)	637 万	253 万	28.4%
唐(贞观十三年,639 年)	139 万	167.1 万	54.6%
唐(天宝元年,742 年)	492 万	405 万	45.2%
宋(太平兴国,976—984 年)	241 万	421 万	63.6%
宋(崇宁元年,1102 年)	589 万	1478 万	71.5%

资料来源:《汉书·地理志》《续汉书·郡国志》《晋书·地理志》《隋书·地理志》《旧唐书·地理志》《太平寰宇记》《元丰九域志》《宋史·地理志》。

从表 1-1 可以看出,南方户数的增加在宋代尤为迅速,并大大地超过了北方。人口的大量南迁,一方面与北方长期战乱有关。人们为了躲避战争的摧残而不得不迁往社会比较安宁的南方,仅是靖康乱后迁徙到南方的人口就有 500 万之多[②],从而使得南方人口大幅度攀升,并开始超过了北方。另一方面,如前文所述,南方农田水利的开发取得了初步的成效,人们的生产、生活方式在唐朝时已经基本趋同于北方,社会生态环境也有极大的改善,为人们移居后的生活提供了保障,这也在一定程度上吸引了大量流民不断地涌入江南地区。

当然,就南方各地而言,其人口增长情况又存在着一定的差异,详见表

---

① 关于唐代长江下游农田水利建设情况,参见:万绳楠,庄华峰.中国长江流域开发史[M].合肥:黄山书社,1997:155-160.
② 吴松弟.中国移民史:第四卷 辽宋金元时期[M].上海:复旦大学出版社,2022:407.

1-2[①]。

表 1-2　唐宋时期南方各地户数变化

地区	天宝(户)	占比	北宋初(户)	占比
山南道	59.9 万	14.8%	46.8 万	11.8%
淮南道	39.1 万	9.6%	35.6 万	9%
江南道	173.6 万	42.9%	207.5 万	52.5%
剑南道	93.7 万	23.1%	89.7 万	22.7%
岭南道	38.9 万	9.6%	15.9 万	4%
各道合计	405.2 万	100%	395.3 万	100%

资料来源:《新唐书·地理志》、乐史《太平寰宇记》。

其中最显著的特点是,江南道人口数量快速增长,人口所占比重也由唐天宝的 42.9% 上升到北宋初的 52.5%,超过其他道所占比重。这说明我国南方人口分布的重心,至少自北宋初以来已转移到江南道,江南道成为宋政府倚重的地区之一。

随着人口的不断增加,人地矛盾也变得更加尖锐。早在北宋时期,苏轼就已指出:"天下之民,常偏聚而不均。吴、蜀有可耕之人,而无其地,荆、襄有可耕之地,而无其人。"[②]苏辙也说:"吴、越、巴蜀之间,拳肩侧足,以争寻常尺寸之地。"[③]到南宋时期,这种情况更为严重。当时该地区已是"野无闲田,桑无隙地。"[④]在这一情境之下,宋政府便积极地募民垦荒,从而促进了长江下游的进一步开发。宋初,政府就规定:"自今百姓有能广植桑枣、开荒田者,并令只纳旧租,永不通检。"[⑤]宋太宗淳化元年(990 年),"诏江南、两浙承伪制重赋流亡田废者,宜令诸州籍顷亩之数,均其赋,减十分之三,以为定制。召游民劝其耕种,给复五年,州县厚慰抚之。"[⑥]至道元年

---

① 此表据吴松弟著《中国移民史:第三卷 隋唐五代时期》(上海:复旦大学出版社,2022 年版,第 339 页)表 11-2 制作。

② [宋]苏轼.苏轼文集:卷九 御试制科策[M].北京:中华书局,1986:293.

③ [宋]苏辙.苏辙集:卷一〇 进策五道 民政下[M].北京:中华书局,1990:1330.

④ [宋]洪迈.容斋随笔:卷一六 宋齐丘[M].北京:中华书局,2005:418.

⑤ 曾枣庄,刘琳.全宋文:第一册[M].上海:上海辞书出版社,2006:102.

⑥ [元]马端临.文献通考:卷四 田赋考四[M].北京:中华书局,2011:91.

(995 年),《募民耕旷土诏》规定:各州军的旷土,允许农民请佃,"便为永业"[①],并可免除三年租税,三年以外,输税十之三。宋仁宗天圣年间,天下废田尚多,又诏"民流积十年者,其田听人耕,三年而后收赋,减旧额之半;后又诏流民能自复者,赋亦如之。"[②]就是说,耕流民之田者有优待,流民能自复者亦有优待。南宋初年也注意蠲免垦辟荒闲土地的租赋,以调动人们的垦荒热情。如绍兴二十年(1150 年)对"耕淮南荒田者,……九分归佃户,一分归官,三年后岁加一分,至五分止。岁收二熟者,勿输麦。每顷别给二十亩为菜田,不在分收之限,仍免科借差役"[③]。绍兴三十二年(1162 年)又对"耕淮东荒田,蠲其徭役及租税七年"[④]。由于政府给以优惠政策,流民纷纷复业归农,从而为垦辟荒闲土地提供了大量的劳动力,也极大地调动了民众垦殖荒地的热情,促进了农田的开发。

由于封建政府不遗余力地募集流民在此进行开发,从事一系列的生态环境取代活动,包括改造荒山丘陵、低洼泽地和滨海滩涂等,在该地区出现了圩田(圩田是本书研究的重点,留待后面讨论)、湖田、柜田、涂田、沙田、架田(一名葑田)、梯田等不同的农田利用形式,形成了农田水利开发的热潮。

湖田。湖田开发的形式有两种:一是以湖滩为田。众所周知,本地区有许多湖泊,如太湖、鄱阳湖等都是吞吐型的连河湖,水位有明显的季节性变化。据现代人的观察,江西鄱阳湖每年三月下旬至七月上旬是洪水期,尤其是五六月间,浩渺无涯,波浪滔天,把与鄱阳湖连接的赣江、抚河、信江、饶河、修水五大河下游三角洲的低平地带全部淹没。而在十月至次年的三月为枯水期,尤其十二月、一月之时,众水归槽,四面是连片的湖滩洲地,小湖泊星散在港汊之中。这种"洪水一片,枯水一线"的自然景观,使湖区高水位与低水位之间的地区非常广阔。据现在的测算,在洪水期,高程为 22 米,湖面积为 2935 平方千米;在枯水期,高程为 11 米,湖面积为 340 平方千米,高低水位之间的面积达 2595 平方千米,占高水位时湖面积的

---

① 曾枣庄,刘琳.全宋文:第四册[M].上海:上海辞书出版社,2006:373.
② 宋史:卷一七三　食货上一[M].北京:中华书局,1985:4165.
③ [宋]李心传.建炎以来系年要录:卷一六一[M].影印文渊阁四库全书本.台北:商务印书馆,1986:327,253b.
④ 宋史:卷三二　高宗本纪[M].北京:中华书局,1985:610.

88.4%。这大片的洲滩地大致分为三种类型：一是沙滩，数量最少；二是泥滩，范围较大；三是草洲，即长满各种青草的泥滩，海拔高程多在 14～16 米，全年显露的时间在 250～327 天[①]。人们便在湖水退落之后，稍加改造，利用显露出来的湖滩种植农作物。湖田的另一种形式是废湖为田。也就是将湖水排干，以全部湖底为田。废湖为田主要发生在江浙一带。如越州的鉴湖，宋真宗时就有 27 户农家盗湖为田，到宋英宗时达 80 余户，所造湖田 700 余顷，当时已经使"湖废尽矣"！宋徽宗宣和中，把湖田全部没收为官田，凡 2200 余顷，此后，再有窃湖为田者，官方"不复禁戢"[②]。于是，泽及四方千余年的鉴湖就此废掉了。又如镇江府的练湖和新丰塘、绍兴府的湘湖、常熟县的常湖、秀州的华亭泖、越州的落星湖、秀州的白砚湖、平江的淀山湖及明州的广德湖等大型湖泊，都被地方权豪排干，改造为田。至于大量小型湖泊被垦为湖田的就更多了。早在春秋吴越时期，长江下游地区就已经开始了对湖田的开发，到了秦汉魏晋时期，有关围垦湖田的记载开始增多。如（三国孙吴）"都尉严密建丹杨湖田，作浦里塘"。[③] 西晋太守殷康修筑狄塘，"围田千余顷"。[④] 南朝刘宋时，孔灵符"徙无资之家于余姚、鄞、鄮三县界，垦起湖田"。[⑤] 入唐以后，长江下游地区湖田的围垦更为普遍，这从《全唐诗》中的描述可见一斑，比如，韦应物《送唐明府赴溧水》："鱼盐滨海利，姜蔗傍湖田"[⑥]；崔峒《送丘二十二之苏州》："孤猿啼海岛，群雁起湖田"[⑦]；张南史《独孤常州北亭》："海树凝烟远，湖田见鹤清"[⑧]；章孝标《上浙东元相》："何言禹迹无人继，万顷湖田又斩新"[⑨]；许浑《村舍》（润州）："三顷水田秋更熟，北窗谁拂旧尘冠"[⑩]；李频《送德清喻明府》："棹返雪溪云，仍参旧使君……水栅横舟闭，湖田立木分"[⑪]；唐彦谦《蟹》："湖田十月清霜堕，晚

① 许怀林.明清鄱阳湖区的圩堤围垦事业[J].农业考古,1990(1).
② [宋]庄绰.鸡肋编:卷中[M].北京:中华书局,1983:57.
③ 三国志:卷六四 濮阳兴传[M].北京:中华书局,1982:1451.
④ [宋]谈钥.嘉泰吴兴志:卷一九[M].杭州:浙江古籍出版社,2018:349.
⑤ 宋书:卷五四 孔灵符传[M].北京:中华书局,1974:1533.
⑥ [清]彭定求.全唐诗:卷一八九 送唐明府赴溧水[M]北京:中华书局,1960:1929.
⑦ [清]彭定求.全唐诗:卷二九四 送丘二十二之苏州[M].北京:中华书局,1960:3345.
⑧ [清]彭定求.全唐诗:卷二九六 独孤常州北亭[M].北京:中华书局,1960:3359.
⑨ [清]彭定求.全唐诗:卷五〇六 上浙东元相[M].北京:中华书局,1960:5748.
⑩ [清]彭定求.全唐诗:卷五三四 村舍[M].北京:中华书局,1960:6095.
⑪ [清]彭定求.全唐诗:卷五八七 送德清喻明府[M].北京:中华书局,1960:6816.

稻初香蟹如虎"①。到了宋代,长江下游的湖田围垦达到了高潮,对环境的破坏也开始显现出来。宣和时的一道诏书指出了这一恶劣后果:"越之鉴湖、明之广德湖,自措置为田,下流埋塞,有妨灌溉,致失常赋。"②

柜田。柜田指在江湖的浅湾或洲上通过筑堤围垦出良田,因多为几何形状而得名。王祯《农书·田制门·柜田》诗云:

> 江边有田以柜称,四起封围皆力成。
> 有时卷地风涛生,外御冲荡如严城。
> 大至连顷或百亩,内少塍埂殊宽平。
> 牛犁展用易为力,不妨陆耕与水耕。
> 长弹一引彻两际,秧垄依约无斜横。
> 旁置溇穴供吐纳,水旱不得为亏盈。
> 素号常熟有定数,寄收粒食犹囷京。
> 庸田有例召民佃,三年税额方全征。
> 便当从此事修筑,永护稼地非徒名。
> 吾生口腹有成计,终焉愿依江乡氓。

作者自注云:"柜田,筑土护田,似围而小,四面俱置溇穴,如柜形制。顺置田段,便于耕莳。若遇水荒,田制既小,坚筑高峻,外水难入,内水则车之易涸。浅浸处宜种黄穋稻。如水过,泽草自生,穇稗可收。高涸处亦宜陆种诸物,皆可济饥。此救水荒之上法。"③诗歌详尽叙述了柜田的建造、耕种及其防旱防涝、高产稳产的巨大优越性,作者希望统治者不要改变佃庸田的规定,应鼓励农民大量修筑和耕种柜田,使农业生产获得发展。本诗不仅有助于我们认识柜田这一古代耕作技术,更使我们认识到,在漫长的历史时期里,我们的先人在农业生产的改田、耕作、高产稳产等方面所做的探索和努力,因此本诗有着重要的农史价值,是古代农业科技史研究的重要资料。

涂田。沿海的田地经常受到海潮的威胁,每次海潮过后,良田往往变

---

① [清]彭定求.全唐诗:卷六七一　蟹[M].北京:中华书局 1960:7680.
② 宋史:卷九六　河渠六[M].北京:中华书局,1985:2390.
③ [元]王祯.农书:卷一一　农器图谱　田制门[M].北京:中华书局,1956:138.

成不毛之地。海潮虽有侵袭农田的破坏作用,但它在来潮退潮过程中却淤积起来一层细泥,沿海劳动人民将这类细泥加以改造,这便形成了涂田。王祯《农书》对于涂田曾作了一个说明:

> （滨海之地有涂田）其潮水所泛,沙泥积于岛屿,或垫溺盘曲,其顷亩多少不等,上有咸草丛生,候有潮来,渐惹涂泥。初种水稗,斥卤既尽,可为稼田……沿边海岸筑壁,或树立桩橛,以抵潮泛,田边开沟,以注雨潦,旱则灌溉,谓之甜水沟,其稼收比常田,利可十倍,民多以为永业。①

依此说明可知,涂田必须筑堤抗拒海潮,内开纵横河道及分支各沟以排水防涝,同时也需要淡水灌溉,以改造咸卤。如台州"新围高潮涂田","为田五百二十二亩有奇","潴水之所一百三十七亩有半"②,可见围垦这样的涂田,所耗人力物力是相当惊人的。然而,由于涂田的产量很高,"比常田利可十倍",所以人们还是大量兴建。

沙田。又称"坍江之田"。指"南方江淮间沙淤之田也,或滨大江,或峙中洲,四周芦苇骈密以护堤岸"③。它是在原来沙洲的基础上开发出来的。沙洲,原本为"水中可居"之地,经开发成沙田之后,其最大特点就是极易受水的冲击,形状和面积极不稳定。对此,王祯如是说,沙田"旧所谓'坍江之田',废复不常,故亩无常数,税无定额,正谓此也"。④ 他还引述了发生在宋代的一段故事来说明沙田的特点。宋乾道年间(1165—1173 年),梁俊彦请税沙田,以助军饷。既施行矣,时相叶颙奏曰:"沙田者,乃江滨出没之地,水激于东,则沙涨于西,水激于西,则沙复涨于东,百姓随沙涨之东西而田焉,是未可以为常也。且比年兵兴,两淮之田租,并复至今未征,况沙田乎?"⑤由于沙田的面积极不稳定,收入难以保证,所以在当时,沙田是否应该征税的问题一直是许多朝廷命官议论的焦点。显而易见,水对于沙田的危害是严重的,这也就迫使沙田地区的农民选择一些早熟而且耐涝的品种,以适应沙田开发的需要。

---

① [元]王祯. 农书:卷一一 农器图谱 田制门[M]. 北京:中华书局,1956:144.
② 曾枣庄,刘琳. 全宋文:第三百二十三册[M]. 上海:上海辞书出版社,2006:188.
③④⑤ [元]王祯. 农书:卷一一 农器图谱 田制门[M]. 北京:中华书局,1956:147.

架田。一名葑田,是我国古代劳动人民与水争田的一个创造。所谓架田,是把木头绑成木架,浮于水面,然后在其上铺上葑泥种植作物。由于木架可随水之高下浮泛,此田也就永远不会被淹没。王祯《农书》对于架田曾作了一个简明解释:

> 架田。架犹筏也。亦名葑田……江南有葑田,又淮东二广皆有之。东坡《请开杭之西湖状》,谓水涸草生,渐成葑田。……以木缚为田丘,浮系水面,以葑泥附木架上而种艺之。其木架田丘,随水高下浮泛,自不渰浸。[①]

从王祯所引苏东坡对杭州一带葑田的描述来看,"水固草生,渐成葑田",这实际上是在一些因水道堵塞或河床提升、泥沙淤积形成的所谓"哑河"中开辟的稻田,此类田只有避过汛期才能抢收一些粮食。这类稻田与"沙田"相类似,经过一段时间的种植,这种田也会变成旱涝保收的良田。

架田与圩田相比有不少优点,它既不占土地面积,又不缩小水面;它既能随水涨落,上下升降,自由移动,无旱涝之灾,又不会影响渔业,有利于自然资源的综合利用,促进生态平衡。因此,架田是一种投资少而经济效益较高的人造耕地,历史上称赞为"水乡之美利"。

梯田,一名山田,是沿丘陵坡地做成的梯形田地。它保水、保土、保肥,是我国古代劳动人民的一大创造。

依据王祯《农书》的论述,所谓梯田,实包含两种:一种必"裁作重磴"如梯形;一种则"蚁沿而上""蹑坎而耘""自下登陟"如升梯,则不必裁为重磴。前一种如有水涝,可种粳秫;后一种则只能陆种粟麦。这种田制历史非常悠久,根据战国时宋玉《高唐赋》中"若丽山之孤亩"[②]的说法,那时就可能有了梯田。到汉代,由于区田法的推广,梯田有了发展。东汉时四川彭水的梯田,不妨认为就是小块区田的扩大。但梯田较大的发展,是在宋代,梯田之名也是在宋代才见于记载的。南宋孝宗隆兴八年(1170 年),范成大在其

---

① ［元］王祯.农书:卷一一　农器图谱　田制门［M］.北京:中华书局,1956:140.

② ［清］严可均.全上古三代文:卷一〇　高唐赋［M］.北京:中华书局,1958:73b.

作品《骖鸾录》中用了"梯田"①这个名词。宋代梯田的发展,主要集中于浙、赣、皖、湘等长江中下游的山岭间。如浙江东部的"象山县负山环海,垦山为田"②,台州也因为负山面海,极力开发贫瘠的山地。属于两浙路的严州,"山居其八,田居其二",③同样地开垦了一些山田。在江西东、南、西、西北及东北的山区,梯田也不少。王安石在《抚州通判厅见山阁记》中说:"抚之为州,山耕而水莳……为地千里,而民之男女以万数者五六十,地大人众如此。"④农民"山耕水莳",提供了五六十万人的口粮,可以想见丘陵和山区开发的程度。到了南宋,江西梯田面积就更大了。杨万里在淳熙五年(1178年)从浙江回江西,在信州境内看到的情况是"此地都将岭作田"⑤。

　　宋人利用自然资源开发农地,使山川荒野、江河湖泊为人类造福,成为征服自然、开发自然、综合利用自然资源的典范,在中国古代农业史上写下了辉煌的一页。

　　综上所述,不难看出,在一个相当长的时期内,长江下游地区优越的自然条件并没有得到充分利用,主要原因是缺乏把这种潜在的优势转化为现实优势的技术条件和社会条件。所以在唐代以前,长江下游地区的农田水利建设还相对滞后。六朝时期,由于黄河流域战乱和自然灾害频发,大量人口移向江南,从而促进了长江下游地区农田水利的进一步开发,表明这一地区的自然条件逐渐为人们所利用,但这种利用还仅仅是一个开始,长江下游地区优越的自然条件真正得到充分利用和更大规模的开发则是在唐中叶以后。众所周知,长江下游地区降水量丰沛,河网交织,湖荡棋布,其灌溉条件之优越远非北方"命悬于天"的旱地可企及。不过,南方这样的地理环境,也给农业水利开发带来了一个难题,即如何在农业水利开发中解决涝渍的问题。我们知道,历史上的灌溉,在取水方式上有提水灌溉和自流灌溉两种形式,但是能自流灌溉却无法自流排涝,这样,如遇涝渍成灾时,是不能等待其自行消除的。涝渍不能及时消除,如再遇暴雨,就会酿成

　　① [宋]范成大.骖鸾录[M].北京:中华书局,2002:52.

　　② 曾枣庄,刘琳.全宋文:第一百九十二册[M].上海:上海辞书出版社,2006:125.

　　③ [宋]吕祖谦.东莱吕太史集:文集卷三 为张严州作乞免丁钱奏状[M].杭州:浙江古籍出版社,2017:42.

　　④ [宋]王安石.王文公文集:卷三四 抚州通判厅见山阁记[M].上海:上海人民出版社,1974:410.

　　⑤ [宋]杨万里.诚斋集:卷一三 过石磨岭皆创为田直至其顶[M].影印文渊阁四库全书本.台北:商务印书馆,1986:1160,142a.

更大的洪涝灾害。既然排涝无法靠自流，就必须靠人力，即需要提水排涝。其实我国历史上很早就发明了一种灌溉机械——桔槔。《庄子·天地篇》载："凿木为机，后重前轻，挈水若抽，数如泆汤，其名为槔。"① 到了东汉中平三年(186年)，毕岚发明了翻车，其成为世界上诞生最早、应用范围最广的农用水车。中唐以降，水车经过改进，逐步推广开来。史载："太和二年(828年)闰三月丙戌朔，内出水车样，令京兆府造水车，散给缘郑白渠百姓，以溉水田"。② 正是有了水车的推广，特别是在长江流域的广泛使用，才使解决南方低洼地区的排涝问题成为可能，从而大大提高了农业生产的排灌能力。在这一重要的前提下，长江下游地区圩田水利才得以大规模地开发③。

① [战国]庄子著，[晋]郭象注，[唐]成玄英疏.南华真经注疏:卷五　天地十二[M].北京:中华书局，1998:247.

② 旧唐书:卷一七　文宗纪上[M].北京:中华书局，1975:528.

③ 黎沛虹，李可可.长江治水[M].武汉:湖北教育出版社，2004:162.

第二章　唐宋时期圩田的开发与修筑

　　唐宋时期,长江下游圩田开发有了长足的发展。唐代太湖地区的水利营田,已进入一个新的开发时期。无论是圩堤建设的规模,还是防洪、排灌工程兴建的数量,都比以前有所提高。五代时期的吴越在太湖流域治水治田,发明并完善"塘浦制",人们在纵横交错的横塘纵浦之间筑堤作圩,形成棋盘式的塘浦圩田系统。[①] 特别是入宋以后,长江下游地区出现了圩田开发的热潮。

第一节　唐宋时期圩田开发的特点及其相关理论

　　在唐宋时期,人们对长江下游地区进行开发的诸多形式中,圩田开发是最为重要的一种方式,它具有开发时间长、面积广阔、结构合理、效益显著等特点。以下分"江东沿江地区"和"太湖流域"两个单元,对长江下游地区圩田的起源与发展作初步梳理。

一、江东沿江圩田的兴筑和"圩田五说"理论

　　先秦时期,江东沿江地区由于劳动力稀少,加之生产技术的落后,开发水平极其低下。《史记》云:"楚越之地,地广人稀,饭稻羹鱼,或火耕而水

---

　　① [明]归有光.三吴水利录:卷一　郏亶书二篇[M].影印文渊阁四库全书本.台北:商务印书馆,1986:576,524.

耨,果隋蠃蛤,不待贾而足"。① 可见,江东地区在当时基本上还处于待开发状态。江东地区的大规模开发始于三国时期的圈圩筑堤。三国之际,魏、吴在江、淮地区长期对峙,为解决粮秣补给问题,东吴"表令诸将增广农亩"②,就近屯兵垦殖,并于湖县(今当涂县)设督农都尉治,对古丹阳湖区(位于苏、皖交界处)进行军屯,从而拉开了圈圩垦殖的序幕。今青弋江、水阳江下游一带的当涂大公圩、宣城金宝圩、芜湖万春圩等圩均始筑于三国东吴时期。大公圩有江南首圩之称,吴景帝永安三年(260 年),丹阳都尉严密"建丹杨(阳)湖田,作浦里塘"③。浦作水边解,塘作堤解,乃指水边筑圩,其范围在今大公圩内。金宝圩原为古金钱湖,三国时期地属东吴,圩即成于此期间。据《宣城县志》载,时东吴大将丁奉驻守宣城一带,亲自勘察金钱湖区,他看中了这个有近二十万亩的金钱湖滩,亲手拟订筑圩计划,围湖造田,四年竣工,先叫金钱圩,后改惠民圩,因其像个金色的宝贝,又称金宝圩。④ 万春圩一带属于万顷湖的一部分,(丹阳)都尉严密修复浦里塘以后,对古丹阳湖区继续进行围垦,筑成了大量圩田,万春圩即其中的一个圩区。

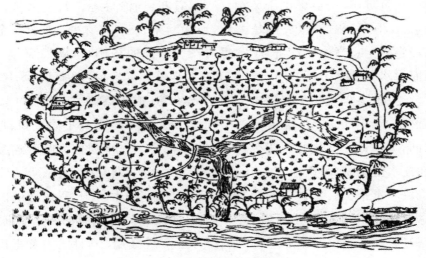

图 2-1　江南圩(围)田样式

① 史记:卷一二九　货殖列传[M].北京:中华书局,1982:3270.
② 三国志:卷四七　吴主传[M].北京:中华书局,1982:1132.
③ 三国志:卷六四　濮阳兴传[M].北京:中华书局,1982:1451.
④ 宣州市地方志编纂委员会.宣城县志[M].北京:方志出版社,1996:161.

这时围筑的圩田数量虽不多,规模却很大。孙吴屯兵于皖河口,建望江西圩,周30里,垦田3.7万亩。[①]建衡元年(269年),丹阳湖周围陆续围垦圩田达一百多万亩。在河湖滩地上围田,解决好排灌问题是关键,人们在圈圩垦殖的同时,兴修了一些水利工程,并收到了良好的效果。如为了确保江北含山、和县等地圩区的灌溉和防洪安全,东吴在牛屯河上建铜城闸,"遇旱则积,遇涝则启"[②],从而使含山、和县七十二圩环200里之域免遭洪水威胁,30万亩圩田均得灌溉之利。唐五代时期,随着南方人口的增加,劳动力的充实,加之先进农具的推广和生产技术的进步,江东地区已大量修筑圩田并日趋完善。南唐以前,芜湖一带的劳动人民就根据江南"可耕之地皆下湿"的实际情况,"规其地以堤而艺其中",在今芜湖县境内兴建了圩田;"土豪秦氏世擅其饶,谓之秦家圩。李氏据有江南,置官领之。"[③]范仲淹在《答手诏条陈十事》一文中也说:"且如五代群雄争霸之时,本国岁饥,则乞籴于邻国,故各兴农利,自至丰足。江南旧有圩田……旱则开闸引江水之利,涝则闭闸拒江水之害,旱涝不及,为农美利"[④]。入宋以后,江东地区兴建起大批圩田,主要集中于芜湖、宁国、宣州、当涂等地。其中宣城圩田最多,凡179所,化成、惠民都是大圩,连接起来长达80余里,面积占全县垦田一半以上。当涂的广济圩93里有余。庐江的杨柳圩,周长50余里。建康府溧水县的永丰圩,"四至相去皆五六十里"[⑤],其圩区总面积58.89平方千米,耕地面积50875亩,水域面积31600亩,成为高淳第一大圩。需要指出的是,永丰圩的围垦虽于圩民有利,但由于永丰圩横亘于固城湖、丹阳湖之间,大大缩小了湖压的潴水容积,其中仅留一官溪河作为咽喉连接两湖,在江水泛涨时,因下泄三吴孔道不畅,往往会引发宣州、太平等4州水患,造成严重损失。宋时万春圩获得了大开发。该圩位于芜湖县荆山之北。太平兴国年间为大水所毁,废弃近80年,嘉祐六年(1061年)岁饥,转运使张颛、判官谢景温奏准用以工代赈办法实行修复,10日之内募得民丁

①　[清]顾祖禹.读史方舆纪要:卷二六　南直八"西圩"下[M].北京:中华书局,2005:1317.

②　[清]顾祖禹.读史方舆纪要:卷二九　南直一一"铜城堰"下[M].北京:中华书局,2005:1424.

③　[宋]沈括.长兴集:卷九　万春圩图记[M].影印文渊阁四库全书本.台北:商务印书馆,1986:1117,295.

④　[宋]范仲淹.范仲淹全集:第二册　政府奏议卷上　答手诏条陈十事[M].北京:中华书局,2020:470.

⑤　宋史:卷一七三　食货上一[M].北京:中华书局,1985:4183.

14000 人,40 日而毕其功。修复后的万春圩宽 6 丈,高 1.2 丈,长 84 里,夹堤植桑数万株,治田 127000 亩;接着又修通沟渠,大渠可以通小船;筑大道 22 里,可以两车并行,道旁植柳;并建造水门 5 个,也是 40 日而功成。修复后,官府按圩田产量的百分之十五取租,每年得粟 36000 斛,另收菰、蒲、桑、枲(音 xì,麻类)之利,为钱 50 余万。足见该项工程获得了极高的经济效益。[①] 治平二年(1065 年),长江下游地区水灾严重,江东的宣州、池州等地大小 1000 多个圩田被洪水淹没,唯万春圩屹立无恙,附近各小圩也赖以不毁。除万春圩外,芜湖尚有陶辛、政和、独行、永兴、保成、咸宝、保胜、保丰、行春等 9 个较大的圩田。此外,广德、和州、无为等县及黄池镇,尚有 10 多个圩田。据不完全统计,宋代江东一路的官圩即有 79 万余亩。[②]

随着人口的繁衍和土地的开发,长江下游地区的圩区相应扩展。同样由于最初的无序化,带来了新的水利问题,滨江滨湖地区广筑堤圩后,江湖蓄水容积减少。同时各家之圩相互套叠覆盖,泄水条件不利,防洪堤过长,小圩防洪能力较低,水旱灾害反而加重。宋代已注意这一问题,并促进了规划工作的进展。其主要思想是将小圩联合并作大圩,在大圩内分区分级控制。宋代的江东圩区就出现了联圩这一新的围垦形式。从筑圩到联圩,这是人们认识上的一大飞跃,也是治水的有效举措。联圩即通过筑长堤,将众多小圩联并起来,以收"塞支强干"和防洪保收之效。江东联圩的成功范例当首推大官圩(今当涂县大公圩)。宋绍兴二十三年(1153 年),"宣州水泛滥至境,县诸圩尽没",地方官吏据实上报,朝廷准予联圩,迨至乾道九年(1173 年)"太平州黄池镇福定圩周四十余里,延福等五十四圩周一百五十余里,包围诸圩在内。"[③]这里所说的便是大官圩的联圩情况。宋代宣州的化成、惠民两圩,"埂岸虽已圈固……况两圩腹内包裹私圩十五所"[④]。这说明化成、惠民两圩也是通过联圩形成的。这方面的例子尚能举出许多。圈堤联圩有效地提高了圩区防御旱涝的能力,堪称筑圩史上的一大创举。

值得一提的是,唐宋时期特别是宋代,江东沿江圩田不仅数量多、规模大,而且形成了相当丰富的兴建圩田的理论——"圩田五说",对扩大耕地

① [宋]沈括.长兴集:卷九 万春圩图记[M].影印文渊阁四库全书本.台北:商务印书馆,1986:1117,296-297.

② 万绳楠,庄华峰,等.中国长江流域开发史[M].合肥:黄山书社,1997:212.

③ 宋史:卷一七三 食货上一[M].北京:中华书局,1985:4186.

④ [清]徐松.宋会要辑稿:食货六一[M].北京:中华书局,1957:5933.

面积、发展农业生产起到了积极作用。

在江东圩田兴建的过程中,曾围绕是否修复"秦家圩"展开了一场激烈的争论。该圩兴建于三国时期,唐代时曾一度为确保官粮漕运,禁用丹阳湖水灌溉,圩田遭到荒废。后来圩田逐渐恢复,但又为秦姓的土豪所霸占,易名秦家圩,以示其私有。到北宋时该圩归属芜湖,田租归宋政府的大农。太平兴国年间,江南大水,主管圩务的官吏欧阳某护圩不谨,圩堤被大水冲毁。以后荒废80年,其间曾几度议修,但由于朝野上下争论激烈,意见相左,终未修成。直到嘉祐六年(1061年),江南东路转运使张颙、判官谢景温竭力主张重修,并派宣州宁国县令沈披实地勘察,并绘成图,决定复修。沈披乃北宋著名政治家、科学家沈括的胞兄,精水利,有吏才。其时沈括正寄居沈披处,遂积极参与治圩的工程规划,事后写成《万春圩图记》。图虽不存,文字犹传。该文对于万春圩的历史,特别是嘉祐六年的修复缘由、始末、经过,作了较为详细的记载,是研究我国古代圩田历史的一份重要的文献资料。沈括、沈披弟兄二人逐一驳斥了反对派的意见,提出了治圩的五条理由,这就是著名的"圩田五说",也是有关兴建圩田的重要理论。其要点如下:

(1)或谓"夏秋之水,非广泽无所容",排其20里的水面为圩,就会使这20里的水面无所归宿,当上流水涨、洪峰泛溢时,便会造成水灾,反而得不偿失。

沈披反驳了这种说法,认为此说没有根据。据他勘察,即便汛期来临,水面升高,而该圩北界尚有丹阳、石臼等湖,绵浸三四百里;又当每次发水时,圩的周围也都浸衍成湖,面积如丹阳湖者,尚有三四处之多;何况圩之西侧,更与大江连接,即使划出20里的水面,用作恢复旧圩,这对洪水的消长也不会有多大问题。

(2)或谓圩之西南靠近荆山,沿山麓作堤防,江水从山峡流过,遭到壅塞,便会直灌山东,造成水灾。

沈披认为这一说法也不符合事实。他指出,荆山之西,水流宽广不及百步,如果将堤岸冲着荆山折筑,这样即可让出两百步宽度来扩大江面容量,大大减少水流的压力。万一不幸,发生壅塞,则障碍产生于荆山之西,水患并非来自圩田。倘若在东侧分出支流,便可引导洪水宣泄。有此措施,也就不用担心水患了。

（3）或谓"圩水之所赴，皆有蛟龙伏其下"，两岸容易崩溃。该圩前此之所以崩溃，未尝不是这个缘故。

沈披极力驳斥此类无稽之谈，与此同时，他对圩堤毁坏的原因给以科学的解释，指出圩堤易于崩坏，并非什么蛟龙作怪，而是圩水穿堤，排在圩之外，天长日久，"其下不得不为渊，渊深而岸颓"，这不值得大惊小怪。进而提出了补救的办法，即应在外面修筑一道复堤，引导水流冲出几十步之外，注入江中，这样把水潭移至几十步外，自然就不会影响到距离较远的圩岸了。

（4）或谓自万春圩前身荒废后，在这里纳租从事采茭牧养者，已有百家，一旦恢复成圩田，要他们停业或改行，势必迫使他们起来反抗。

沈披认为这个理由是不能成立的。因为圩田如果修复，将来也要分佃给农民。夺取某些人的土地，再转手分给另外一些人租种，这是毫无意义的。与其这样，还不如让原来在这里采茭牧养的人，得耕其中。若能这样做，他们必定乐于改业，正如过去自愿在此"茭牧"一样，是不会起来反抗的。

（5）或谓圩之东南滨临大湖，堤岸不断被风浪冲击，时间一久，便难保其坚固。

沈披认为这种说话也缺乏根据。因为从自然条件来说，这里的地势并不陡峭，只有百步缓坡，附堤上还种植一行行的杨柳，堤下栽种一列列的芦苇。这样受风浪侵蚀的部分，远在百步之外，而堤并不直接受风浪的冲击。加之堤身基址宽广，厚达数丈；末端逐渐尖削，狭小至不过数尺，堤外又有缓滩，杂生柳树、芦苇，使水势得到缓冲，所以风浪使圩堤不能久坚之说也是站不住脚的。

沈氏所驳斥反对派的观点，理由充分，所提出的主张，也切合实际。最终，其主张被采纳，一个崭新而坚固的圩田得以修复。圩既成，宋仁宗赐其名为"万春圩"。

沈括的《万春圩图记》对万春圩的修筑情况记载说，用 40 天时间，筑起一道宽 6 丈、高 1.2 丈、长 84 里的大圩埂，在圩埂旁种植数万株桑树；在圩内开垦良田 1270 顷，每顷以天地、山川、草木杂字为名，开掘排灌沟渠，划定村落，村落之间可以行舟；圩中又开辟了一条纵贯南北，长 22 里，道路宽阔，可两车并行，道旁植以柳树；大圩四周建有 5 个水门，"旱则开闸引江水之利,涝则闭闸拒江水之害"①。如遇圩内积水过多,外河水位低于水门,亦可以打开水门向外河泄水。所以,史称万春圩"筑堤于外,以撼江流,四旁开闸,以泄积水"②。由此可见,万春圩中农田和沟渠组成棋盘式格局,圩堤、涵闸、沟渠设计合理,加之精心施工,蓄水排水都很方便,非但平年丰收无误,就是灾年也能保证丰收③。例如工程完成后的第四年也就是宋治平二年(1065年),长江又发大水,宣州、池州等地大小1000多个圩田被洪水淹没,唯万春圩屹立无恙,附近各小圩也赖以不毁。这一事实雄辩地证明了沈氏"圩田五说"的理论是正确的。这一理论对当时及后世的圩田兴建具有重要的指导和借鉴意义。

　　关于万春圩的修筑情况,有一个重要史实需要更正,就是从清初到现在的几百年里,人们都说沈括是万春圩的主修者。对此,邓广铭先生以众多证据论证主持修复万春圩工程的不是沈括,而是沈括的胞兄沈披。他还考证出这一错误源自清初学者吴允嘉,吴氏在重编《沈氏三先生集》中校勘其中沈括《长兴集·万春圩图记》时,将"宣州宁国县令沈披",一律改为"沈括"。这样一来,便导致宁国县令不是沈披而是沈括了。同样,主持修复万春圩的也就变成沈括了。这个说法长期流传,以讹传讹④。

　　那么,沈括在万春圩工程修筑中扮演了什么角色呢?刘尚恒先生提出沈括应当是修复万春圩的参与者之说。他说:第一,嘉祐六年修万春圩时,沈括确实客居其胞兄沈披处,《万春圩图记》中有"予嘉祐中客宣州宁国县""嘉祐中予客宣之宁国"为证。他认为张荫麟、胡道静、张家驹等人,把"客"解释为"官""仕",是不对的。客者,指客居、旅居、寄居而言。沈括是"客"而不是"官"宁国县。第二,沈括擅长水利,曾于至和元年(1054年)治理过沭、沂二水,使7000顷良田获得灌溉之便。另外,像浚治水渠,修筑堤堰、斗门之类,都可算是沈括的强项。第三,根据《宁国府志》记载,沈括曾任宣州监税务,在皖南生活过一二十年,熟悉皖南地理,并在这一带写下不少记

　　① [宋]范仲淹.范仲淹全集:第二册 政府奏议卷上 答手诏条陈十事[M].北京:中华书局,2020:470.
　　② 曾枣庄,刘琳.全宋文:第四十八册[M].上海:上海辞书出版社,2006:9.
　　③ [宋]沈括.长兴集:卷九 万春圩图记[M].影印文渊阁四库全书本.台北:商务印书馆,1986:1117,295-297.
　　④ 邓广铭.不要为沈括锦上添花:万春圩并非沈括兴建小考[J].学术月刊,1979(1).

游诗文。① 第四,沈括对万春圩及其附近的山势水流非常了解,没有到过现场进行实地勘察的人,很难在《万春圩图记》中作如此详尽的描述。第五,沈括在《万春圩图记》中对世事的针砭,对修圩遭到无端指责的愤慨,这不是代人立言所能写出来的。因此,刘尚恒认为沈括参与其兄沈披主持的万春圩修复工程,助其一臂之力是合理的、可信的②。邓广铭先生也同意"沈括参与"说。

二、太湖流域塘浦圩田的形成和特点

太湖流域农业开拓很早,是江南地区开发较早的地区之一。1985 年考古工作者在江苏吴县太湖之中三山岛发现了属于旧石器时代晚期的文化遗址,出土石器 200 多件,说明早在 1 万年前太湖地区已有人类活动。从出土器物可知,当时已由原来的以采集经济为主转向以渔猎为主。1993—1994 年南京博物院考古研究所在日本宫崎大学的藤原宏志的协助下,在江苏吴县草鞋山遗址南边约 500 米的稻田里进行钻探,发现了马家浜文化早期的稻田(见图 2-2),距今大约有 7000 年之久。这些小块稻田之间有水沟相连,北头和南头有蓄水坑,也有水沟、水塘和稻田相连。坑内淤土中除发现有大量水稻植硅石外,还有炭化的稻谷,说明它已具有我国历史时期水田结构的雏形。③ 此外,据对距今 5500～6000 年的青莲冈文化遗址(位于苏锡地区)发掘的情况来看,当时人们已过着定居生活,有着较为发达的原始农业,水稻种植已很普遍。而到了距今 4000～5500 年的良渚文化阶段,农业有了进一步的发展,率先使用了石犁,并且有破土机、耘田器、镰和爪镰等一整套农具,水稻种植相当普遍,一个以稻作农业为主的农业体系到这时已基本成立,农业文化更加成熟。这说明,在距今 4000～6000 年前,太湖人民早已在这块古代的三角洲上进行着水土斗争,社会经济已经达到一定的发展水平,并不像一般所想象那样的原始落后。④

---

① [清]鲁铨,锺英修,洪亮吉,施晋纂.嘉庆宁国府志:卷二一 艺文志[Z].清嘉庆二十年刻民国八年泾县翟氏宁郡清华斋影印本.

② 刘尚恒.也谈万春圩的兴建:试与邓广铭先生商榷[J].学术月刊,1979(8).

③ 谷建祥,邹厚本.对草鞋山遗址马家浜文化时期稻作农业的初步认识[J].东南文化,1998(3).

④ 南京博物院:《太湖地区的原始文化》(长江下游新石器时代文化学术讨论会材料,未刊稿);曾昭燏、尹焕章:《江苏古代历史上的两个问题》,《江苏省出土文物选集》(文物出版社,1963 年版)。

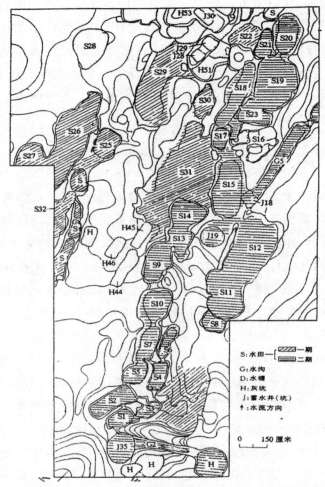

图 2-2　江苏吴县草鞋山马家浜文化时期的水田遗迹

　　春秋时期,太湖流域的水土资源得到了进一步开发,其原因当与楚文化的传播有关。楚是春秋时期的南方大国,与吴、越交往很多,文化相互影响。楚的水利工程的开拓要早于吴、越。楚相孙叔敖主持兴修的芍陂(今安丰塘是其残迹),是我国历史记载最早的大型蓄水灌溉工程。公元前548年,楚蒍掩按照云梦水乡的自然特点,进行一系列的农田水利建设,他按照各种不同类型的土地,因地制宜地分别加以开发利用:如将易涝洼地辟为陂塘("数疆潦,规偃潴"),将靠近堤岸的季节性浅滩辟为牧草区("牧隰皋"），将成片的下隰平原辟为肥美的沟洫农田（"井衍沃"）①等，尽管这些方法十分粗放，但已胚胎着圩田的雏形。

楚较为先进的水工技术和洼地治理经验对吴、越的影响很大。据载，吴国在诸樊时（前560—前548年），从无锡迁都苏州，从此便开始发展水利事业。吴发动民力在太湖上游凿胥溪（今高淳东坝胥溪），使太湖西与长江沟通②；在下游东南开通胥浦（今金山嘉善间胥浦塘），会纳上游诸流，东泄出海③。东北方面则开凿了自苏州境至无锡经奔牛孟河出长江的航道④。同样为了侵伐他国，越国也在苏州后面开凿了蠡渎。⑤ 这些河渠的开辟主要出于军事运输的需要，却直接给排洪、排涝、灌溉和围湖垦殖创造了有利条件。太湖周围的湖、河、渎、口，以"胥""蠡"为名者不少，它反映了吴、越两国人民草创水利的业绩，对太湖水土资源的开发利用和圩田的兴起起到了促进作用。

当然，太湖流域圩田的兴起，主要还是由独特的地形地貌决定的。日本学者西山武一曾说，中国的灌溉事业，根据其地形的不同，大致可分为三类，即北方为渠，淮南为陂，江南为塘。⑥ 渠，就是"沟洫"，往往兴建于北方的平原或高地，主要用作引水灌溉。陂是适用于山地的一种水利设施。《越绝书·吴地传》载："吴西野鹿陂者，吴王田也，今分为耦渎。"⑦"陂"字《说文》释为"阪"，而"阪。坡者曰陂。一曰泽障。一曰山胁也"。⑧ 鹿陂既为吴王田，又开沟分为耦渎，说明不是用以蓄水的陂湖，此"陂"当指泽障，即于沼泽中修堤障水而围的"陂田"。塘是一种适合于江南低洼沼泽地的水利设施。江南地区雨水丰沛，但由于地势低洼，往往排水不畅，积

① 左传·襄公二十五年："楚蔿掩为司马，……书土田，度山林，鸠薮泽，辨京陵，表淳卤，数疆潦，规偃潴，町原防，牧隰皋，井衍沃。"孔颖达解释云："偃潴，谓偃水为潴，故为下湿之地，规度其地受水多少，得使田中之水注之。"陆德明《经典释文》引晋解释："下平曰衍，有溉曰沃。""井"谓井田沟洫。

② [明]沈启撰，[清]黄象曦辑. 吴江水考增辑：卷二 水治考上[Z]. 沈氏家藏本.

③ [清]赵宏恩等纂修. 乾隆江南通志：卷六一 河渠志[M]. 影印文渊阁四库全书本. 台北：商务印书馆，1986：508，755.

④ [清]赵宏恩等纂修. 乾隆江南通志：卷一三 舆地志[M]. 影印文渊阁四库全书本. 台北：商务印书馆，1986：508，441.

⑤ [清]赵宏恩等纂修. 乾隆江南通志：卷一三 舆地志[M]. 影印文渊阁四库全书本. 台北：商务印书馆，1986：508，446-447.

⑥ [日]西山武一. 中国水稻农业的发展[M]//西岛定生. 中国经济史研究. 冯佐哲，等译. 北京：农业出版社，1984：153.

⑦ [汉]袁康. 越绝书校释：卷二 越绝外传记吴地传[M]. 北京：中华书局，2013：35.

⑧ [汉]许慎. 说文解字[M]. 北京：中华书局，2020：477.

水成灾,成为发展农业的最大瓶颈。因此需要修筑堤塘,把水拦在外面。就太湖地区而言,所修筑的水利工程主要是塘。这里的"塘",其本意是指堤防,其作用除在低洼地区用以围田外,又用作防洪或作为交通道路。西汉末于今浙江长兴县东太湖沿岸筑皋塘,旨在"以障太湖"[①];孙吴时自今长兴县南抵湖州市筑青塘,是为了"以绝水势之奔溃,以卫沿堤之良田,以通往来之行旅"[②]。随着筑堤围田向塘浦圩田的发展,筑堤开始与开挖塘浦渠道相结合,"塘"字的含义不再仅限于堤防,又兼指修筑堤防于堤下开挖的河渠,所谓"凡名塘,皆以水左右通陆路也"[③]。北宋初期水利专家郏亶论述此项塘浦圩田为"圩田古制",其子郏侨称之为"汉唐遗法",可以明了其源流了。郏亶列举旧有塘浦名称,包括吴淞江两岸,至和塘(苏州至昆山、太仓)两岸,元和塘(苏州至常熟)两岸的塘浦或泾之名,以及沿海地带的诸横沥、小塘和通海港浦之名,共计260余条之多。郏亶生活的时代距今已有九百余年,许多塘浦的名称迄今未改,也可以说明他对塘浦圩田的叙述,确非虚构(图2-3)。

从时间上看,东晋时期,太湖西南缘的沿湖横向塘河已基本形成。随着横塘的修筑,纵向沟渠也不断发展,到唐代横塘纵浦已具有相当规模,世人称"塘浦制"。五代吴越国钱镠在太湖流域治水治田,坚持并完善"塘浦制","或五里七里而为一纵浦,又七里或十里而为一横塘"[④],纵横交错,横塘纵浦之间筑堤作圩,使水行于圩外,田成于圩内,并在河口建闸,旱则开闸,引江水灌溉,洪则闭闸拒江水之害,形成位位相承、棋盘式的塘浦圩田系统。

五代吴越时期治理塘浦圩田形成了诸多特点。

首先是治水与治田相结合。东晋时,在今浙江湖州市至江苏吴江区平望镇修筑了吴兴运河及其两岸大堤,以地多芦荻,取名荻塘,后几经修治,至唐贞元年间(785—805年)于頔又主持大加修治,疏深河道,加高堤岸,易名頔塘。历来文献记载都作"晋殷康所开,溉田千余顷",《吴兴志》认为这是不懂吴兴地理所致,"湖(湖州)之城卑,凡为塘岸皆筑以捍水,作史者以

　　①　[清]金玉相.太湖备考:卷三　水治[M].扬州:广陵书社,2006:212.
　　②　[清]嵇曾筠.雍正浙江通志:卷五五　水利[M].影印文渊阁四库全书本.台北:商务印书馆,1986:508,442。
　　③　[宋]谈钥.嘉泰吴兴志:卷一九[M].杭州:浙江古籍出版社,2018:349.
　　④　[明]张国维.吴中水利全书:卷一三　郏亶　上水利书[M].杭州:浙江古籍出版社,2014:495.

为'开塘溉田',盖以他处例观"①,因改书作"晋殷康所筑,围田千余顷"。其所以有这种争论,因为开河、筑堤是紧密相结合的,以开河之土修成堤岸,河用以行水,堤用以围田,旱时又可引河水灌溉,从而使治水与治田并举。这无疑是开发太湖平原低洼地区的一种理想形式。

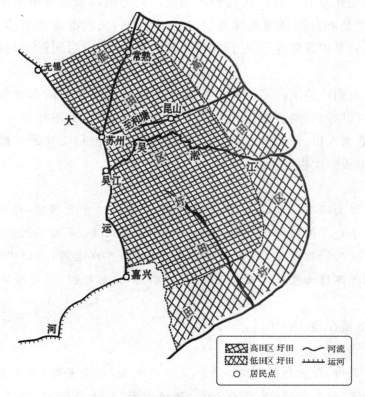

图 2-3　五代吴越太湖塘浦圩田示意图

（资料来源:中国农业遗产研究室.中国古代农业科学技术史简编[M].南京:江苏科学技术出版社,1985:73.）

其次是高低田同时治理。北宋郏亶《吴门水利书》称:"其低田则开其塘浦,高其堤岸以固田,其高田则深浚港浦,畎引江海以灌田。"②即在太湖平原低洼地区以塘浦为网,使田各成圩,圩圩相接,开阔塘浦,高筑圩岸,提

①[宋]谈钥.湖州市地方志编纂委员会办公室整理.嘉泰吴兴志:卷一九[M].杭州:浙江古籍出版社,2018:349.

②[明]张国维.吴中水利全书:卷一三　郏亶　上水利书[M].杭州:浙江古籍出版社,2014:508.

高水位,以利宣泄;在沿海高地使塘浦深阔超过低洼地区,以纳洪流,发展灌溉。为了阻止潮水向内地低洼地区倒灌,在高低田分界处塘浦上广置堰闸、斗门,依时启闭,控制水流,从而达到使"低田常无水患,高田常无旱灾,而数百里之内,常获丰熟"①。

再次是建立有一套严格的养护制度。如为确保塘浦圩田系统不受破坏,吴越严禁私自围垦河湖滩地,"立法甚备"②,又设都水营田使,加强对塘浦圩田的养护管理等③(关于唐宋圩田的养护制度,后面将要讨论,此不赘述)。

以上我们论述了江东沿江圩田和太湖流域塘浦圩田的形成和发展情况,由之可以看到,两者在运作方式上有其相似之处,即田外筑圩,圩外有水,旱则灌水入田,涝则放水出田。但其不同之处也是明显的。诚如范仲淹《答手诏条陈十事》所云:

> 江南旧有圩田,每一圩方数十里,如大城。中有河渠,外有门闸。旱则开闸引江水之利,潦则闭闸拒江水之害,旱涝不及,为农美利。又浙西地卑,常苦水浸。虽有沟河,可以通海,惟时开导,则潮泥不得而埋之。虽有堤塘,可以御患,惟时修固,则无摧坏。④

又,王祯在《农书》中说:

> 围田,筑土作围以绕田也。盖江淮之间,地多薮泽,或濒水不时淊没,妨于耕种,其有力之家,度视地形,筑土作堤,环而不断,内容顷亩千百,皆为稼地。……复有圩田,谓叠为圩岸,捍护外水,与此相类。⑤

---

① [明]张国维.吴中水利全书:卷一三 郑覃 上水利书[M].杭州:浙江古籍出版社,2014:498.

② [清]吴任臣.十国春秋:卷七八 武肃王世家下[M].北京:中华书局,2010:1090.

③ 关于吴越国的农田水利建设成就,参见:庄华峰.五代时期东南诸国的政策与经济开发[J].中国史研究,1998(4).

④ [宋]范仲淹.范仲淹全集:第二册 政府奏议卷上 答手诏条陈十事[M].北京:中华书局,2020:470.

⑤ [元]王祯.农书:卷一一 农器图谱 田制门[M].北京:中华书局,1956:136.

　　范仲淹文中的"江南应有圩田"即是淮南、江东的沿江圩田,而浙西堤塘则是指太湖流域的圩田。

　　概而言之,淮南、江东的沿江圩田与太湖流域圩田在结构和规模方面有着两方面的不同:

　　一是江东沿江圩田既有单独成圩的,又有联圩并圩的,但即使是并圩联圩,圩田的数量往往也不是很多。太湖流域的圩田则是多个圩田的集合体。正如郑宣所云:"或五里、七里而为一纵浦,又七里或十里而为一横塘",又云:"其环湖卑下之地,则于江之南北为纵浦,以通于江。又于浦之东西为横塘,以分其势,而棋布之,有圩田之象焉"[①]。人们在这些横塘、纵浦之间筑圩裹田,形成一个由众多圩田构成的棋盘状的圩田体系。淮南、江东的沿江圩田与太湖流域圩田的这种区别是由其不同地理环境造成的。湖沼密布的太湖平原地处四周高、中间低的碟缘盆地之中。在这样的地貌环境中,水易积难泄,极不利于农业的发展。《宋会要辑稿·食货八》载乾道八年,权发遣镇江府兵马钤辖王彻言:"大江之南,镇江府以往,地势极高,至常州地形渐低;钱塘江之北,临安以往,地势尤高;秀州及湖州地形极低,而平江府居在最下之处。使岁有一尺之水,则湖州、平江之田,无高下皆满溢。每岁夏潦秋涨,安得无一尺之水乎!"[②]说的便是这种情况。四周为高田区,中间为低田区,后来的圩田便是从低田区兴建起来的。

　　关于淮南、江东的地理环境,沈括曾说:"江南大都皆山也,可耕之土皆下湿,厌水濒江,规其地以堤而筑其中,谓之圩。"[③]这里"厌水濒江"四字,正道出了江边平原圩田兴起的地理环境。比较典型的就是芜湖的万春圩。该圩位于芜湖平原,其地西临长江,北面是丹阳、石臼诸湖,西南则是皖浙边境的丘陵,有几条河流流向山下平原;地势低下,四面受水,水患频仍,这种情形与太湖平原毫无二致[④]。两者的相似之处在于圩田都修筑在低洼

---

　　① 曾枣庄,刘琳. 全宋文:第七十五册[M].上海:上海辞书出版社,2006:379.

　　② [清]徐松. 宋会要辑稿:食货八[M].北京:中华书局,1957:4950a.

　　③ [宋]沈括. 长兴集:卷九 万春圩图记[M].影印文渊阁四库全书本.台北:商务印书馆,1986:1117,295.

　　④ 关于芜湖万春圩所处之地理环境,《万春圩图记》云:"夫丹阳、石臼诸湖,圩之北藩也。其绵浸三、四百里,当水发时,环圩之壤皆湖也。如丹阳者尚三、四。其西则属于大江,而规其二十里以为圩……又曰,圩之西南,迎荆山为防。"

地,但淮南、江东圩田修筑在长江与其两侧的丘陇之间,地势狭隘,圩田数量有限且分布零星,难以形成一定的体系;而太湖平原地势开阔,范围广大,苏、秀、常诸州之大部分包含在其中,足可容纳众多圩田,从而形成一个棋盘状的圩田体系。

二是江东沿江圩田规模大,而太湖流域的单个圩田相对狭小。

根据史料记载,江东沿江地区圩田的规模一般都比较大,动辄数十里上百里。《文献通考》卷六《田赋考·水利田》载乾道九年(1173 年)五月叶衡言云:

> 宁国府惠民、化成旧圩四十余里,新增筑九里余;太平州黄池镇福定圩周回四十余里,延福等五十四圩周回一百五十余里,包围诸圩在内,芜湖县圩岸大小不等,周回总约二百九十余里;通当途圩岸共约四百八十余里。并皆高阔壮实,濒水一岸种植榆柳,足捍风涛,询之农民,实为永利。①

这里所说的就是江东圩田的情形。相比较而言,太湖流域圩田的规模则比较小,尽管在其形成之初,或许也以大圩制的形式出现,但到吴越时期,"或五里、七里而为一纵浦,又七里或十里而为一横塘"②,规模已经变小。再从圩堤的高低来看,太湖流域虽多积水,但水多不深,郏侨说:"其间深者不过三四尺,浅者一二尺而已。"③郏亶亦谓:"借令大水之年,江湖之水,高于民田五七尺;而堤岸尚出于塘浦之外三五尺至一丈。"④如此看来圩岸也不会太高,与范仲淹所说江东地区圩田"如大城"相比,大相径庭。⑤

① [元]马端临.文献通考:卷六 田赋考六[M].北京:中华书局,2011:148.
② [明]张国维.吴中水利全书:卷一三 郏亶 上水利书[M].南京:浙江古籍出版社,2014:495.
③ [宋]范成大.吴郡志:卷一九 水利下[M].南京:江苏古籍出版社,1986:283.
④ [宋]范成大.吴郡志:卷一九 水利上[M].南京:江苏古籍出版社,1986:268.
⑤ 何勇强.钱氏吴越国史论稿[M].杭州:浙江大学出版社,2002:294-295.

第二节　唐宋时期圩田的修筑

在圩田修筑的过程中，一方面政府组织兴修了诸如万春圩、永丰圩等一系列圩田，另一方面封建地主也纷纷通过各种途径围水占田，兴建了不少圩田。在创建圩田的过程中，劳动力和资金是必须解决的首要问题；差调民夫、调用士兵是常用的兴办工程的措施；同时宋政府还充分运用以工代赈的办法修筑圩田。

一、规划设计

官圩在开发前一般要进行规划和设计，因而无论在选址上还是在结构上，都有一定的科学性。在圩田选址上，乾道九年（1173 年），度支员外郎朱儦曾指出："江东圩田为利甚大，其所虑者水患而已。"而时人只知"增筑埂岸，以固堤防为急，而不知废决溢塞以缓弃冲之势"[1]。这说明圩址的选择在当时已经引起人们的关注。又如淳熙十年（1183 年），建康上元县境内有废弃荒圩可利用，在人们正式修圩之前，官员们首先查勘地形水道，进行科学论证，最后得出："上元县荒圩并寨地五百余顷，不碍民间泄水，可以修筑开耕"[2]的结论。在圩田结构上，官圩通常规模宏大，并且构造规划合理。当时的许多圩田往往"每一圩方数十里如大城，中有河渠，外有门闸"。关于圩田的结构，沈括在《万春圩图记》中给我们提供了绝好的研究材料，说万春圩圩堤"博六丈，崇丈有二尺，八十四里以长。夹堤之脊，列植以桑，为桑若千万。堤中为田千二百七十顷，取天、地、日、月、山、川、草、木、杂字千二百七十名其顷。方顷而沟之，四沟浍之为一区。一家之浍可以舫舟矣。隅落部伍，直曲相望，皆应法度。圩中为通途二十二里以长，北与堤会，其袤可以两车，列植以柳，为水门五"[3]。又如宣城"化成、惠民两圩，周围已置

---

①　[清]徐松.宋会要辑稿：食货八[M].北京：中华书局，1957：4942b.

②　[清]毕沅.续资治通鉴.卷一四八[M].北京：中华书局，1957：3968.

③　[宋]沈括.长兴集：卷九　万春圩图记[M].影印文渊阁四库全书本.台北：商务印书馆，1986：1117，296-297.

立斗门,共二十四所,两旁用石筑垒,及以沙扳安闸,高筑土钳,常加坚实"①。可见这类圩田不仅圩堤高阔,坚实不摧,而且植桑种柳,河渠交错,舟楫扬帆,屋舍有致,并设有排水门,构成了一幅美丽的农田水利画卷。

需要指出的是,私圩在其开发过程中则往往缺乏应有的规划设计。史载:"隆兴、干道之后,豪宗大姓,相继迭出,广包强占,无岁无之,陂湖之利,日朘月削……三十年间昔日之曰江、曰湖、曰草荡者,今皆田也……然围田者无非权势之家,其语言气力足以凌驾官府,而在位者重举事而乐因循,故上下相蒙,恬不知怪。"②豪强大族不仅直接抢占肥沃的圩田,而且抢占水源、水道,其危害更重。正如卫泾所言:"稍觉旱干,则占据上流,独擅灌溉之利。民间坐视无从取水;逮至水溢,则顺流疏决,复以民田为壑。"③可见,私圩的开发充分反映出它的随意性和无序性,是谈不上规划设计的。

二、修筑方式

马克思曾说过:"利用渠道和水利工程的人工灌溉设施成了东方农业的基础。……这种用人工方法提高土地肥沃程度的设施靠中央政府办理,中央政府如果忽略灌溉或排水,这种设施立刻就荒废下去"④。唐宋圩田修筑中,政府组织修筑了一系列的农田水利工程,在圩田开发过程中占据主导地位。与此同时,民间私人筑圩也不断发展。尤其是南宋以降,地主豪强争相围湖造田,以至政府不得不采取措施加以控制。

1. 政府组织兴筑的圩田

圩田开发是一个系统的工程,需要解决好引水和排灌等各种问题。一方面,需要将圩田同外部湖泊或江河用圩堤分隔开来;另一方面,在圩内通过斗门和沟洫等水利设施进行灌溉。这些工程都得投入大量的人力和物力进行修筑与管理。宋代水利专家郏亶曾为修筑圩田所需的花费算过一

① [清]徐松. 宋会要辑稿:食货八[M]. 北京:中华书局 1957:4960b.

② [宋]卫泾. 后乐集:卷一三 又论围田札子[M]. 影印文渊阁四库全书本. 台北:商务印书馆,1986:1169,654a.

③ [宋]卫泾. 后乐集:卷一三 论围田札子[M]. 影印文渊阁四库全书本. 台北:商务印书馆,1986:1169,654.

④ 中共中央马克思恩格斯列宁斯大林著作编译局. 马克思恩格斯选集:第二卷[M]. 北京:人民出版社,1972:64.

笔细账:

> 今苏州水田之最合行修治处,如前项所陈,南北不过一百二
> 十余里,东西不过一百里。今若于上项水田之内,循古人之迹
> ……不过为纵浦二十余条,每条长一百二十余里。横塘十七条,
> 每条长一百余里,共计四千余里,用夫五千人,约用二千余万夫。①

这种水利田的开发显然不是一家一户所能完成的,政府在其中扮演了主要角色。圩田修筑牵涉很多农户的利益,要使圩田系统正常运行,圩与圩之间的塘浦、堰闸等必须保持正常利用,只要有一个环节受阻,每每会导致大片圩田受灾。因此需要政府进行科学规划,实施有序的开发。

如前文所述,唐宋时期,长江流域的开发进入了一个新的发展阶段。史载,"大抵南渡后,水田之利,富于中原,故水利大兴"②。有宋一代,政府在长江下游地区的江南东路沿江地区及两浙太湖流域等地,均进行了大规模的圩田开发。政府在浙西和江东组织的圩田开发,一般由漕、宪、仓诸监司,州县或朝廷特派的官员主持。这些官员或是利用固有的行政组织,或是临时成立某些机构来组织兴修。嘉祐六年(1061年),万春圩的兴修便是由转运使、判官,以及太平州、宣州、广德军属下诸县的县令和主簿主持的。百丈圩的兴修则是由"郡邑"组织的。③ 政和六年(1116年),赵霖在平江置局辟官,兴修水利。赵霖以"提举措置兴修水利"④为名,选派"准备差遣检踏官""监辖造堰闸官,俵散钱粮、巡视催促。检履工料官,点检医药、饮食官"等官员,参与百丈圩的兴修工作。这些官员分工严密,各有所司。⑤

芜湖万春圩修筑较早。其前身是北宋土豪秦氏"世擅其饶"的秦家圩。太平兴国年间,秦家圩被洪水冲坏,其后八十余年长期荒废,未曾得到修复。嘉祐六年(1061年)沈披出任宣州宁国县令。在任期间,他奉转运使张颙之命,前往芜湖踏勘视察废弃的秦家圩。经过反复踏勘,沈披将当地图

① [明]张国维.吴中水利全书:卷一三 上东南水利奏[M].杭州:浙江古籍出版社,2014:502.
② 宋史:卷一七三 食货上一[M].北京:中华书局,1985:4182.
③ [宋]沈括.长兴集:卷九 万春圩图记[M].影印文渊阁四库全书本.台北:商务印书馆,1986:1117,296-297.
④ [清]徐松.宋会要辑稿:食货六一[M].北京:中华书局,1957:5926a.
⑤ [宋]范成大.吴郡志:卷一九 水利下[M].南京:江苏古籍出版社,1986:289.

形地势绘制成图呈送张颛,极力主张改建秦家圩。经过多方论证,宋政府最终决定兴修秦家圩。于是募工"万四千人",分隶宣城、宁国、南陵等8县主簿,由沈披等人具体负责,授以方略,张颛则亲自督工。历时八十余日,一座崭新而坚固的江南第一大圩横卧在青弋江下游。整个工程耗资巨大,其中人工112万,粟3万斛,钱4万。当时仁宗皇帝亲自赐名万春,因此始有"万春圩"之名,并一直沿用至今。根据沈括《万春圩图记》记载,修复万春圩工程有周密的设计,考虑了田间排水、多级排水。圩堤周长84里,堤坝高1.2丈,宽6丈。堤外筑有缓坡,堤下植杨柳、芦苇以防浪。堤上设有数座堰闸,以控制蓄泄。[①] 其规模之大、工程之坚固在当时各圩中首屈一指。

马端临曾言:"圩田、湖田多起于政和以来"[②]。政和年间,在政府的组织下,长江下游地区曾掀起了修筑圩田的高潮。政和四年(1114年),宋政府采纳卢宗原关于兴修圩田的请求,派遣官员组织兴修圩田,开发为江水浸没的膏腴之地。其中仅"三百顷至万顷者凡九所,计四万二千余顷"[③]。这些圩田主要集中在江东地区。当时另一大圩永丰圩也修建于政和年间。政和五年(1115年)徽宗下诏修建永丰圩,"集建康、上元、江宁、句容、溧水五邑民夫,命将军张抗督筑",围而成圩。其圩岸总长84千米,与万春圩相当。[④]

熙宁变法期间,政府大力倡导农田水利建设,长江下游圩田开发又一次掀起高潮。宋代两浙地区,自熙宁三年(1070年)至九年(1076年),共兴修水利田凡1980处,计田1048万余亩。江南东路兴修的水利田510处,计田172万余亩[⑤]。此间,宋神宗先后委派郏亶、沈括在浙西苏州等地逐户调夫,或募民兴役,开浚塘浦泾浜,修筑田岸。政和六年(1116年),徽宗委任赵霖为两浙提举常平。赵霖于平江置局辟官,主持开河、置闸、筑圩裹田事宜,共开修江港塘浦渎65条,修筑塘岸1条,围裹常湖、华亭泖为田,役工

① [宋]沈括.长兴集:卷九 万春圩图记[M]//影印文渊阁四库全书本.台北:商务印书馆,1986:1117,296-297.

② [元]马端临.文献通考:卷六 田赋考六[M].北京:中华书局,2011:149.

③ [清]徐松.宋会要辑稿:食货六一[M].北京:中华书局,1957:5925b.

④ 刘春堂修,吴寿宽纂.民国高淳县志.卷三山川下 圩埠[M].中国地方志集成本.南京:江苏古籍出版社,1991:44b.

⑤ [清]徐松.宋会要辑稿:食货六一[M].北京:中华书局,1957:5908a.

270 余万。绍兴二十八年(1158 年)至二十九年(1159 年),宋政府命两浙转运副使赵子潚等人,雇募人力百余万,组织开浚诸浦和修筑田岸。[①] 乾道九年(1173 年),宋政府曾诏令:

> 诸路州县将所隶公私陂塘川泽之数,开具申本路常平司籍定,专一督责县丞,以有田民户等第高下分布工力,结甲置籍,于农隙日浚治疏导,务要广行潴蓄水利,可以公共灌溉田亩。[②]

南宋宁宗庆元元年(1195 年),通州知府李楫具体描述对县丞的要求:"诸道每于农隙,专令通判严督所属县丞,躬行阡陌,博访父老,应旧系沟洫及陂塘去处,稍有堙,趣使修缮,务要深阔。或有水利广袤,工费浩瀚,即申监司,别委官相视,量给钱米。如法疏治,毋致灭裂。"[③] 由此可知,宋朝的县丞不仅要协助县令处理一般县政,更要具体负责全县范围内的水利行政事务。

由于宋政府的积极倡导,长江下游地区的水利建设取得了明显成效。据载,淳熙元年(1174 年),"提举江南东路常平茶鉴公事潘旬言:被旨诣所部州县……共修治陂塘沟堰,凡二万二千四百五十一所。可灌溉田四万四千二百四十二顷有奇。用过夫力一百三十三万八千一百五十余工"[④]。是年浙西地区也修治湖陂沟堰达二千一百余所。[⑤] 这些圩田及水利设施的修筑主要是在政府组织之下完成的。

2. 民间兴筑的圩田

在圩田发展过程中,私人筑圩占有相当的比例。宋代浙西私人组织开发的水利田,以万延之的苕霅陂泽之田和张子盖家围田的规模为大。前者岁入租万斛,有田万亩上下。后者筑围合计也有 9000 余亩[⑥]。不过相对于几万、几十万亩的官圩而言,这些私圩毕竟小得多。如南宋乾道元年(1165 年),平江府开决民户所修围田 13 所,其最大之圩仅 2300 余亩,平均每圩

---

① [清]徐松. 宋会要辑稿:食货六一[M]. 北京:中华书局,1957:5930-5931.
② [清]徐松. 宋会要辑稿:食货六一[M]. 北京:中华书局,1957:5934b.
③ [清]徐松. 宋会要辑稿:食货六一[M]. 北京:中华书局,1957:5942b.
④ [清]徐松. 宋会要辑稿:食货六一[M]. 北京:中华书局,1957:5935a.
⑤ [清]徐松. 宋会要辑稿:食货六一[M]. 北京:中华书局,1957:5936a.
⑥ [清]徐松. 宋会要辑稿:食货六一[M]. 北京:中华书局,1957:5932a.

仅 100 多亩①。江东也不例外。南宋张容所修之童湖圩,仅有 2500 亩。当时太平州圩田,"每遇水灾决坏,除大圩官为兴修外,其他圩并系食利之户保借官米,自行修治"②。可见,这些"食利之户"组织的只是小圩的修复工程。

南宋景定年间(1260—1264 年),上司令黄震监督修复被水围田。黄震认为围田"各有田主,(修复)自系己事,何待官司监督"。"田岸之事小,水利之事大。田岸之事在民,在民者在官不必虑。水利之事在官,在官者在民不得为。必欲利民,使之蒙福,则莫若讲求水利之大者,……今若准旧开浚,则百姓自然利赖,其为修田岸也大矣"③。黄震所说的"水利之事"是指疏浚河道、修建堰闸等大型水利工程,而"田岸之事"则指圩岸田塍的修筑维护。所谓"水利之事在官""田岸之事在民",旨在强调,在修筑圩田过程中,政府与民间既要各司其职,又要相互合作。只有这样,农田水利事业才能有更大的发展。

相对政府而言,私人拥有的人力物力是十分有限的,因此只能组织修建一些小型的水利田。赵霖在政和中曾指出:"目今积水之中,有力人户,间能作小塍岸,围裹己田,禾稼无虞。盖积水本不深,而圩岸皆可筑。但民频年重困,无力为之。必官司借贷钱谷,集植利之重,并工勠力,督以必成"④。史实告诉我们,私圩主要由"有力人户"自行修筑,但在其力不能及的情况下,地方官则会在钱谷、劳力方面予以支持。

南宋时期,贵势豪强也纷纷加入围湖造田的行列。史载,当时"诸州豪宗大姓",在平时潴水之处,"修筑为害"⑤,到了几乎无法遏制的地步。以至发展到"豪宗大姓,相继迭出,广包强占,无岁无之";"其初止及陂塘,……已而侵至江湖","三十年间,昔之曰江、曰湖、曰草荡者,今皆田也","江湖所存亦无几也"⑥。由于豪宗大姓的恣意围垦,导致圩田开发时常处于无序状态。

① [清]徐松.宋会要辑稿:食货六一[M].北京:中华书局,1957:5932a.

② [清]徐松.宋会要辑稿:食货六一[M].北京:中华书局,1957:5933b.

③ [宋]黄震.黄氏日抄:卷七一 权华亭县申嘉兴府辞修田塍状[M].影印文渊阁四库全书本.台北:商务印书馆,1986:708,689a.

④ [宋]范成大.吴郡志:卷一九 水利下[M].南京:江苏古籍出版社,1986:287.

⑤ [清]徐松.宋会要辑稿:食货六一[M].北京:中华书局,1957:5932b.

⑥ [宋]卫泾.后乐集:卷一三 论围田札子、又论围田札子[M].影印文渊阁四库全书本.台北:商务印书馆,1986:1169,652,654.

3. 政府和民间在圩田修筑上的合作

政府和民间在圩田开发上既有分工又有合作。合作的形式主要是政府进行圩田总体规划,私人负责具体工程。赵霖在置局辟官组织兴修圩田的过程中,即主张"将逐浦合用工料召有力人户出备钱米,官为募夫,监部开修,或户户、数户管一浦,侯毕工日,计实用钱米,纽直给空名"①。可见当时曾施行一户或数户地主分管一浦开修的政策。

至和初年,光州仙居县令田渊鉴于民间不肯趁农闲协力修筑陂塘的情况,上奏建议:

> 诸路凡有陂塘湖港可以溉田之处,……逐一拘收,每年预先检讨工料,各具折合系使水人户各有田段亩数,据实户远近,各备工料,候至初春,本县定日,如差夫例,点集入役,仍逐处立团头、陂长监催,本州差逐县官点检部辖。……后虽完固,亦须每岁计度合添工料,补叠堤防高厚。……其久来湮塞遗迹,及地势合有可以创置陂塘之处,……依例兴修。……所差团头、陂长于上等户内如差夫队头例选差,仍给文贴,令董其役。②

由此可见,宋时对于陂塘的修筑有着周密的计划,其夫役系由出身地主的"团头"或"陂长"具体负责;陂塘修成后,每年都要检查质量,不断"补叠堤防高厚",以确保其万无一失。该建议后由朝廷"下三司施行",推行至包括浙西和江东在内的诸路。

绍兴八年(1138年),宋政府规定,诸路修治陂塘堰埭,"随其土著,分委土豪,使均敷民田近水之家,出财谷工料",具体负责兴修。③对于一些稍具规模的圩田的开发,不仅有专人具体负责,而且有细密的组织形式。淳熙初,浙西和江东陂塘沟堰的修治系由县丞等县吏组织人户,"结甲置籍"以兴工。④嘉定二年(1209年),有人鉴于当时浙西多旱,主张委监司下之郡县,相视开浚陂塘沟洊,命官主持其事,"募民之无食者役而食之,分团申

---

① [清]徐松.宋会要辑稿:食货六一[M].北京:中华书局,1957:5926a.
② [清]徐松.宋会要辑稿:食货七[M].北京:中华书局,1957:4912b-4913a.
③ [清]徐松.宋会要辑稿:食货六一[M].北京:中华书局,1957:5928a.
④ [清]徐松.宋会要辑稿:食货六一[M].北京:中华书局,1957:5934b.

结,如庸雇夫役体例,日役若干,用钱米若干,皆可稽考",宋政府采纳了这一建议。[①] 从以上两例来看,在地势较高的水利田的开发中,民工是以"结甲置籍"和"分团申结"的方式组织起来的。

又南宋时,毛翊作《吴门田家十咏》,其一云:"主家文榜又围田,田甲科丁各备船,下得桩深笆土稳,更迁垂柳护围边"。[②] 据此可知,在平江府一带,"主家"之下尚有"田甲"具体负责兴修事宜。在江东水乡,每圩均有"圩长",系由"有心力,田亩最高之人"担任。每逢政府组织兴修,即由其负责具体的工程。[③] 绍兴二十三年(1153 年),宋朝廷命钟世明往宣州太平州主持圩田修复事宜。钟氏到江东后即上奏曰:"取会到逐县被水修治官私圩埠体例,系是人户结甲保借常平米自修。今来损坏尤甚,人户工力不胜,不能修治。今措置,欲乞依见今人户结甲乞保借米粮自修圩埠体例,不以官私圩人户等第纳苗租钱米,充雇工之费。官为代支过钱,年限带纳。自余合用钱米,并乞下提举常平司照会日下取拨津发,应副本州雇工修治施行。"奏上,朝廷即"从之"。[④] 显然,当时及在此之前,这一地区圩田的兴修是以"结甲"借米的形式进行的。再参照以上平江府一带圩田的兴修情况,可知在圩田的开发过程中,民工往往是按甲编制或组织的。

需要指出的是,圩田都是政府和有钱有势的地主修建的,一般小农是修不起圩岸的,即使勉强兴建一块小的圩田,也难以维持。范成大曾有诗《净行寺傍皆圩田每为潦涨所决民岁岁兴筑患粮绝功辄不成》咏叹其事:"崩涛裂岸四三年,落日寒烟正渺然。空腹荷锄那办此,人功未至不关天"。[⑤]

三、征召夫力

曾巩曾说:"至于修水土之利,则又费材动众,从古所难"。[⑥] 圩田开发

---

① [清]徐松.宋会要辑稿:食货六一[M].北京:中华书局,1957:5946b.

② [宋]陈起.江湖小集:卷一二 吾竹小稿 吴门田家十咏[M].影印文渊阁四库全书本.台北:商务印书馆,1986:1357,95a.

③ [清]徐松.宋会要辑稿:食货六一[M].北京:中华书局,1957:5933b.

④ [清]徐松.宋会要辑稿:食货六一[M].中华书局,1957:5929b.

⑤ [宋]范成大.范成大集:卷五 诗[M].中华书局,2020:81.

⑥ [宋]曾巩.南丰先生元丰类稿:卷一三 序越州鉴湖图[M].影印文渊阁四库全书本.台北:商务印书馆,1986:1098,467b.

过程中,无论是河渠沟洫的开浚还是堰闸圩堤的修筑,均需投入大量的人力和物力。宋政府在组织兴筑圩田过程中,除继续沿用前朝的一些做法外,还通过差调及以工代赈等措施以解决劳动力问题。

宋政府在征召夫力方面主要采取以下两种方式:

一是继续沿用前代的征召夫力的方式——差调。差调民夫是封建社会兴修工程的主要方式。宋政府曾颁布一系列差调民夫的规定,如庆历二年(1042年),华亭县政府即"籍新江、海隅、北亭、集贤四乡之民,得役夫三千五百人"[①],开浚顾会浦。又令"乘农之隙,户出丁壮"[②],疏导其余诸浦。第二年,宋政府针对江东、浙西农田水利多有失修的状况,令江浙诸路州军,选官计工料,组织人户兴修圩田、陂塘、河渠。规定"每岁于二月间未农作时兴役半月,……内有系灾伤人户,即不得一例差夫骚扰"。庆历五年(1045年),宋朝廷又采纳两浙提刑宋纯等的建议,重申兴修水利:"仍依元敕,于未农作时兴役半月,不得非时差扰"。[③] 熙宁初年,张峋知鄞县,该县广德湖经久不治,"西七乡之农以旱告",张峋"为出营度,民田湖旁者皆喜,愿致其力","用民之力八万二千七百九十有二工,而其材出于工之余",修水田二千顷。[④] 鄞县广德湖改造,虽出于民愿,但也属于差调民夫性质。

这里有两点值得注意:一是上述这些诏令是浙西、江东地区圩田开发实际情况的反映,说明在熙宁以前宋政府主要用差调的方法来解决圩田开发所需的人力问题;二是这些召令均规定了差夫兴役的具体办法,其基本原则是根据家业田产多寡、户等高下进行差调,如乾道、淳熙之际,浙西、江东地区修治陂塘沟堰,即是"以有田民户等第高下分布工力"。[⑤]

调用士兵兴修农田水利也是历代政府的惯用做法。这种做法在宋代继续被使用。宋代役制改革后,号称宋代募兵之一的厢军,是代民充任杂役的各种专业兵的总称。史载:"自五代无政,凡国之役,皆调于民,民以劳

---

① [明]张国维.吴中水利全书:卷二四 华亭县开顾(会)浦记[M].杭州:浙江古籍出版社,2014:1144.

② [明]张国维.吴中水利全书:卷二四 华亭县开顾(会)浦记[M].杭州:浙江古籍出版社,2014:1145.

③ [清]徐松.宋会要辑稿.食货六一[M].北京:中华书局,1957:5920a.

④ [宋]曾巩.南丰先生元丰类稿:卷一九 广德湖记[M].影印文渊阁四库全书本.台北:商务印书馆,1986:1098,533a.

⑤ [清]徐松.宋会要辑稿.食货六一[M].北京:中华书局,1957:5934b.

敝。宋有天下,悉役厢军,凡役作、工徒、营缮,民无与焉"①。一般无征战任务的厢军,"名额猥多,自骑射至牢城,其名凡二百二十三"②。其中番号为"堤防""堰埭"的厢军,其主要任务便是兴修水利。熙宁三年(1070 年)八月,宋神宗曾做过批示:天下水利兴修所役过"若干兵功"③,岁终应呈报司农寺。当时太湖地区驻有"开江指挥"一类厢军,专事修治塘浦。有时,正规军也被用于兴修农田水利。如淳熙七年(1180 年),常熟许浦(位于今江苏常熟市东北 70 里)湮塞,宋政府即下令出动水军浚治开通。④

二是实行以工代赈。以工代赈是古代一种比较独特的救济方式,它的实例最早出现于《晏子春秋》一书。齐景公之时,"晏子请为民发粟,公不许。当为路寝之台,晏子令吏重其赁,远其兆,徐其日而不趋。三年,台成而民振,故上悦乎游,民足乎食。"因此人们称赞晏子说:"政则晏子欲发粟与民而已,若使不可得,则依物而偶于政。⑤"虽然不能直接给灾民发放粮食,晏子却通过变相的以工代赈达到对社会救济的效果。至唐时,以工代赈管理制度进一步发展。唐代卢坦为宣州刺史时,江淮大旱,当涂县有渚田久废,"坦以为岁旱,苟贫人得食取佣,可易为功,于是渚田尽辟,藉佣以活者数千人,又以羡钱四十万代税户之贫者,故旱虽甚,而人忘灾"⑥。李频为武功令时,"有六门堰者,废废百五十年,方岁饥,频发官廪庸民浚渠,按故道厮水溉田,谷以大稔"⑦。到了宋代,以工代赈已成为统治者一种重要的赈灾方式,并在长江下游圩田开发过程中得到较为有效的运用。灾荒之年,宋政府通过有限的钱谷将救死扶伤与农田水利建设有机地联系起来,以实现双赢。景祐元年(1034 年),苏州水灾,"灾困之氓,其室十万"⑧。知州范仲淹按其"荒歉之岁,日以五升,召民为役,因而赈济"⑨的主张,"募游

① [元]马端临.文献通考:卷一五六 兵考八[M].北京:中华书局,2011:4670.
② 宋史:卷一八九 兵三[M].北京:中华书局,1985:4644.
③ [宋]李焘.续资治通鉴长编:卷二一四 熙宁三年八月甲申[M].北京:中华书局,2004:5224.
④ [清]徐松.宋会要辑稿:食货六一[M].北京:中华书局,1957:5935b.
⑤ 张纯一校注.晏子春秋校注:卷五 内篇杂上第五[M].北京:中华书局,2014:234.
⑥ [清]董诰.全唐文:卷六四〇 故东川节度使卢公传[M].北京:中华书局,1983:6464.
⑦ 新唐书:卷二〇三 文艺下 李频传[M].北京:中华书局,1975:5794.
⑧ [宋]范仲淹.范仲淹全集:第二册 尺牍卷下 晏尚书[M].北京:中华书局,2020:602.
⑨ [宋]范仲淹.范仲淹全集:第一册 文集卷第一一 上吕相公并呈中丞咨目[M].北京:中华书局,2020:229.

手疏五河,导积水入海"①。这一举措开辟了宋代长江下游圩区以工代赈的先河。

修筑圩区水利设施是工赈的重要内容。王安石变法期间,政府鼓励农田水利建设,长江下游圩区以工代赈也随之得到进一步发展。熙宁五年(1072年)二月,宋神宗诏赐两浙常平谷10万石,用以赈济浙西水灾州军,"仍募贫民兴修水利"②。"仍募贫民"说明以工代赈已不是首次。熙宁六年(1073年)六月,宋政府更是下诏:

> 自今灾伤年分,除于法应赈济外,更当救恤者,并豫计合兴农田水利工役人夫数及募夫工直,当赐常平钱谷,募饥民兴修。如系灾伤,辄不依前后救赈济者,委司农寺点检奏劾以闻。③

"当赐常平钱谷,募饥民兴修",说明以工代赈已经成为政府兴修水利寻求劳力的重要方式,这样资金来源也就有了保障。熙宁七年(1074年)正月,政府又诏赐江宁府常平仓米5万石兴修水利。④常平仓一般是通过丰年时平价买谷,遇荒年再平价卖谷以达到赈灾的目的。由于粮食存储有限,所以政府往往通过拨给的方式充裕救济物资,进而实施工赈活动。是年十二月,神宗诏令淮南东路于司农寺内"与上供粮五万石",同样是"募饥人修水利"⑤。熙宁九年(1076年),朝廷在天长县修筑了沛塘和白马塘水利工程,蒋子奇调任淮东转运副使。恰逢灾年,他便以工代赈,招募百姓在天长县境内兴修了36处陂塘;在临涣疏浚了横斜三沟,动用民工百万人,灌溉田地9000余顷⑥。

王安石变法以后直到南宋时期,长江下游圩区水利建设大为减少。但工赈作为赈灾的一项重要措施,仍然受到人们的重视,工赈个案并不鲜见。如隆兴二年(1164年),江东沿江州军发生水灾,都督府参赞军事兼知建康张孝祥上书丞相汤思退,建议通过以工代赈的方式兴修水利。他主张"修

---

①　[宋]范仲淹.范仲淹全集:第三册 附录 万历本范文正共集序[M].北京:中华书局,2020:836.

②　[宋]李焘.续资治通鉴长编:卷二三〇 熙宁五年二月壬子[M].北京:中华书局,2004:5586.

③　[宋]李焘.续资治通鉴长编:卷二四五 熙宁六年六月己卯[M].北京:中华书局,2004:5966.

④　[宋]李焘.续资治通鉴长编:卷二四九 熙宁七年正月丙寅[M].北京:中华书局,2004:6077.

⑤　[宋]李焘.续资治通鉴长编:卷二五八 熙宁七年十二月辛未[M].北京:中华书局,2004:6298.

⑥　郭万清,朱玉龙.皖江开发史[M].合肥:黄山书社,2001:51.

圩借民力,民借官给之食以活"。朝廷采纳了他的建议。① 汪纲在知兰溪县(今浙江兰溪)时,兰溪大旱,他"躬劝富民浚筑塘堰,大兴水利,饿者得食其力,全活甚众"②。另外,绍兴二十八年(1158 年)至二十九年(1159 年),宋政府命两浙转运副使赵子潇等人差官起工,雇募人夫,投入数百万人工,监督开浚诸浦和修筑田岸。③ 这也是圩区工赈比较典型的例子。

直接招募灾民兴修圩田也是圩区工赈的一项重要举措。入宋以后,长江下游圩田开发有了长足的发展,主要集中于太湖流域及沿江江南东路的太平州(今安徽当涂境内)、宣州(今安徽宣城市)等地。灾荒之年,政府采取一系列措施进行赈灾,通过以工代赈招募灾民兴修圩田便是一项重要举措。著名的万春圩的兴修便是如此。嘉祐六年(1061),江东岁饥,百姓流冗。宋政府方议发粟赈济,张颙等人即重其庸直,出官钱米"募穷民",召集因饥荒而逃移的灾民,"旬日得丁万四千人"。分隶宣城、宁国、南陵、当涂、芜湖、繁昌、广德、建平八县主簿,兴工修复万春圩。"发原决菑,焚其菑翳,五日而野开,表堤行水,称材赋工,凡四十日而毕"。圩田很快在以工代赈下得到修复。"圩中为田千二百七十……方顷而沟之,四沟浍之为一区……为水门五,又四十日而成",是役"凡发县官粟三万斛,钱四万"④。熙宁六年(1073 年),沈括也提出用以工代赈的办法兴修两浙地区的农田水利:

> 今后灾伤年份,如大段饥歉,更合赈救者,并须预具合修农田水利工役人夫数目,及招募每夫工直申奏,当议特赐常平仓斛钱,召募阙食人户从下项约束兴修。如是灾伤本处不依敕条赈济,并委司农寺点检察举。⑤

朝廷批准了沈括的建议。此类以工代赈的条令,即"荒岁得杀工直以

---

① [宋]张孝祥.张孝祥集编年校注:卷三七 尺牍[M].北京:中华书局,2016:1040.

② 宋史:卷四〇八 汪纲传[M].北京:中华书局,1985:12305.

③ [清]徐松.宋会要辑稿:食货六一[M].北京:中华书局,1957:5930.

④ [宋]沈括.长兴集:卷九 万春圩图记[M].影印文渊阁四库全书本.台北:商务印书馆,1986:1117,297a.

⑤ [清]徐松.宋会要辑稿:食货五七[M].北京:中华书局,1957:5814.

募役"的"农田令甲"[1]，在宋代曾被推行至长江下游等地区。至于以工代赈所以能在长江下游地区推行的原因，绍兴二十三年(1153年)，宋朝廷命钟世明往宣州、太平州主持圩田修复事宜。钟氏到江东后即上奏曰：

> 取会到逐县被水修治官私圩埠体例，系是人户结甲保借常平米自修。今来损坏尤甚，人户工力不胜，不能修治。今措置，欲乞依见今人户结甲乞保借米粮自修圩埠体例，不以官私圩人户等第纳苗租钱米，充雇工之费。官为代支过钱，年限带纳。自余合用钱米，并乞下提举常平司，照会日下取拨津发，应副本州雇工修治施行。[2]

由此可见，当时江东一带修治圩埠主要以"结甲""借米"的方式进行的，而到绍兴年间，这种办法已不能适应圩田兴修的需要，因而雇工修筑圩田成为必然。而在圩埠损坏的灾荒之年，平民和灾民无疑是所雇之工的主要对象。

在长江下游圩区，以工代赈还表现在其他方面。北宋皇祐二年(1050年)范仲淹知杭州时，"吴中大饥"，了解到"吴民素喜竞渡，好佛事，乃纵民竞渡"，并且"召诸寺主首，谕以饥岁工价至贱，可大兴土木"，"又新仓廒吏舍，日役千夫"。最终"是岁两浙惟杭州晏然，民不流徙"[3]。熙宁八年(1075年)，赵抃知越州时，"岁大饥"，赵抃在"多方赈救之外，又雇小民修城"。工赈过程中，"四千一百人为工共三万八千。乃计其工而厚给之，民赖以济"[4]。灾民依赖此济而度过灾荒。

宋代长江下游地区广泛实行以工代赈，这与该地区的地理环境、土地利用方式以及当时的社会政策有着重要关系。具体表现为以下几个方面：

第一，以工代赈与长江下游圩田开发紧密相关。一方面，以工代赈的工程范围，主要是国家或区域内急需举办的项目以及有益于公共建设的事

①　[明]姚文灏.浙西水利书：卷一　文穆昆山县新开塘浦记[M].影印文渊阁四库全书本.台北：商务印书馆，1986：576，101b.

②　[清]徐松.宋会要辑稿：食货六一[M].北京：中华书局，1957：5929b.

③　[宋]范仲淹.范仲淹全集：第三册　附录　范文正公年谱[M].北京：中华书局，2020：820.

④　[清]陆曾禹.康济录：卷三下　临事之政[M].影印文渊阁四库全书本.台北：商务印书馆，1986：663，341a.

业。长江下游以工代赈在某种程度上同水利建设需要大量劳力相吻合。由于长江下游自然地理特点及人地关系矛盾等原因,大片圩田得到开发,水利田兴修中,最棘手的问题是劳力与资金。诚如曾巩所言:"至于修水土之利,则又费材动众,从古所难。"①这给招募灾民兴修圩田和水利工程提供了一个结合点,不仅提供了劳动力而且节约了资金。另一方面,长期的圩田开发又使得圩区生态系统变得更加脆弱,水旱灾害易发,需要进行大规模水利工程的兴修。宋人赵霖在《体究治水害状》中指出:"尝陟昆山与常熟(虞)山之巅,四顾水与天接。父老皆曰:水底,十五年前,皆良田也"②。清初顾炎武也说:"宋政和以后,围湖占江,而东南之水利亦塞,于是十年之中,荒恒六七,而较其所得,反不及(于)前人。"③可见,灾荒年间,政府组织兴修水利设施,形势使然。

　　第二,在宋代政府组织的水利田开发中,民工纠集经历了一个以差调为主到以雇募为主的发展过程。雇募制的施行为以工代赈作了制度上的铺垫。熙宁以前,民工主要按差调的方式征发。但是雇募的方式在这一时期已经出现。熙宁六年(1073年)六月,沈括接替郏亶赴两浙相度水利。到达浙西后,沈括便建议由政府贷钱,不再差调而是募民兴役,终于比较顺利地组织起兴修工程。④熙宁以后,雇募逐渐成为水利田开发工程中纠集民工的主要方式。当朝廷计划开浚吴淞江时,"官司以邻郡上户熟田,例敷钱粮。于农事之隙,和雇工役以渐辟之"⑤。

　　第三,宋代朝廷对救荒工作十分重视,社会保障事业相对发达。有宋一代,"灾害频度之密,盖与唐代相若,而其强度与广度则更过之"⑥。于灾荒之时,不论是官方或民间士大夫,都热衷社会救济事业。以工代赈正是在这种重视社会保障的环境中得到发展。邓云特指出:"宋之为治,一本于仁厚,凡振贫恤患之意,视前代尤为切至。⑦"自秦汉至隋唐,于灾荒之岁也常有一系列救灾措施:如发放救济物资;假民公田,供贫民生产;给贫民赈

　　① [宋]曾巩.曾巩集:卷一三 越州鉴湖图序[M].北京:中华书局,1984:207.
　　② [宋]范成大.吴郡志:卷一九 水利下[M].南京:江苏古籍出版社,1986:287.
　　③ [清]顾炎武.日知录集释[M].[清]黄汝成,集释.北京:中华书局,2020:521.
　　④ [宋]范成大.吴郡志:卷一九 水利上[M].南京:江苏古籍出版社,1986:276-278.
　　⑤ [宋]范成大.吴郡志:卷一九 水利下[M].南京:江苏古籍出版社,1986:280.
　　⑥ 邓云特.中国救荒史[M].北京:商务印书馆,2011:25.
　　⑦ 宋史:卷一七八 食货上六[M].北京:中华书局,1985:4335.

贷等。但还没有形成定制,也没有常设机构。从宋代起,开始出现了常设的社会性救济机构,使社会救济进一步制度化,创设了一系列社会性救济机构,如居养院、安辑坊、漏泽园等。《宋史·食货志》在"振恤"总论中详细罗列了宋朝的各项赈灾措施。其中提到"(流民)可归业者,计日并给遣归;无可归者,或赋以闲田,或听隶军籍,或募少壮兴修工役"①。这说明工赈已不是偶然为之的权宜之计,而是制度化的赈灾措施。

宋代长江下游以工代赈的管理制度在中国古代社会保障中占有重要地位,它丰富和发展了古代社会保障思想。不仅如此,以工代赈还直接缓和了圩区灾情,大大促进了该地区农业及水利事业的发展,同时还发挥了维护社会稳定等功能。

第一,工赈是传统中国社会互助论的有效实施。社会互助思想是中国传统社会思想的重要组成部分。中国早期思想家墨子主张"兼爱交利",提出"为贤之道将奈何? 曰:有力者疾以助人,有财者勉以分人,有道者劝以教人。若此,则饥者得食,寒者得衣,乱者得治。若饥则得食,寒则得衣,乱则得治,此安生生"②。在汉代,于吉在太平经里指出:"或集财亿万,不肯就穷周急,使人饥寒而死,罪不除也"③,进一步指出"力强当养力弱者"④。至宋代,张载主张:"救灾恤患,敦本抑末"⑤。个中观点,劝人互助的思想显而易见。然而,至于具体通过什么方式互助,并不见论述。宋代长江下游地区以工代赈的实践不乏作了很好的诠释。史载:"邵灵甫,宜兴人,储穀数千斛,岁大饥。或请乘时粜之。曰:是急利也。或请损值粜之。曰:此近名也。或曰:将自丰乎。曰:有成画矣,乃尽发所储雇佣除道,自县至湖镇四十里,浚蠡湖横塘等水道八十余里,通篦画溪入震泽。邑人争受役,皆赖全活,水陆又俱得利。"⑥邵灵甫于灾荒之际期望帮助灾民渡过难关,在互助方法上并不是采用"近名"的方法"损值粜之",而是通过工赈的方式使得"邑人皆顿全活,水陆又俱得利"。以工代赈成为传统社会互助的一种有效实

　　① 宋史:卷一七八 食货上六[M].北京:中华书局,1985:4336.
　　② 吴毓江.墨子校注:卷二 尚贤下第十[M].北京:中华书局,2006:98.
　　③ 中国科学院哲学所,中国哲学史组.中国大同思想资料[M].北京:中华书局,1959:18.
　　④ 中国科学院哲学所,中国哲学史组.中国大同思想资料[M].北京:中华书局,1959:19.
　　⑤ 中国科学院哲学所,中国哲学史组.中国大同思想资料[M].北京:中华书局,1959:34.
　　⑥ [清]陆曾禹.康济录:卷三下 临事之政[M].影印文渊阁四库全书本.台北:商务印书馆,1986:663,342b.

施方式。

第二,赈济说的进一步发展。赈济即指用实物(主要是粮食与衣服、布帛等)和货币救济遭受灾害或生活极端困难无法生存的社会成员,以保障其最低限度的生活需要的一种保障思想。宋代《救荒全法》对赈济作了详细的说明。认为救荒之政,人主、宰执、监司、太守等均应担负相应的责任与义务,并且指出"救荒有赈粜、赈济、赈贷三者……赈济者,用义仓米施及老、幼、残、疾、孤、贫等人,米不足,或散钱与之,即用库银籴豆、麦、菽、粟之类,亦可"①。《救荒全法》明确了政府部门的相关赈济责任,指出了赈济的传统方式即"用义仓施米"和"散钱"。而以工代赈的出现乃是对这两种方式的进一步发展,使得赈济不仅停留在放粮、施粥和发放银两等方面。

第三,保障了灾民的基本生活。以工代赈最直接的作用是使灾民生活有所保障,灾民有了一定的经济生活来源。如嘉祐中雇民兴修万春圩,役工112万,费米3万斛,钱4万。每工平均支米2.7升,钱若干。绍兴二十九年(1159年)雇工开浚平江府诸浦,役工约337.4664万,费米101539.89石,钱337466.3贯。每工计支钱100文,米3.1升。② 汪纲在知兰溪县所采用的"劝富民浚筑塘堰,大兴水利",也达到了一定的救济灾民的效果。

第四,促进了当地水利事业的发展。以工代赈不仅缓解了各种水旱灾害,对农田水利事业也具有直接的推动作用。很多圩田及水利设施便是通过以工代赈而兴修起来的。如前文提到的万春圩,周长84里,堤坝高一丈二尺,宽六丈,呈梯形。堤外筑有缓坡,堤下植杨柳、芦苇以防浪。堤上设有数座堰闸,以控制蓄泄。③ 规模可谓宏大。像天长县沛塘和白马塘及其他各处水利工程,很多都是以工代赈的产物。王安石在评价工赈时说:"募人兴修水利,即既足以赈救食力之农,又可以兴陂塘沟港之废",一举两得。④ 沈括评论这种办法"既已恤饥,因之以成就民利"⑤。这些都是对以工代赈促进农田水利发展的肯定。

　　① [清]陆曾禹.康济录:卷四下 摘要备观[M].影印文渊阁四库全书本.台北:商务印书馆,1986:663402a.

　　② [清]徐松.宋会要辑稿:食货六一[M].北京:中华书局,1957:5930b.

　　③ [宋]沈括.长兴集:卷九 万春圩图记[M].影印文渊阁四库全书本.台北:商务印书馆,1986:1117,296-297.

　　④ [宋]李焘.续资治通鉴长编:卷二三七 熙宁五年八月辛丑[M].北京:中华书局,2004:5777.

　　⑤ [宋]沈括,胡道静.梦溪笔谈:卷一一 官政一[M].北京:中华书局,1957:126.

第五,促使政府财政的有效利用。宋仁宗时,有人认为,"力役之际,大费军费",因而反对兴修农田水利,范仲淹则指出:

> 姑苏岁纳苗米三十四万斛,官私之食,又不下数百万斛。去秋蠲放者三十万,官私之食无复有焉。如丰穰之岁,春役万人,人食三升,一月而罢,用米九千石耳。荒歉之岁,日以五升,召民为役,因而赈济,一月而罢,用米万五千石耳。量此之出,较彼之入,孰为费军食哉?[①]

说明以工代赈的办法大大减少了政府的支出。宋神宗也对以工代赈表示了认可:"纵用内藏钱,亦何惜也"[②]。

第六,维护了当地的社会稳定。对于皇祐二年(1050年)范仲淹在吴中的以工代赈,时人评价:"是岁,两浙唯杭晏然,民不流徙。"[③]说明以工代赈缓解了灾民背井离乡的状况。另外,"穷民无事衣食弗得,法网在所不计矣。故盗贼蜂起,富室先遭荼毒,而饥莩亦丧残生,为害可胜言哉?今劝富民治塘修堰,饥者得食富室无虞,保富安贫之道莫过于此"[④]。显而易见,以工代赈在保障灾民的生活、维护社会稳定方面发挥着重要作用。

总之,宋代长江下游圩区以工代赈的作用是值得肯定的。正如王安石所说:"募人兴修水利,即既足以赈救食力之农,又可以兴陂塘沟港之废"[⑤],可谓一举两得。不过,这一做法也有其局限性。首先,当时工赈水平普遍不高,灾民虽然能从工赈中得到一定的生活保障,可是恢复生产的能力仍然有限。其次,工赈所赈济的面非常有限,工赈时受到救济的往往只是些有劳动能力的灾民,而一些老、弱、病、残等弱势群体却被忽视。再次,工赈中受到赈济的灾民并不能受到平等的看待,他们常被呼之带有蔑视色彩的"流民""穷民"等。诸如此类,正反映了古代社会保障的局限性。

---

① [宋]范仲淹.范仲淹全集:第一册 文集卷第一一 上吕相公并呈中丞咨目[M].北京:中华书局,2020:229.

② [宋]李焘.续资治通鉴长编:卷二四〇 熙宁五年十一月壬戌[M].北京:中华书局,2004:5832.

③ [清]陆曾禹.康济录:卷三下 临事之政[M].影印文渊阁四库全书本.台北:商务印书馆,1986:663,341b.

④ [清]陆曾禹.康济录:卷三下 临事之政[M].影印文渊阁四库全书本.台北:商务印书馆,1986:663,342.

⑤ [宋]李焘.续资治通鉴长编:卷二三七 熙宁五年八月辛丑[M].北京:中华书局,2004:5777.

四、经费筹集

在修筑圩田的过程中,经费筹集的方式主要有四:

其一,摊派于民。摊派水利经费自古皆然,宋代也不例外。至和初,宋政府令诸县"各具折合系使水人户各有田段亩数,据实户远近,各备工料"①,对陂塘进行修治。《农田水利法》规定:兴修水利的经费需先"纠率众户",对"民力不能给者",准许"连状借贷支用";百姓应"出备名下人工物料",而不出或不按时出者即"有违约束者",要给予"科罚钱斛"②。熙宁三年(1070年),李竦在计算一项水利工程建设的工料经费时说:"以顷亩多少为率劝诱出备工料"③。熙宁五年至六年间,提举两浙路水利官郏亶经度苏州一项水利工程:"自三等(户)已上至一等,不下五千户,可量其财而取之,则足以供万夫之食与其费矣"④。熙宁中,沈括代替郏亶提举两浙农田水利,采取按田亩出钱的办法,"令一亩田率二百钱,有千亩即出钱二百千"⑤,在苏州等地按田征钱,修筑堤岸。乾道、淳熙之交,浙西、江东地区修治陂塘,是按有田之家户等的高下来分摊工力。元符以后浙西江浦的开浚和绍兴时江东圩田的修复,其雇工之费是由有田之人按田亩、苗租之多寡进行平均摊派。如果在修筑圩田过程中取土为岸,用去田地,则于"众户有田之家均敷价钱给还"⑥。兴修费用实行摊派,其额度一般根据有田者田亩与苗租的多少、户等的高下以及距水的远近来决定。

其二,民间出资。农田水利建设对下层百姓固然有利,然受益最大者莫过于大土地拥有者。如果说上述按户等高下、资产多少摊派费用对富户带有明显的强制性的话,那么,晓之以理,劝其出资,则是出于自愿的原则。熙宁二年(1069年)颁布的《农田水利法》就明确规定:

> 如是系官钱斛支借不足,亦许州县劝诱物力人出钱借贷,依(乡原)例出息,官为置簿及(时)催理。诸色人能出财力,纠众户,

---

① [清]徐松.宋会要辑稿:食货七[M].北京:中华书局,1957:4912b-4913a.
② [清]徐松.宋会要辑稿:食货一[M].北京:中华书局,1957:4815b.
③ [清]徐松.宋会要辑稿:食货七[M].北京:中华书局,1957:4916b.
④ [宋]范成大.吴郡志:卷一九 水利上[M].南京:江苏古籍出版社,1986:266.
⑤ [宋]李焘.续资治通鉴长编:卷二六七 熙宁八年八月戊午[M].北京:中华书局,2004:6557.
⑥ [清]徐松.宋会要辑稿:食货六一[M].北京:中华书局,1957:5942a.

创修兴复农田水利，经久便民，当议随功利多少酬奖。其出财颇多，兴利至大者，即量才录用。[①]

此则史料告诉我们，在官府用于水利建设的经费不足时，往往倡导一些富户自愿分担部分经费，官府给予一定利息；而对于出资多、贡献大的富户则予以奖励，甚至可"量才录用"。由于这一举措具有一定的诱惑力，且政府在运作中能兑现承诺，所以它在经费筹集方面发挥了一定作用。其实，这种鼓励民间富户自愿捐资兴修水利的做法，在庆历年间即已推行。如庆历二年（1042年），华亭县调发新江等四乡之民开浚顾会浦，即"募邑之大姓，泪濒浦豪居、力能捐金钱助庸者，意其丰约，疏之于牒。诱言孔甘，喜输丛来，凡得钱一百三十六万"[②]。按庆历五年（1045年）敕令规定，两浙一带兴修水利，应由地方官"计夫料饷粮，设法劝诱租利人户情愿出备"[③]。可知当时倡导民间出资的办法曾推广至两浙各地，工程所用经费是根据地主财产的多寡筹集的。

其三，借贷支用。熙宁二年（1069年），宋政府颁布的农田水利新法规定，凡开垦废田、兴修水利、建立堤防、修筑圩岸等活动，如工役浩大，民力难以承担者，"许受利人户于常平、广惠仓系官钱斛内连状借贷支用，仍依青苗钱例作两限或三限送纳。如是系官钱斛支借不足，亦许州县劝谕物力人出钱借贷，依例出息，官为置簿及时催理"[④]。这一方法在很大程度上是根据王安石等人在江浙一带兴修水利的实践而制定的，取得了明显的成效，因而很快推广开来。如熙宁六年（1073年），宋政府即应三司之请，"下司农贷官钱，雇民兴役"，在浙西地区浚河筑堤，整治水患。[⑤] 综上可见，官为借贷主要有两种方式：一为官府自出钱米，二为"利人户"向富家借贷。这是宋代常用的一种筹款方式。

其四，政府拨支。政府用于兴修水利的钱米主要取自于赈济款项、水利经费、朝廷特支专款和地方经费。有宋一代，以工代赈一类工程的费用主要来源于赈济钱米。宋仁宗时，名臣范仲淹算过这样一笔账：饥荒时，国

① ［清］徐松.宋会要辑稿：食货一［M］.北京：中华书局，1957：4815b.
② 曾枣庄，刘琳.全宋文：第二十八册［M］.上海：上海辞书出版社，2006：181.
③ ［清］徐松.宋会要辑稿：食货六一［M］.北京：中华书局，1957：5920a.
④ ［清］徐松.宋会要辑稿：食货一［M］.北京：中华书局，1957：4815b.
⑤ ［清］徐松.宋会要辑稿：食货六一［M］.北京：中华书局，1957：5924a.

家用 9000 石或 15000 石米作水利经费，兴修水利工程，保证旱涝有收，则苏州一年可以纳两税米 30 万石，又可提供"官私之籴"米数百万斛。政府投入与产出之比至少为一比二十或一比三十。[①] 王安石也曾云："募人兴修水利，即既足以赈救食力之农，又可以兴陂塘沟港之废"[②]，可谓一举两得。熙宁七年（1074 年）四月八日，沈括说，"先奉朝旨许支两浙陂湖等遗利钱兴修水利。近勘会本路先管遗利钱额，及再差官根究。兴修见未周遍，已见贯万不少。"[③]熙宁时，两浙有可用于兴修水利的"陂湖等遗利钱"[④]。政和、宣和年间，太湖平原浚河筑堤所用钱米系取自"法许兴修水利支用"的鉴湖租米[⑤]，绍兴二十九年（1159 年），开浚平江府诸浦所用经费，"钱于御前激赏库支降，米就平江府拨到纲米内支取"[⑥]。绍熙四年（1193 年），叶翥在太平州"州用米内取拨米三千石，趱积到钱一千贯"，组织民户开浚圩内沟港[⑦]。以上事例说明，政府用于浙西、江东地区水利田建设的经费还是不少的，这体现了政府对于该地区水利田建设的高度重视。

需要指出的是，在浙西、江东圩田等水利田开发过程中，无论是政府还是富户，他们所提供的经费只占整个经费的一部分，相当一部分经费实际上是由民间承担的。这里仅以《宋会要》所记为例，庆历二年（1042 年）、庆历五年（1045 年）、至和元年（1054 年）、嘉祐五年（1060 年）、熙宁二年（1069 年）、绍兴八年（1138 年）、乾道九年（1173 年），宋政府都曾多次颁布诏令，由有田之户按财产、田地、苗税和户等摊派经费，进行水利田的修筑。

第三节　太湖塘浦圩田的衰落及其原因

由于五代吴越时期治理塘浦圩田注意治田与治水相结合、治高低田同

---

①　[宋]范仲淹.范仲淹全集：第一册 文集卷第一一 上吕相公并呈中丞咨目[M].北京：中华书局，2020：229.

②　[宋]李焘.续资治通鉴长编：卷二三七 熙宁五年八月辛丑[M].北京：中华书局，2004：5777.

③　[清]徐松.宋会要辑稿：食货七[M].北京：中华书局，1957：4919a.

④　[清]徐松.宋会要辑稿：食货六一[M].北京：中华书局，1957：5924a.

⑤　[清]徐松.宋会要辑稿：食货六一[M].北京：中华书局，1957：5925b.

⑥　[清]徐松.宋会要辑稿：食货六一[M].北京：中华书局，1957：5931a.

⑦　[清]徐松.宋会要辑稿：食货六一[M].中华书局 1957：5941b.

时并举,从而出现了"低田常无水患,高田常无旱灾,而数百里之内,常获丰收"①的局面,塘浦圩田的发展也达到最高峰。自吴越降宋后三十余年,太湖地区的塘浦圩田开始暴露问题,逐渐解体,分割为以浜泾为界的小圩。就抗洪能力而言,小圩不及大圩,由于当时太湖下游的娄江、东江淤塞严重,吴淞江又日渐束狭,导致排水不畅,在大圩趋于解体、小圩还未修筑完善的情况下,圩区的水灾明显加剧。元祐年间,苏轼反映太湖下游"与海渺然无辨"一片白水的情况已达四五十年,②单锷亦说"逾五十年"③。再过二十来年至郏侨时"一抹尽白水","千里一白"的情况仍然没有变化④。再过十多年,至政和六年(1116年)赵霖治水时还是"田圩殆尽,水通为一",并且继续恶性发展⑤。对于塘浦圩田解体后太湖流域的灾害情况,时人的文集也多有描述。薛季宣于乾道九年(1173年)撰《浪语集》,其中"策问十二道"称:"今也……水利之讲不详,号称十年九潦"⑥。在这种水旱频仍的情况下,李结《治田三议》仍不得不强调恢复塘浦圩田体制为根本大计。南宋将亡时,黄震撰《代平江府回马裕斋相公催泄水书》,仍称"荡无堤障,水势散漫,……往复洄洑,水去迟缓,而一雨即成久浸矣",指出"惟复古人之塘浦,驾水归海,可冀成功"⑦,否则水无泄处,愈治愈坏,都不是根本办法。但历经元、明、清各代,塘浦圩田大圩体制始终未能重建起来,反而愈分愈小,圩田则愈围愈多,愈演愈烈。

那么,是什么因素导致太湖塘浦圩田走向衰落的呢?我们认为原因有三:

首先,是土地所有制发展及经营方式变化的结果。发展于五代吴越时期的塘浦圩田,是统一规划下集体力量的产物,是长期以来分散圩田进一步发展的必然结果。随着土地私有制的发展,到北宋初期,屯田、营田逐渐

---

① [明]张国维.吴中水利全书:卷一三 郏亶 上水利书[M].杭州:浙江古籍出版社,2014:498.

② [明]张国维.吴中水利全书:卷一三 苏轼 进单锷吴中水利书状[M].杭州:浙江古籍出版社,2014:516.

③ [明]张国维.吴中水利全书:卷一三 苏轼 进单锷吴中水利书状[M].杭州:浙江古籍出版社,2014:517.

④ [宋]范成大.吴郡志:卷一九 水利下[M].南京:江苏古籍出版社,1986:279.

⑤ [宋]范成大.吴郡志:卷一九 水利下[M].南京:江苏古籍出版社,1986:287.

⑥ 曾枣庄,刘琳.全宋文:第二百五十七册[M].上海:上海辞书出版社,2006:365.

⑦ [明]张国维.吴中水利全书:卷一七 黄震 代平江府回马裕斋相公催泄水书[M].杭州:浙江古籍出版社,2014:801.

私有化,"淮南、两浙,旧皆屯田,后多赋民而收其租,第存其名"①。庄园主亦采用将土地出租给农民的方式,而坐收其利。正是土地私有权的进一步强化,导致了塘浦圩田的解体。北宋郏亶《吴门水利书》分析了塘浦圩田遭到破坏的原因:

> 或因田户行舟、安舟之便,而破其圩;或因人户侵卸下脚,而废其堤;或因官中开淘,而减少丈尺;或因田主只收租课,而不修圩岸;或因租户利于易田,而故要洽没;或因决坏古堤,张捕鱼虾,而渐至破损;或因边圩之人不肯出田,与众做岸;或因一圩虽完,旁圩无力,而连延堕坏;或因贫富同坏,而出力不齐;或因公私相吝,而因循不治,故堤防尽坏。②

由此我们可以得出两点认识,一是塘浦圩田遭到破坏,主要是缺乏统一的管理造成的。在吴越国时,政府的公共职能尚能正常发挥,圩田的管理井然有序,而到宋代,整个太湖流域的圩田完全处在一个无政府的状态中,系统运转已经失灵。郏亶又谓:"岗门之坏岂非五代之季,民各从其行舟之便而废之耶?"③也说明圩田的破坏早在吴越国时期就已经出现了。二是随着个体经济的发展,圩区各利益主体之间的相互冲突日益加剧,其中大地主、中小地主、农民之间的利益冲突最为显著。大地主如昆山县陈、顾、晏、辛、陶、湛姓等家,圩岸高厚,力保大圩不坏,生产仍然"稻麦两熟"。中小地主为实力所限,只能围筑较小圩岸,自保本身的圩田不受侵害,但生产不如大圩的稳定。而作为弱势群体的农民,只能联合几家农户在浅水处构筑小小塍岸,勉强维持生产,但难以自保,时常毁坏,生存艰难。随着豪强地主盲目围垦的加剧和民修小圩的零乱、无序发展,各利益主体之间矛盾重重,塘浦纵横之间位位相承、井然有序的原有圩田体制终于日趋分裂、解体。郏亶是力主恢复塘浦大圩体制的,曾被北宋政府任命为司农寺丞,专门负责筹划。"直至苏兴役,凡六郡三十四县,比户调夫。……

---

① 宋史:卷一七六　食货上四[M].北京:中华书局,1985:4266.
② [明]张国维.吴中水利全书:卷一三　郏亶　上水利书[M].杭州:浙江古籍出版社,2014:498.
③ [明]张国维.吴中水利全书:卷一三　郏亶　上水利书[M].杭州:浙江古籍出版社,2014:494.

民以为扰，多逃移"。^① 这说明恢复塘浦圩田体制是有悖个体农民利益、不得民心的。当得知朝廷下诏"未得兴工，……吏民二百余人，交入驿庭，喧哄斥骂"，把郏亶搞得很狼狈，"幞头坠地"^②，最后落到罢官的下场。

其次，与漕运的冲击关系密切。唐代的营田使、吴越的都水营田使，到宋代为转运使、发运使所替代，一切以粮盐运输为纲，而治水与治田分割，将营田之事置之度外，撩浅之制也因此而有所松懈。由于水利以漕运为中心，水政不修，政府对自发破坏水利设施的行为放任不管，所以圩区的堤岸堰闸遭到严重毁坏。吴越降宋后十一年即太宗端拱二年（989 年），转运使乔维岳对于有碍舟楫转漕的堤防堰闸（包括圩区的堤岸堰闸）"一切毁之"^③，使圩区河网失去控制，塘浦圩田遭受损害。毁坏堤防堰闸，只顾目前航运的便利，又没有补救措施，这样一来，更促使豪强地主借端加速破坏。在转运使乔维岳毁坏堤堰后十三年即真宗大中祥符五年（1012 年），始置开江营兵，"专修吴江塘路……南至嘉兴一百余里"^④，仍然是为了漕运。仁宗庆历二年（1042 年）又筑吴江塘路介于苏州、平望间，"横截江流五六十里，遂致震泽之水常溢而不泄"^⑤。庆历八年（1048 年），为挽路之便，又在吴淞江口植千柱筑成长达一百余丈的利往桥（又名垂虹桥）。虽然方便了漕运，但其后果则是严重的，正如苏轼所言："自长桥挽路之成，公私漕运便之，日葺不已，而淞江始艰噎不快，……则海之泥沙，随潮而上，日积不已，故海口湮灭，而吴中多水患"^⑥。水利与漕运的矛盾进一步凸显出来。但运河是当时交通的大动脉，出现冲突时，政府往往关注漕运而听任塘浦圩田系统破坏。以后也有苏州开江四指挥等的设置，从表面上看，似乎是重视撩浅养护工作，而实际上是重在漕运，性质已与经常护养有差异，加之人员较少，时置时废，其实际作用非常有限。

再次，塘浦圩田的解体还与人们对土地的迫切要求分不开。在南北宋之际，北方人民大批南迁，江南人口激增，要求开发更多的土地。吴江塘路所以自北宋以后多次增修固，一方面是为了漕运的便利，另一方面也是为了开

　①②　［宋］范成大.吴郡志：卷一九　水利上［M］.南京：江苏古籍出版社，1986：278.

　③　［明］张国维.吴中水利全书：卷一三　郏侨　再上水利书［M］.杭州：浙江古籍出版社，2014：509.

　④　［明］张国维.吴中水利全书：卷一〇　水治［M］.杭州：浙江古籍出版社，2014：436.

　⑤　［明］张国维.吴中水利全书：卷一三　苏轼　进单锷吴中水利书状［M］.杭州：浙江古籍出版社，2014：519.

　⑥　［宋］苏轼，［明］茅维.苏轼文集：卷三二　进单锷吴中水利书状［M］.北京：中华书局，1986：916.

发太湖以东更多的洼地。从实际情况看,塘浦圩田皆为大圩,每圩面积小者35方里,大者达70方里。圩内地形起伏不平,吴越时期由于开发的技术条件尚不成熟,人们仅限于在圩内高地耕殖,尚有大片沼泽洼地没有开发,而要开发这些沼泽洼地,在小农经济的条件下,发展小圩是必然的趋势。因为"圩小水易除"①,"小圩之田,民力易集,塍岸易完,……潦易去"②,更适应个体经济的特点。这样,随着筑圩技术的改进,大圩不断被分割为小圩。

由于大圩不断被分割为小圩,促进了低洼沼泽地区的进一步开发。《宋史·食货志》载:"大抵南渡后,水田之利,富于中原,故水利大兴。"③南宋淳熙十一年(1184年)曾对苏、湖、常、秀四州圩田"立石以识之,共一千四百八十九所"④。其中应该既有大圩,又有小圩,而以小圩居多。关于北宋以来塘浦圩田的分割情况,时人赵霖在《三十六浦利害》中说:

> 昨闻熙宁四年大水,众田皆没,独长洲尤甚。昆山陈新、顾晏、陶湛数家之圩高大,了无水患,稻麦两熟,此亦筑岸之验。目今积水之中,有力人户间能作小塍岸围裹己田,禾稼无虞,盖积水本不深,而圩岸皆可筑。但民频年重困,无力为之,必官司借贷钱谷,集植利之众,并工勤力,督以必成。或十亩或二十亩地之中弃一亩,取土为岸,所取之田,令众户均价偿之,其贷借钱谷官为置籍,责以三年之限,随税输还。此治积水成始成终之策。⑤

随着塘浦圩田的分割,圩数日渐增多,而每圩面积则相对缩小。

需要指出的是,两宋时期的塘浦圩田体系虽然逐渐分割为小圩,但塘浦渠系并没有废弃,其后历经元、明、清各代的不断治理,基本上完整保存了下来,成为今天太湖流域圩田的沟洫系统,发挥着巨大的效益。这是古代劳动人民留给后人的一份宝贵的历史文化遗产。⑥

① [明]张国维.吴中水利全书:卷二八 姚文灏 修圩歌[M].杭州:浙江古籍出版社,2014:1270.
② [明]张内蕴.三吴水考:卷一四 水田考[M].影印文渊阁四库全书本.台北:商务印书馆,1986:577,524b.
③ 宋史:卷一七三 食货上一[M].北京:中华书局,1985:4182.
④ 宋史:卷一七三 食货上一[M].北京:中华书局,1985:4188.
⑤ 曾枣庄,刘琳.全宋文:第一百四十五册[M].上海:上海辞书出版社,2006:70.
⑥ 魏嵩山.太湖流域开发探源[M].南昌:江西教育出版社,1993:97.

第三章　唐宋时期圩田的管理

本章主要从政府和民间两个层面讨论圩区的管理情况。其中政府的管理主要从设置圩田管理机构、加强农田水利工程建设诸方面进行论述，并讨论了圩田的管理模式及其成效。对于民间的管理，主要阐述了圩长制的设立及其作用，同时也对圩内农田规划及圩岸养护情况作了简要讨论。在此基础上，比较与分析了官圩与私圩在管理上的差异。

第一节　政府对圩区的管理

一、设置圩田管理机构

为了促进圩田的进一步开发和完善，需要建立一套养护制度。在这种情况下，都水营田使、撩浅军、营田司、都水使者、开江营、安边所等机构便应运而生了。

唐代是我国农田水利事业迅速发展的时期。在修建、管理农田水利方面，唐中央尚书省的工部下设有水部郎中和员外郎，"掌天下川渎、陂池之政令，以导达沟洫，堰决河渠，凡舟楫、溉灌之利，咸总而举之"①。道置节度使或观察使，通常兼营田使，其下大州郡又置营田副使以佐助之。安史之乱后，政府对江南经济开发的力度进一步加大。当时主要通过屯田组织，

---

① ［唐］李林甫，等.唐六典：卷七［M］.北京：中华书局，1992：225.

在营田使的主导下大规模地开展治水治田活动。

吴越国继承并发展了唐代的营田管理制度,把唐代设立的营田使和都水监合并为一职,建立隶属于中央的"都水营田使",使治水与治田结合起来,从而确定了治水旨在治田的方针,这在水利发展史上是一个进步。另外,吴越的都水营田使与唐代相比还有一个不同点:唐代营田使受到政府一定的限制,它在管理太湖水利过程中,往往置废无定,管理成效并不理想;吴越都水营田使则在钱氏的直接掌控之下,负责小王国内治水治田的事务,权力较大,其发挥的作用也较为明显。正由于这一点,所以都水营田使一直存在到吴越国灭亡才终止其使命。

以上所说的营田,兼有军队组织形式,"营田募民耕之,而分里筑室,以居其人,略如晁错田塞之制,故以营名"①。那么,到了唐代后期营田的发展状况怎样呢?《唐会要》卷七八"元和十三年"条说:

> 景云、开元间,节度、支度营田等使,诸道并置,又一人兼领者甚少。艰难以来(按:指安史之乱),优宠节将,天下拥旌者常不下三十人,例衔节度支度营田观察使。②

这段记载对于了解唐代后期营田发展的规模,具有重要意义。它清楚地表明在安史之乱之前,"营田"等使专人专职,"一人兼领者甚少",是个实际职务。安史之乱以后,藩镇割据,"拥旌者常不下三十人",为了表示"优宠""营田等使"演变成为"例衔(例行的虚衔)",并通常集中在"一人"头上。关于吴越时期营田的实施情况,《十国春秋·吴越忠懿王世家上》载:"乾祐二年,……置营田卒数千人,以淞江辟土而耕。"又钱文选《吴越纪事诗》云:"淞江广置卒营田,旷土毫无米十钱。三泖九峰开垦遍。"可见吴越营田是组织人力兴修水利和开荒,但到宋代情况则完全相反:

> 营田之在诸邑,类有夺民膏腴,……或有水源,营田皆擅其利,民田灌溉,非复可得有。如放水,则决诸民田中。(民)以其田

---

① [元]马端临.文献通考:卷七 田赋考七 屯田[M].北京:中华书局,2011:165.
② [宋]王溥.唐会要:卷七八 诸使中 节度使[M].北京:中华书局,1960:1434.

归之,为之佃户,非惟可庇赋役,始可保有其田。①

营田至宋代变成了官僚地主攫夺民田的工具,于是兼并盗劫之徒,"宋已下则公然号为'田主'矣"②,说明历代营田制度发展到唐代已较前代为盛,至吴越进一步专设都水营田使,延续并巩固了这一制度,并与治水和撩浅养护结合起来,对太湖水利系统的完善和巩固发挥着良好作用。

吴越还建立了专门从事太湖治水治田、维修养护工作的"撩浅军"。古时太湖出海通道号称"三江",即吴淞江、东江、娄江。吴淞江即松江,在吴县南50里,经昆山入海。③娄江、东江自8世纪以来湮塞不通,于是太湖东北、东南各浦通海者就成为泄水通道。吴越国对吴淞江和各浦入海通道的治理,与其创立的撩浅制度密不可分。前代已有的成果,吴越本身的治水成就,均通过这个坚持不懈的管理养护制度维系并巩固下来。关于吴越创设的撩浅军,见诸记载者甚多,这里试举几则:

（吴越天宝八年末）是时,置都水营使以主水事,募卒为都,号曰"撩浅军",亦谓之"撩清"。命于太湖旁置"撩清卒"四部,凡七八千人,常为田事,治河筑堤,一路径下吴淞江,一路自急水港下淀山湖入海,居民旱则运水种田,涝则引水出田。④

宝正二年……又以钱塘湖（注即西湖）荇草蔓合,置撩兵千人,芟草浚泉。⑤开江营,钱氏有国时所创,宋因之。有卒千人,为两指挥,第一指挥在常熟,第二指挥在昆山。⑥

钱氏有国时,创开江营,置都水使者以主水事,募卒为都,号曰撩浅,宋朝因之,有卒千人,为两指挥,第一在常熟,第二在昆山,专职修浚。自郡民朱勔进花石纲,尽夺营卒以往,开江营遂空,而修浚之事废矣。⑦

① 曾枣庄,刘琳.全宋文:第二百五十七册[M].上海:上海辞书出版社,2006:186.
② [清]顾炎武.日知录集释[M].黄汝成,集释.北京:中华书局,2020:543.
③ [唐]李吉甫.元和郡县图志:卷二五 江南道一[M].北京:中华书局,1983:601.
④ [清]吴任臣.十国春秋:卷七六 武肃王世家下[M].北京:中华书局,2010:1090.
⑤ [清]吴任臣.十国春秋:卷七六 武肃王世家下[M].北京:中华书局,2010:1101.
⑥ [宋]孙应时,等.琴川志:卷一 叙县 营寨[M].北京:中华书局,1990:1135.
⑦ [宋]孙应时,等.琴川志:卷五 叙水 水利[M].北京:中华书局,1990:1201.

由以上记载可以看到,吴越的撩浅军共计一万余人,在都水营田使统率之下,分四路执行任务:一路分布在吴淞江一带,主要负责吴淞江及其支流的捞河泥等工作;一路分布在急水港、淀泖、小官浦一带,主要负责开浚东南入海通道;一路分布在杭州西湖一带,主要负责清淤、除草、浚泉以及运河航道的疏浚和管理等工作;一路称为"开江营"①,分布在常熟、昆山一带,着重于东北三十六浦的开浚和浦闸的护理工作。吴越在开发和养护水利田的过程中注意到治水工作的整体性,四路撩浅军一并兴修,同时养护。这是一支因地制宜、治水治田相结合、有一定规模的专业队伍。撩浅军在"都水营田使"的统率下,有统一的规划和比较完整的制度,不但负责兴修和维修水利设施,还结合进行罱泥肥田、除草浚泉和养护航道等工作。另外,从上述记载可以看出,开江营与撩浅军,其名虽异,其实则一。开江营大概是真实名称,世俗相传,则称为撩浅军或撩清军,其统领则称都水营田使或都水使者。

关于都水使者,《吴郡通典备稿》记载:

> (钱)元璙……在苏州卅年。……海虞(常熟)廿四浦,潮汐二至,挟沙以入,淤塞支港。元璙遣开江营将梅世忠为都水使,每港募兵丁,设闸港口,按时启闭,以备旱涝。更虞海滨多警,特创水寨军,授李开山为水寨将军,屯兵于浒浦岗身,召民开市,民称利便。②

此则史料告诉我们,吴越在水利工程管理方面是以军营组织为骨干,这是其水利管理之特色。梅世忠以"开江营将"任"都水使",清楚地表明都水使就是开江营的统帅。又《云间志》卷中《寺观》"圆智寺"条提到"太平兴国中都水使钱绰"。吴越国于太平兴国三年(978 年)纳土归宋,《云间志》虽未交代钱绰任都水使者的具体时间,但估计应是在纳土之前。此外,《云笈七签》也曾提到吴越国的"都水使者窦德玄"③。

---

① 《康熙常熟县志》:"(唐)天祐元年,吴越钱氏置都水营田使,募卒为都,号曰撩浅。复设开江营卒千人,统以指挥。"吴郡通典计有"开江营将梅世忠",即此开江营的率领者。所谓"开江",其主要职责是负责开浚淤浅工作,宋代以降沿用其制,但性质有所改变。

② [清]吴昌绶.吴郡通典备稿[Z].民国十七年铅印本.

③ [宋]张君房.云笈七签:卷一二一 窦德玄为天符追求奏章免验[M].北京:中华书局,2003:2677.

对于吴越创设的圩田管理养护制度即撩浅制度,后世多有评论。如《吴郡志·水利下》引郏侨语云:

> 自唐至钱氏时,其来源去委,悉有堤防堰闸之制,旁分其支派支流,不使溢聚,以为腹内畎亩之患。……某闻钱氏循汉唐法,自吴江县沿江而东至于海,又沿海而北至于扬子江,又沿江而西至于常州江阴界,一河一浦,皆有堰闸,所以贼水不入,久无患害。①

由此可见,吴越钱氏的泄水计划是通过兴建堰闸、竣河开浦完成的。正由于其有一个完备的堰闸系统,确保退潮可开闸放水,涨潮可闭闸御潮,因而"久无患害"。

宋代继续沿用吴越的撩浅制度。使用这一管理养护制度的经费主要通过"图回之利"。郏亶说:"仿钱氏遗法,收图回之利,养撩清之卒。"所谓"图回之利",就是工程费用自给,第一次由政府开支,以后通过水利基本建设本身逐渐达到自给。"元祐中,知杭州苏轼(开浚西湖)……以新旧菱荡课利钱送钱塘县收掌,谓之开湖司公使库,以备逐年雇人开葑撩浅。"②

到吴越降宋后,西湖等地历60年不加修治,渐至淤塞,北宋胡宿说:"自钱氏纳土,至公居郡,凡甲子一周矣,而湖秽不治,豪夺以耕,僧侈其构,浸淫蠹食,无有已时。"③北宋水利以漕运为重,以"转运使"替代"都水营田使",治水与治田分割,撩浅养护制度也时置时废。端拱二年(989年),转运使乔维岳"不究堤岸、堰闸之制,与夫沟洫、畎浍之利",(包括圩区堤防堰闸)"一切毁之"。④南宋仿效着设置撩湖司,但形同虚设。南宋郎晔说:"至今湖上犹有撩湖一司,此钱氏之遗制,但名存实亡尔。"⑤

统治者加强对圩田的管理,根本目的不在于保护生态环境、防止水旱灾害的发生,而主要是为了增加政府的赋税收入。北宋末年,为了垄断圩田租课收入,朝廷到处实行括私田为公田。开禧三年(1207年),韩侂胄被

---

① 曾枣庄,刘琳.全宋文:第二十二册[M].上海:上海辞书出版社,2006:284-288.

② 宋史:卷九七 东南诸水下[M].北京:中华书局,1985:2397-2398.

③ 曾枣庄,刘琳.全宋文:第二十二册[M].北京:上海辞书出版社,2006:226.

④ [明]张国维.吴中水利全书:卷一三 奏状[M].杭州:浙江古籍出版社,2014:509.

⑤ [宋]苏轼.苏轼文集:编年笺注 卷三〇 奏状十首[M].成都:巴蜀书社,2011:172.

杀后,朝廷没收了他及其同党的包括围田、湖田等在内的田产,设置"安边所"进行管理,每年收入米七十二万余石,钱一百三十一万余缗,其后"军需边用,每于此取之"。① 淳祐七年(1247 年),浙东安抚使史宅之提出将民间围田、圩田等收为国有,"开为良田,裨国饷"。于是尚书省在江浙诸州括公田,置"田事所"。周密《癸辛杂识别集》(下)记其事曰:

> 史宅之,字子仁,号云麓,弥远之子也。穆陵念其拥立之功,思以政地处之,然思未立奇功,无以压人望。会殿步司狱芦荡,以为可以开为良田,裨国饷。时宅之为都司,遂创括田之议,一应天下沙田、围田、圩没官田等,并行拨隶本所,名田事所,仍辟官分往江、浙诸郡打量围筑。时淳祐丁未,郑清之当国时也。②

可知南宋政府仰赖围田、圩田的租课已经相当迫切,设立专门管理围田、圩田的财政机构"田事所",试图更有效地控制围田、圩田的赋税收入。淳祐十年之后,又以圩田、围田改隶总领所。史载:"新旧籍围田、常平田、没官田、沙田、营田隶淮东总领所"。景定二年(1261 年),南宋政府下令扩建康府上元、溧水两县境内吴渊、吴潜家的圩田,年收租米一万三千七百七十八石八斗八升四合五勺、租麦一十四石五斗九升五合,拨入淮西总领所。可见江东的圩田也隶于淮西总领所。总领所是负责军用的财政机构,可知南宋晚期,围田、圩田的赋税收入已完全用在军事上。③

二、制定水利管理法令法规

我国水利管理起步甚早,秦汉时期即有初步的水利法规。1957 年 12月,在湖北云梦睡地虎墓葬中出土的秦简《秦律十八种》,其中《田律》是关于秦代农业生产、农田水利、山林及鸟兽、鱼类保护的法律。其中规定:"春二月,毋敢伐材木山林及雍(壅)堤水。④"这是我国见诸记载最早的保护水

---

① 宋史·卷一七三·食货上一[M].北京:中华书局,1985:4194.
② [宋]周密.癸辛杂识[M].北京:中华书局,1988:292-293.
③ 梁庚尧.南宋的农地利用政策[M].台北:台北大学出版中心,1977:178-179.
④ 王辉,王伟.秦出土文献编年订补[M].西安:三秦出版社,2014:222.

利及生态环境的法规。到唐宋时,政府对水利的管理,一直都非常重视,在一些法令法规中对农田水利工程建设作出了明确的管理规定。《唐律》规定,"诸盗决堤防者杖一百",《唐律疏义》解释云:"有人盗决堤防,取水供用,无问公私,各杖一百。"同卷"失时不修堤防"条又曰:"诸不修堤防,及修而失时者,主司杖七十。毁害人家,漂失财物者,坐脏论。"宋代基本法典《宋刑统》对农田水利管理也作了若干的规定,诸如:"诸不修堤防,及修而失时者,主司杖七十。毁坏人家,漂失财务者,坐赃论,减五等";"诸盗决堤防者,杖一百";"其故决堤防者,徒三年"等。[①] 这说明国家对农田水利事业的重视。

值得注意的是,唐宋政府还制定有专门的水利法令法规,以加强对农田水利工程的管理。

1. 地方用水法规:《钱塘湖石记》

长庆四年(824 年),白居易为杭州刺史时,大修杭州钱塘,初步形成现代西湖形态。不仅如此,白居易还制定了现存最完备的一部地方用水法规——《钱塘湖石记》。[②] 主要内容有三:

第一,制定灌溉标准。法规指出:"凡放水溉田,每减一寸,可溉田十五余顷。每一复时,可溉五十余顷"。在灌溉之前还须让"公勤军吏二人,立于田次,与本所由田户,据顷亩定日时,量尺寸界限而放之"。这样便可保证用水的合理性。

第二,规定灌溉程序。主要对干旱之时调用湖水作出规定:"若发旱,百姓请水,须令经州陈状,刺史自便押贴所由即日与水。"这减少了调水灌溉的环节。法规又规定:"若带状入司,俯下县,县贴乡,乡差所由,动经旬日,虽得水,而旱田苗无所及也。"这一规定对及时缓解旱情具有积极作用。

第三,明确养护措施。法规认为"此州(指杭州)春多雨,秋多旱。若堤防如法,蓄泄及时,即濒湖千余顷田无凶年矣"。因此必须做好蓄水防涝、堤坝养护等工作。同时指出,"若霖雨三日以上,即往往堤决"。因此,强调加强巡守,做到防患于未然。

---

① ［宋］窦仪,等.宋刑统:卷二七　杂律　不修堤防[M].北京:中华书局,1984:432.
② 齐涛.魏晋隋唐乡村社会研究[M].济南:山东人民出版社,1994:130-131.

　　由上述两部用水法规可以看到,唐王朝朝野上下对农业用水的重视。尽管在用水序列上,农田用水列在都城用水与漕运用水之后,但严格的管理与大规模的、普遍的农田水利建设,使唐代的农业用水相对充足,这保证了包括长江下游圩田在内的农业经济的进一步发展与繁荣。

　　2. 水利兴修法令:《农田水利法》

　　北宋熙宁二年(1069 年),王安石主持变法期间,由朝廷颁布了著名的《农田水利法》(即农田利害条约)。这是北宋政权为发展农业生产所颁发的一项重要法令。其中在水利田开发(包括圩田开发)方面,条约规定:

　　　　有能知土地所宜种植之法及可以完复陂湖河港,或不可兴复只可召人耕佃;或元无陂塘、圩埠、堤堰、沟洫,而即今可以创修,或水利可及众而为之占擅;或田土去众用河港不远、为人地界所隔,可以相度均济疏通者,但干农田水利事件,并许经管勾官或所属州县陈述,管勾官与本路提刑或转运商量,或委官按视,如是利便,即付州县施行……应逐县并令具管内大川沟渎行流所归,有无浅塞合要浚导,及所管陂塘堰埭之类可以取水灌溉者,有无废坏合要兴修,及有无可以增广创兴之处。如有,即计度所用工料多少……具为图籍,申送本州……田土边迫大川,数经水害,或地势汙下,所积聚雨潦,须合修筑圩埠堤防之数以障水患……应有开垦废田、兴修水利、建立堤防、修贴圩埠之类,工役浩大民力不能给者,许受利人户于常平广惠仓系官钱斛内,连状借贷支用。仍依青苗钱例,作两限或三限送纳。如是系官钱斛支借不足,亦许州县劝谕物力人出钱借贷,依例出息,官为置簿及催理。①

　　从规定中可以看出,政府是鼓励开荒垦田、兴修水利的。如规定,对于一些"原无陂塘圩埠堤堰沟洫"之处,"而即今可以创修";对于民间兴修的一些水利工程,"许受利人户于常平广惠仓系官钱斛内,连状借贷支用",予

---

　　① 刘成国. 王安石年谱长编[M]. 北京:中华书局,2018:955-957.

以支持;而当官府借钱不足,则又允许州县富户借贷。同时规定,各地兴修水利工程,用工的材料由当地居民照每户等高下分派;如一州一县不能胜任的,可联合若干州县共同负责。

在王安石农田水利法的推动下,全国很快形成水利建设的高潮,"四方争言农田水利,古陂废堰,悉务兴复"①。时称:"天下之利莫大于水田,水田之美无过于浙右"②。两浙地区(今浙江与江苏的南部)的水利田设施数量及水利灌溉面积在当时各路中居绝对多数。③

3．水利设施管理法规:《通济堰规》

南宋前期,名臣范成大于乾道四年(1168 年)八月权发遣处州,他到任即兴义役,规划水利。于乾道五年正月兴工修通济堰,自撰《通济堰记》,记载通济堰修复情况,并鉴于"修复之甚难,而溃塞之实易",制定《堰规》二十条,刻石以传。《堰规》共分《堰首》《田户》《甲头》《堰匠》等二十条。如规定通济堰的管理人员的选用办法:"集上、中、下三源田户,保举下源十五工以下有材力公当者充。二年一替,与免本户工。"同时规定,"如见充堰首当差保正长,即与权免,州县不得执差。候堰首满日,不妨差役,曾充堰首,后因析户工少,应甲头脚次与权免。其堰首有过,田户告官追究,断罪改替。所有堰堤、斗门、石函、叶穴,仰堰首寅夕巡察。如有疏漏倒塌处,及时修治。如过时以致旱损,许田户陈告,罚钱三十贯,入堰公用";至于堰堤,则"差募六名,常切看守堰堤,或有疏漏,及时报堰首修治";遇渠堰湮塞之时,"即请众田户。众田户分定窠座丈尺,集工开淘,各依古额。其两岸,并不许种植竹木。如违,依使府榜文施行";如遇大堰损坏,修护工程民力不足时,"许田户即时申县,委官前来监督"。至于堰上龙王庙、叶穴龙女庙,规定"非祭祀及修堰,不得擅开,容闲杂人作践。仰堰首锁闭看管,洒扫崇奉,爱护碑刻,并约束板榜。堰首遇替交割或损漏,即众议依公破工钱修茸。一岁之间,四季合用祭祀,并将三分工钱支破,每季不得过一百五十工"。④ 等等。为确保通济堰的正常运作,不致旋修即毁,其规定可谓严密、科学,它成为我国水利史上值得重视的制度建设。诚如清人李遇孙所论:"通济堰溉田

① 宋史:卷三二七 王安石传[M].北京:中华书局,1985:10545.
② [明]张国维.三吴水利全书:卷二一 论三吴水利[M].杭州:浙江古籍出版社,2014:985.
③ [清]徐松.宋会要辑稿:食货六一[M].北京:中华书局,1957:5907-5908.
④ [宋]范成大.范成大集:卷五一 杂著 堰庙[M].北京:中华书局,2020:891.

二千顷,为丽邑水利之最大者,范公规条,百世遵守可也"。①

以上这些水利法令法规虽然存在诸多不足之处,如忽视对民事权利的保护,并且常有行政司法不分、民刑不分等现象。然而,每个条令都注重发展农业生产,强调水事活动不要耽误农时,并且规定了相关人员的具体职责。因此,这些法令法规对于农田水利建设具有重要的保护和促进作用,有利于农业生产的发展,有利于长江下游圩田的开发与管理。

三、圩田的生产关系

生产是社会的生产,它总是在一定的生产关系中进行的。一个地区的生产关系如何,直接影响着其社会生产的发展状况。在长江下游圩区,主户和客户,即地主和佃户(圩民)的关系,能够典型地反映圩田的生产关系状况。

宋代的官圩采用军庄和营田官庄两种经营方式,如淳熙十五年(1188年),无为军的城南、青岗、山元甫三圩,使用两千劳力,由马军司及建康都统制司各派1000人参加。耕兵之家属参加修筑圩埂之报酬,由淮西总领所发给,产品分成,大体与屯田区相似。

营田官庄是五代十国时期国有土地的一种经营形式,五代各朝皆置官庄,设庄宅司、庄宅务、庄宅使管理,归户部统领。至两宋时期,江淮等地"州县残破,户口凋零"②,不仅劳动人手奇缺,而且归业的大部分农户缺少耕牛、农具、种粮等,不具备租佃土地、独立经营的生产条件。在"闲田多、闲民少"的情况下,占有劳动人手是获取地租的基本前提,同私田相比,官庄在提供生产条件和产品分配方面对佃户"大段优润",这使官庄在同私家地主争夺劳动人手方面具有一定的优势,因而能在短时期内有较大发展。关于官庄在圩田经营中的情形,吕祖谦在《薛常州墓志铭》中写道:

> 是岁江湖大旱,流民往往北渡江,边吏复奏淮北民多款塞者,
> 虞丞相允文白遣公行淮西,收以实边。公持节劳来,氅稚满车下,

---

① [宋]范成大.括苍金石志:卷五 范石湖书通济堰碑[M].北京:北京图书馆出版社,2003:824.
② [宋]李心传.建炎以来系年要录:卷一○九[M].北京:中华书局,1988:1766.

为之表废田相原隰,复合肥三十六圩,立二十有二庄于黄州故治东北,以户颁屋,以丁颁田。二丁共一牛犁、耙、锄、锹、镬、镰具,六丁加一鏊刀。每甲辘轴二,水车一,种子钱丁五千,禀其家,至食新罢。凡为户六百八十有五,分处合肥故黄适等。而合肥赢故黄三户,户授二室。受田之丁,合肥八百一十有五,故黄六百一十有四。会其钱若米之费财二万缗六千石,流民已为大姓有者,仍隶其主户,就抚之,并边归正者,业之,合三千八百余户。[①]

这则史料告诉我们,薛季昶任常州知州时期,在州六圩建立 22 庄,招合肥与故黄州二县客户丁 1420 余人,组织官庄生产。耕牛、种子、农具、庄舍由政府供给,产品分配一般是按营田官庄,四六分成。

政府又常招人租种承佃官圩湖荡,办法是测算拟出租田地湖荡的四至步亩,每围以千字文为号,置簿拘借,按比邻近田地现纳租课略低的数额出榜,招标承佃,限 100 日内由人实封投状,添租请佃,限满拆封,给出租最多的人,如系湖荡,即由承佃人去围垦。租额通常固定,大约是每亩年纳三斗,如永丰圩有田 950 顷,每年租米以三万石为额;宣州化城圩有田 880 顷,岁纳租米 24000 余石;明州广德湖田每亩原纳租米三斗二升,后分为上中下三等,上等田增为每亩四斗,中等田不动,下等田减为二斗四升。但租额亦随时代和地区的不同而有很大的变化。承租者纳租之后,一般即不纳二税及和买,但也有一部分是官圩,特别是籍没入官的田产,耕者往往既需纳租,又要缴税,负担特别重。官圩收入或归州县,或入户部,或作军储,或属御前,在政府各项收入中占有相当比重。

有些沙田则征收货币地租。关于沙田的分布情况,《宋会要辑稿》食货六一上《赐田杂录》乾道元年条载:

> 大同军节度使蒲察久安奏:蒙恩拨赐水田五百亩,今再踏逐到秀州华亭下沙场芦草荡一围,提举茶盐司见出榜召人请佃,乞下浙西提举茶盐司行下秀州,依臣所乞拨。嘉兴县思贤乡草荡一围,元系范玘等退佃还官,见今空阙,乞下两浙转运司行下秀州,

① 曾枣庄,刘琳. 全宋文:第二百六十二册［M］. 上海:上海辞书出版社,2006:71.

依臣所乞标拨。①

又《宋会要辑稿》食货一《农田杂录》乾道五年条曰：

> 户部尚书曾怀等言：浙西、江东、淮东三路有沙田、芦场、草场等，多系有力之家占佃，包裹宽余亩步，未曾起纳租税。累经打量，各有宽剩。②

关于沙田征收货币地租情况，《景定建康志·沙租》载："上元县未经理前，沙田每亩一百九十四文，沙地每亩伍百二文，并钱会中半。芦场每亩起四束，雁儿芦苇每亩起二束，每束并折四百二十文足。草塌、藕池、茭荡，每亩三十九文八分。白面沈水沙，每亩一十九文九分。"③

从上面几则史料可以看出，宋时浙西、江东、淮南东路皆有沙田。《景定建康志·沙租》所反映的虽然仅为上元县"未经理前"沙田征收货币地租的情况，但在一定程度上也反映了有宋一代圩区租佃关系的特点。这里有四个问题值得注意：

一是沙田分布范围广且零碎分散。南宋的沙田芦场主要分布在嘉兴、上元、华亭、江宁、句容、栗水、太平州、宁国府、池州、广德军、泰州、扬州、真州、通州等地，其数量相当可观。仅就建康府而言，在白鹭洲、木瓜洲一带的沙洲，就有沙田芦荡 162358 亩④。浙西、淮东和江东三路总额达 280 余万亩⑤。这种沙田的特点是零碎分散。为何会出现这种现象呢？我们认为原因有二：一方面与沙田所处的地理环境有关。由于上述地区特别是太湖周围河流港汊极多，很少有大片集中的地块。另一方面，沙田时常遭受水的冲击，形状和面积极不稳定。

二是圩田的占佃权可以转移。早在宋初，不仅土地的所有权可以买卖，土地的占佃权（占有权）也同样可以买卖。到南宋时依然如此，圩田也不例外。试看江东路一例：

---

① 曾枣庄，刘琳. 全宋文：第二百一十册[M]. 上海：上海辞书出版社，2006：398.

② 曾枣庄，刘琳. 全宋文：第二百册[M]. 上海：上海辞书出版社，2006，211.

③④ ［宋］周应合. 景定建康志. 卷四一 田赋志二 沙租[M]. 北京：中华书局，1990：1999.

⑤ 宋史：卷三九〇 莫蒙传[M]. 北京：中华书局，1985：11957.

　　乾道五年九月十四日户部侍郎杨倓言：江南东路州县有常平
转运司圩田，见今人户出纳租税佃种，遇有退佃，往往私仿农田，
擅立价例，用钱交兑。①

　　这是一条非常重要的史料，它告诉我们，转运司圩田退佃事例，"擅立
价例，用钱交兑"的办法，是从"私仿民田"而来的。由此可知，从广大民田
到官圩田，佃户都可以通过土地买卖，转移其占佃权，所谓"千年田换八百
主"，正是当时地权频繁转变的写照。此乃浙西、江东、淮南东路等路封建
租佃制关系进一步发展的重要特征。就沙田而言，由于其经常变换主人，
也因此成为沙田零碎分散的原因之一。

　　三是浙西、江东、淮南东路一带的地租较重。如前文所述，沙田因经常
遭受大水的冲击而"废复不常"，因而其粮食生产是根本没有保障的，生产
没有保障却要缴纳"沙田每亩一百九十四文、沙地每亩伍百二文"的地租，
这样的地租是不轻的。而且到宋徽宗和宋高宗时期，官租又有从低向高发
展的态势。北宋时期的圩田如化城圩、万春圩的田租在 2.8～3.12 斗②，而
宋高宗时永丰圩垦田 260 顷，竟然要承担两万石的田租，每亩飞涨到 7.7
斗③，是圩田官租最高的。到南宋末期理宗时，地租被进一步推高，如昆山
的圩田租从二斗增加到百分之二百。官租如此成倍地增长，反映了当时
"苛政猛于虎"的税收情况。

　　四是两浙路、江东路等地存在劳动地租。据学者研究，有宋一代，在
封建国家土地所有制中，以无偿劳役为形式的劳动地租，虽然不占居主
导地位，但它还是存在的。宋高宗绍兴元年（1131 年），解潜在荆门军创
建营田，于是两淮各地，大江南北，一哄而起，也都纷纷建立了营田。这
些营田，大都"皆成虚文，无实效"，它实际上成为一项坑害百姓的劳动地
租。这种劳动地租在长江下游圩区同样存在。《袁氏世范》中提到，"人家

---

　　① ［清］徐松.宋会要辑稿：食货一［M］.北京：中华书局，1957：4823.
　　② ［清］徐松.宋会要辑稿：食货六［M］.北京：中华书局，1957：4882；［宋］沈括.长兴集：卷九万春圩
图记［M］.影印文渊阁四库全书本.台北：商务印书馆，1986：1117，297；［宋］张问.张颙墓志铭［M］//应国
斌.桃源佳致沅澧流域古文化研究之二.长沙：湖南人民出版社，2001：568.
　　③ ［清］徐松.宋会要辑稿：食货一［M］.北京：中华书局，1957：4819-4820.

（指地主们）耕种出于佃人之力"，"不可有非理之需，不可有非时之役"①。从表面上看，袁采所反对的是地主之家的"非时之役"，至于"合"时之役，自然不包括在反对之列了。而在现实生活中，"非时之役"与"合"时之役，都是存在的。如苏州水乡的围田，就是封建主加给佃客的一项劳役。正如宋代诗人毛珝的《吴门田家十咏》中所说："主家文榜又围田，田甲科丁各备船。下得椿深笆土稳，更迁垂柳护围边。"②此外，地主之家的各种杂活也统统加到佃客身上。劳动地租（包括封建国家的杂徭在内）是一种古老原始的地租形态，在从奴隶制向封建制过渡的时期，对社会生产力和封建制的形成，曾起过促进的作用。然而，由于它是一种无偿劳役，具有超经济的强制性质，"皆非民之愿"，因而到了宋代，它已经从此前的促进作用转化为阻碍的作用了。③

　　总的看来，在长江下游圩区，主客户的人身依附关系是比较强的。宋仁宗天圣五年（1027 年）诏云：江淮、两浙……旧条，私下分田客非时不得起移；如主人发遣，给与凭由方许别主。多被主人抑勒，不放起移，令更改之④。可见包括圩区在内的广大佃户普遍地缺乏人身自由，所以也不可能有多少生产积极性。

四、圩田的管理方式及其成效

　　唐宋时期，长江下游圩田系统已发展到相当成熟阶段，吴越时期已经把浚河、筑堤、建闸等水利工程建设统一于圩田建设过程中，形成了塘浦圩田体系。庆历年间，范仲淹曾对当时的圩田系统作过如下的描述：

　　　　江南旧有圩田，每一圩方数十里，如大城，中有河渠，外有门闸。旱则开闸引江水之利，潦则闭闸拒江水之害。旱潦不及，为农美利。⑤

---

　　① ［清］王梓材，冯云濠. 宋元学案补遗：卷四四 赵张诸儒学案补遗［M］. 北京：中华书局，2012：2424.

　　② 湛之. 杨万里范成大资料汇编［M］. 北京：中华书局，1964：149.

　　③ 漆侠. 宋代经济史上［M］. 上海：上海人民出版社，1987：350.

　　④ 曾枣庄，刘琳. 全宋文：第四十四册［M］. 上海：上海辞书出版社，2006：125.

　　⑤ ［宋］李焘. 续资治通鉴长编：卷一四三 仁宗 庆历三年［M］. 北京：中华书局，2004：3439-3440.

由此可见，江南圩田是一个庞大而严密的系统。对于这样一个系统，宋政府除了在政策上给予支持、财政上给予倾斜、组织上给予保证，并制定和出台水利法律法规予以规范外，还采取一系列方式对圩田系统进行管理。如在有圩田的地方，官员衔内往往添上"兼提举圩田""兼主管圩田""专切管干圩岸"等字样。对某些圩田，还设有专门的圩官，如永丰圩的圩官就多达 4 人。此外，圩田建设与管理的好坏，还常常成为官员考绩升黜的标准。

唐宋时期，政府对于圩田的管理举措主要表现在以下几个方面：

一是修筑堤岸，障御水势。杨万里在给圩田定义时指出："江东水乡，堤河两涯，而田其中，谓之圩。农家云：'圩者围也，内以围田，外以围水。'盖河高而田反在水下"[①]，圩区"河水还高港水低，千枝万派曲穿畦"。可见圩田四周，环有堤岸。圩堤与圩田是唇齿相依的关系，因此圩堤修筑便成为圩田管理的重要方式。江东圩田的堤岸，"高阔壮实"，堤上有道路，"圩上人牵水上航"，供行人和纤夫行走。[②] 濒水一面，往往种植榆柳，以捍风涛，形成"夹路垂杨一千里"[③]的风景线，望之如画。在其欹斜坡陁之处，可种植蔬茹麻麦粟豆，两旁亦可放牧牛羊。[④] 堤下则种植芦苇，以围岸脚。浙西围田堤岸高五尺到两丈不等，这样，虽然外水多高于田地，涨水时甚至高出五七尺，而堤内田地却可保无虞。究其原因，关键在于"自唐至钱氏时，有堤防堰闸之制"[⑤]。江东一带，大圩之内往往还包有小圩小埂，圩内沟渠纵横，灌溉排水十分方便。

这里所说的堤岸，既包括圩田的圩岸又包括整个圩田系统的其他堤坝。如太湖平原地势低平，容易积水，因此在平原西部修筑了堤坝，阻挡太湖水的下泻；在平原东部则修筑海塘，阻挡潮水的侵袭。史书记载，杭州盐官"有捍海塘堤，长百二十四里，开元元年重筑"[⑥]。

二是置闸启闭，调节水利。圩田系统中，江海、湖泊和耕田之间，塘浦与耕田之间，高田与低田之间，都要通过设立一系列的堰闸进行调节与控

① ［宋］杨万里.杨万里集笺校［M］.北京：中华书局，2007：1643.
② ［宋］杨万里.杨万里集笺校［M］.北京：中华书局，2007：1644.
③ ［宋］杨万里.杨万里集笺校［M］.北京：中华书局，2007：1733.
④ ［宋］陈旉.农书：卷上 地势之宜篇［Z］.鲍氏刻.知不足斋丛书.
⑤ ［明］张国维.吴中水利全书：卷一三 奏状［M］.杭州：浙江古籍出版社，2014：509.
⑥ 新唐书：卷四一 地理五·江南道［M］.北京：中华书局，1975：1059.

制。正所谓"治水莫急于开浦,开浦莫急于置闸"①。当时的一些大圩都设置有斗门涵闸,用以调节田地水量,控制排灌。旱时可以开放斗门引江湖之水溉田,涝时则可关闭斗门防止外水浸入。另外,在圩田内又设有水车,用来灌溉与排水,对防御水旱之灾具有一定的作用。郏乔曾说:"浙西,昔有营田司。自唐至钱氏时,其来源去委,悉有堤防、堰闸之制。旁分其支脉支流,不使溢聚,以为腹内畎亩之患。是以钱氏百年间岁多丰稔。"又说:"闻钱氏循汉、唐法,自吴江沿江而东至于海,又沿海而北,至于扬子江,又沿江而西,至于常州、江阴界,一河一浦皆有堰闸,所以贼水不入,久无患害"②。北宋时,范仲淹曾于景祐元年(1034年)任苏州知州,到任后主持兴修浙西水利,提出建设大圩之制,他采用浚河排水、筑圩防洪、设闸节制的办法,把筑圩与水利的全面治理联系起来考虑③。范仲淹的主张在当时具有相当大的影响,后人把他的主张归纳为"开治港浦,置闸启闭,筑圩裹田"互相统一的三项设圩治水措施。④ 南宋赵霖对于圩区设闸的重要性说得更加明白,他说:"治水莫急于开浦,开浦莫急于置闸,置闸莫利于近外,若置闸而又近外,则有五利焉。"⑤他所说的五利,就是利于排除积水,利于蓄水灌田,利于防潮抢险,利于浚河清淤,利于航运。

关于在要害处置闸能起到防止河道淤塞的作用,有例为证。临安附近的运河,因吸纳潮水,常常淤塞。北宋政府曾动用捍江兵及厢军千余人开茅山、盐桥二河,保持运河畅通。但"潮水日至,淤塞犹昔",只好选择要害处置闸,"每遇潮上则暂闭此闸,候潮水清复河",以免泥沙夹潮而入,淤塞运河(城中段)。秀州枯湖十八港古来筑堰御潮,元祐中于新泾塘置闸,后因沙淤废毁。南宋乾道二年(1166年)守臣孙大雅奏请"于诸港浦分作闸或斗门⋯⋯启闭以时,民赖其利"。⑥

另外,江塘筑成后,也必须建制水闸,以控制江潮。据载,"华亭东南并巨海,自柘湖湮塞,置闸十八所,以御咸潮往来"⑦。又"天宝三年(910

① 曾枣庄,刘琳.全宋文:第一百四十五册[M].上海:上海辞书出版社,2006:68.
② [明]张国维.吴中水利全书:卷一三 奏状[M].杭州:浙江古籍出版社,2014:514.
③ [宋]范仲淹.范文正公集[M].北京:中华书局,1984.
④ [清]顾祖禹.读史方舆纪要:卷一九 南直一[M].北京:中华书局,2005,:905.
⑤ 曾枣庄,刘琳.全宋文:第一百四十五册[M].上海:上海辞书出版社,2006:68.
⑥ 宋史.卷九七 东南诸水下[M].北京:中华书局,1985:2413.
⑦ [宋]杨潜.绍熙云间志卷中堰闸[M].北京:中华书局,1990:35.

年）……置龙山、浙江两闸，以遏江潮入河。①"当时龙山、浙江二闸设在杭州西南面的江边，在杭州东面的江边也有堰闸，苏轼说："钱氏有国时，郡城（指杭州）之东有小堰门，既云小堰，则容有大者。昔人以大小二堰隔截江水，不放入城，则城中诸河，专用西湖水，水既清澈，无由淤塞。②"并建议说：

> 江潮灌注城中诸河，岁月已久，若遽用钱氏故事，以堰闸却之，令自城外转过，不惟事体稍大，而湖面葑合，积水不多，虽引入城，未可全恃，宜参酌古今，且用中策。③

所置堰闸配有闸官一人，并配备兵卒若干人，用以管理、开启、验放堰闸事宜。堰闸的功能则有灌溉、防淤、防潮、泄洪、航运管制等多方面，可以说是一个水量和河渠的调节系统。④

三是开浚港浦，以利疏导。由于圩区地势低洼，中间低，四周高，因此开浚塘浦，保持水流畅通显得至关重要。吴越国和宋朝在塘浦开浚方面都作了很多努力：

> 钱氏有国时故事，起长安堰至盐官，彻清水浦入于海；开无锡莲蓉河，武进庙堂港，常熟疏泾、梅里入大江；又开昆山七耳、茜泾、下张诸浦，东北道吴江，开大盈、顾汇、柘湖，下金山小官浦以入海。自是水不为患。⑤

> （宋时）浙西诸州，平江最为低下，而湖、常等州之水皆归于太湖，自太湖以导于松江，自松江以注海，是太湖者，三州之水所潴，而松江者，又太湖之所泄也……昔人于常熟之北开二十四浦，疏而导之扬子江；又于昆山之东开一十二浦，分而纳之海。两邑大浦凡三十有六，而民间私小径（泾）港不可胜数，皆所以决壅滞而

① ［清］吴任臣．十国春秋：卷七八　武肃王世家下［M］．北京：中华书局，2010：1086．
② ［宋］苏轼．苏轼文集：卷三〇　申三省起请开湖六条状［M］．北京：中华书局，1986：867．
③ ［宋］苏轼．苏轼文集：卷三〇　申三省起请开湖六条状［M］．北京：中华书局，1986：868．
④ 宋史：卷九七　东南诸水下［M］．北京：中华书局，1985：2413．
⑤ 宋史：卷三四八　毛渐列传［M］．北京：中华书局，1985：11040．

防泛滥也……①

　　熙宁三年(1070年),在全国兴修水利的高潮中,郏亶上书言吴中水利。他指出,"天下之利,莫大于水田;水田之美,无过于苏州"。他经过实地勘察,尤其总结了吴越钱氏治水的经验,提出了较为全面的治理太湖的规划。他认为,应遵循古人"浚三江治低田"和"蓄雨泽治高田"的方法治理太湖水利。即治低田要疏浚三江(吴淞江、娄江和东江),以三江为纲,又于江之南北开纵浦,以通于江,又于浦之东西为横塘,以分其势。塘浦需深阔,利用开出的土方,筑成高堤,作成圩田,遇有大水,可通过塘浦、三江通畅地排入于海,使民田不致受灾。对于高田的治理,郏亶认为也要在沿江沿海高地开纵横塘浦,这些塘浦也须深广,以利于引江、潮水灌溉,并可多潴聚雨泽,加之多开陂塘蓄水,虽遇大旱之年,也有水灌田。这样便可做到"低田常无水患,高田常无旱灾,而数百里之地常获丰收"。同时郏亶还提出了治水须先治田、恢复管理岁修制度、实行以水利养水利的主张。② 郏亶的治水主张,基本上是科学合理的,因而为后人所重视。尤其是其开浚港浦的思想为后人所继承。北宋末年,平江府司户曹事赵霖募灾民兴修水利,"开一江、一港、四浦、五十八渎",以排积涝为主。③ 南宋时也注意开港浦和松江吴江即吴淞江,排积涝于江海,这是宋代吴中水利的主要工程。这种做法收到了较好的效果,而且在施行中,泾渎港汊纵横交叉,相互贯通,初步形成了历史上少见的水网化系统。

　　可以说,当时的圩田已成为具备堤防、闸门、渠道的完善的工程体系。数学家秦九韶(1202—1261年)在其著作中有"围田先计"一题,是一道关于围田的数学计算题。该题说此围长58千米(均折合成今制,下同),宽1.5千米的草荡,夏天水深0.8米,冬天水深0.3米,拟规划为四周筑高3米土埂,埂上有闸门,围中有1条纵向大港和24条横向小港的围田。④ 这一数学题反映了当时围田的规划、工程规模和形制(图3-1)。可见,唐宋时期尤其到了宋代,圩田已形成一个较为科学、完善的系统,从而为长江下游地区

---

① 曾枣庄,刘琳. 全宋文:第一百九十四册[M]. 上海:上海辞书出版社,2006:392.
② 曾枣庄,刘琳. 全宋文:第七十五册[M]. 上海:上海辞书出版社,2006:379.
③ 宋史:卷九六 东南诸水上[M]. 北京:中华书局,1985:2388.
④ [宋]秦九韶. 数书九章:卷六[Z]. 清上海郁氏道光间刻宜稼堂丛书.

粮食的高产稳产创造了良好的条件。

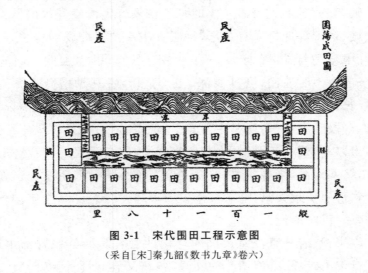

图 3-1　宋代围田工程示意图

（采自［宋］秦九韶《数书九章》卷六）

第二节　民间对圩区的管理

在圩田系统的管理过程中，除了政府自上而下对圩田的水利设施进行修筑和养护外，圩田的日常管理与维护，则是由圩区人民自行来完成的。

一、设立圩长制

《万春圩图记》载："太平兴国中，江南大水，圩吏欧阳某护圩不谨，圩（按指万春圩）以废。"①这说明政府对于官圩常设有圩吏，负责其开发与管理。既然圩田有官圩私圩之分，那么在圩田的管理过程中，私圩由民间自行管理就成为必然，并且民间力量常在政府组织下参与官圩的兴修与维护。在当时，除一些大中型水利工程由政府直接管理外，一般小型水利工程或圩田的日常维护都由圩民自行负责。各圩普遍设有圩长，专门负责一圩水利的日常管理。杨万里在《圩丁词十解》中说："年年圩长集圩丁，不要

---

① 曾枣庄，刘琳.全宋文：第七十七册［M］.上海：上海辞书出版社，2006：326.

招呼自要行。万杵一鸣千畚土,大呼高唱总齐声。儿郎辛苦莫呼天,一岁修圩一岁眠。"①这给我们展现了当时圩长带领圩民修复圩堤的情景。苏北淮安府盐城、阜宁等地每乡有乡圩,每庄有庄头,"每圩设一圩长,圩长总数圩甲,每圩甲分趣圩户,治圩各一百丈整。以长、甲约主佃,以保、头纠察长、甲……邑令不时巡谕,度其浅深、相其坚疏,考其勤惰"②。冬春农闲季节,诸圩圩长或塘长皆组织人力、物力进行"岁修"。修圩派工多以田计役,分段修筑,分段管理。"每圩业主田若干,佃者若干。因田分堤,计田均役。主爱其田出以食,佃取其粟出以力,屡年督治,朝夕不遑。"③夏秋季,圩民也分段守护,堵塞漏洞,缮捍坍冲,培崇低隘,确保圩田汛期安全。如阜宁县周家大圩,"每届伏秋大汛,圩东数十村咸来守护"④。和州永丰圩圩长除率夫修堤外,还"以时潴泄"。

唐宋以来,政府一直注意民间对圩田的管理。吴越在置都水营田使、撩浅军进行浚河筑堤、维修塘浦的同时,各圩又设立圩长,专门负责一圩水利,并规定"每一年或二年,率逐圩之人修筑堤防、浚治浦港"⑤。时人的一些诗句中也常见到民间对圩田修复的情景。南宋黄震还曾具体叙述过政府与民间在圩田兴修中的职责划分情况。在南宋景定年间(1260—1264年),上司令黄震监督修复被水围田。黄震指出:

> (围田)各有田主,(修复)自系己事,何待官司监督。……田岸之事小,水利之事大。田岸之事在民,在民者在官不必虑;水利之事在官,在官者在民不得为。必欲利民,使之蒙福,则莫若讲求水利之大者。……今若准旧开浚,则百姓自然利赖其为修田岸也大矣。⑥

黄震所说的这一准则便是对当时实际情况的概况。

值得注意的是,除圩长这一重要职务外,南宋范成大《通济堰规》还专门制定有堰首、监当、甲头等民间管理人员的选定办法。规定堰首为一堰

①　[宋]杨万里.杨万里集笺校[M].北京:中华书局,2007:1644.
②③　[清]孙云锦.光绪淮安府志:卷六　河防[M].南京:江苏古籍出版社,1991:84.
④　焦忠祖,等.民国阜宁县新志:卷九　水工志　堤堰[M].江苏:江苏古籍出版社,1991:208.
⑤　[明]张国维.吴中水利全书:卷一三　奏状[M].杭州:浙江古籍出版社,2014:498.
⑥　[明]张国维.吴中水利全书:卷一　五公移[M].杭州:浙江古籍出版社,2014:660-661.

总管,由三源田户推荐,当选人必须有十五工以上的家财并具有德望,执管二年后替换,其职责是根据实际情况及时组织堰工修治圩田,任职报酬为免去本户堰工;监当的职责是辅佐堰首工作,由每源选举有"十五工以上"的田户一名充当,分管各源事务,二年一换;同时将三源分为十甲,每甲选一甲头监督具体工作,甲头在三工至十四工的田户中以田亩多少轮流委任,每年轮换,甲头保管催工历一本,负责登记当年堰工,由堰首派遣,并监督堰首分工的公正性。兴化县还明定条规:

> 大围于围内选公正、干办、殷实总董七八人,中围五六人,段董各十余人。为总董者总理,为段董者分理。无惮劳,无避怨,同心合力,克底于成。时届农隙,加筑完固。[1]

同时,一些以前是政府官员的职务,常因"有闸但无官司",也开始被认为:"乡人往往能道其事,若推究而行之,则所开之浦可久而无弊"[2]。即可以让一些"乡人"来管理水利设施。

二、规划圩内农田

以太湖流域为中心的江南圩田到北宋末年及南宋时期急剧膨胀,带来了严重的社会问题。由于当时对于圩田的治理只限于局部地区,且往往只求近功而不顾全局后果,围垦目的也多为得田而不是治水,使旱涝不分的"积荒地"日趋扩大,治水与治田的矛盾进一步凸显出来。如南宋宁宗嘉定三年(1210年)卫泾所奏:"中兴以来,浙西遂为畿甸,尤所仰给,岁获丰穰,沾及旁路。盖平畴沃壤,绵亘阡陌,有江湖潴泄之利焉。……自绍兴末年,始因军中侵夺濒湖水荡,……民田已被其害。……隆兴、乾道之后,豪宗大姓相继迭出,广包强占,无岁无之,陂湖之利,日朘月削,……围田一兴,修筑塍岸,水所缘出入之路,顿至隔绝,稍觉旱干,则占据上流,独擅灌溉之利,民田坐视无从取水;逮至水溢,则顺流疏决,复以民田为壑。"[3]在圩田无序开发的情形之下,圩民个人对圩田的规划管理作用便显

---

① [清]梁园棣.咸丰重修兴化县志:卷二　河渠[M].南京:江苏古籍出版社,1991:71-72.

② 曾枣庄,刘琳.全宋文:第一百二十册[M].上海:上海辞书出版社,2006:287.

③ [明]张国维.吴中水利全书:卷一三　奏状[M].杭州:浙江古籍出版社,2014:544-545.

得更加重要。

　　吴越时期,人们主要在圩内的高地进行耕作,像太湖地区的一些沼泽洼地还未被开发。这些沼泽洼地,在小农经济条件下,小圩有"圩小水易出""小圩之田,民力易集,塍岸易完,……潦易去"①等特点,因此发展小圩成为必然。明初何宜曾提出在大圩内筑"径塍"的主张:

　　　　凡围内有径塍者,遇潦易于车戽,是以常年有收。其无径塍者,遇涝难于车戽,是以常年无收。宜谕令田户,凡大围有田三、四百亩者,须筑径塍一条,五、六百亩者,须筑径塍二条,七、八百亩者如数增筑。②

　　清嘉庆年间青浦人孙峻针对仰盂圩(或"釜形圩")的具体地形特点,写成《筑圩图说》,提出按地形高低,分圩内田为上、中、下塍田三级,分筑戗岸、围岸加以分隔,使各成一区;区内再分筑小戗岸分隔,使各成一小区,实行分级控制,达到水不乱行,减少淹没,易于戽救,从而获得丰收。这种分级管理圩田的技术直至现在还在运用。

　　那么,宋代的圩田如何实行分级控制呢?这要结合圩田的地理与水利形势来考察。我们知道,唐宋时期皖南地区的圩田规模都很大,面积几万亩甚至十多万亩的圩田为数很多。这些圩田的内部虽然一般都较为平坦,但地势高低起伏也是常见的现象。如南宋绍兴三年(1133年)时,位于丹阳与固城两湖之间的永丰圩,长宽都有五六十里,有田九百五十多顷,交纳租米三万石。③ 圩内地势由东北向西南倾斜。为了解决圩区高低间的旱涝矛盾,宋时在永丰圩内自沧溪至西陡门筑有东西向的"穿心一字埂",长15里,将圩区分为上下两坝,后来这种分级控制的堤线发展到13条。南宋时,这种在圩内分区分级控制的技术措施在太平州得到大力推行。据载,绍熙四年(1193年),太平州知叶耆提出分级控制的主张,指出:"太平州圩田十居八九,皆是就近湖泊低浅去处筑围成埂,便行布种……近一二十年

---

　　① [明]张内蕴.三吴水考:卷一四　水田考[M].影印文渊阁四库全书本.台北:商务印书馆,1986:577,524.

　　② [明]张国维.吴中水利全书:卷二〇　说[M].杭州:浙江古籍出版社,2014:940.

　　③ 宋史:卷一七三　食货上一[M].北京:中华书局,1985:4183.

以来官司出钱,每于农隙之际鸠集圩户增筑岸埂,高如城壁,种植芦苇以围岸脚。”“今措置欲于圩田之内旧有通水小沟去处开浚深阔,就用其土增筑塍岸,亦令高广厚实。”或“无旧沟亦皆创新为之”。这也就是主张在圩内开河沟,筑径塍,实行分区分级控制。技术上要求开挖的大沟阔五尺,深一丈,小沟阔二尺,深七尺;沟两岸的田塍高三四尺,底宽四五尺。当时当涂县有官圩55所,叶氏建议先在一二个官圩内试点,获得成功后再推及全州,整个工程大约需要三年时间完成。叶著的这一建议获得批准后,很快便组织实施。一时间,太平州圩区掀起了开河沟、筑径塍的热潮,分区分级工程纷纷建成。由于当时的水利技术已达到比较高的水平,圩堤、涵闸、沟渠等设施配套完备,基本实现了内外分开、高低分开和分级分区控制,从而达到了“遇水可以潴蓄,遇旱可以灌溉”①的效果。圩田的分级控制技术是我国先民的一项创造性成果,其重要意义不言自明。②

三、重视圩岸护养

圩岸乃圩田之根本,因此不仅圩岸修筑受到政府的重视,平时对于圩岸的管理和维护更是受到政府和圩民的关注。在长江下游圩区,圩岸的养护主要由各圩圩长负责。史载:“乡有圩长,岁晏水落,则集圩丁,日据土石、榬枝以修圩”,“年年圩长集圩丁,不要招呼自要行”③。在通常情况下,“塘长圩长,沿堤分岸,纠察巡警。岸之漏者塞,疏者实,冲者捍,坍者膳,隘者培”④。在紧急情况下,则组织人力进行大修、抢险、抗旱与排涝。当时,圩岸养护主要包括以下几项内容:

一是发现隐患,及时消除。有些堤岸由于施工质量不过关,或土质虚浮,发生渗漏甚至涌水现象殆为常事,不仅危及堤身安全,而且还影响圩内作物生长。当地采用一种较为常用的工程措施“截水墙”防止渗漏。其具体做法是在堤塍中心掘一槽,深及外河之底,然后填入土质好的河泥。填到一定高度,候其稍干,用杵捣筑结实,然后再添加泥土,再次杵实,如此直

①　[清]徐松.宋会要辑稿:食货六一[M].北京:中华书局,1957:5900.
②　张芳.中国古代灌溉工程技术史[M].太原:山西教育出版社,2009:207.
③　[宋]杨万里.杨万里集笺校[M].北京:中华书局,2007:21.
④　[明]沈啓,黄象曦.吴江水利考增辑:卷二　水蚀考[Z].清光绪二十年刻本.

至与圩岸齐平。这种方法既便于就地取材,施工简便,又十分有效。[①]

二是疏浚河渠,保持畅通。河渠担负着圩区排、引、蓄、调、航运等多重任务,保持河渠畅通是圩区正常生产的必要条件。而圩区内的河渠由于经常运用,时常淤积,因而必须经常浚治,其要求是达到"深""网""平"的标准。所谓"深",就是使河渠深阔,能排能蓄。当时太湖流域圩区塘浦深一些的达到二三丈,浅一些的亦不下一丈,完全符合要求。"网",就是干、支河渠普遍浚治,使河、浦、泾、浜相互沟通,形成河网。"平",就是要求河底平整,行水无阻。

三是加强对闸涵的管理和维护。圩区内的闸涵能否正常开闭运用,关涉到圩区内能否正常防淤、防冲、蓄水与排水,这对圩区的农业生产至关重要。对于闸涵的启闭要求是,有来潮的圩区,闸门一般是"潮上则闭,潮退则启",一般圩区旱时闭闸以蓄水,潦时开闸以排水。

四是对于地势低下圩田的开发通常要借助于设置斗门、水车等手段。这里以芜湖万春圩的修筑为例。据《万春圩图记》记载,嘉祐六年(1061年),张顺、沈披等人组织人力,"发原决数,焚其菑翳,五日而野开,表堤行水,称材赋工,凡四十日而毕""……方顷而沟之,四沟浍之为一区……为水门五,又四十日而成"。[②] 我们知道,斗门的作用在于控制、调节水的出入。当"圩内积水深长,外河水低于斗门"时,可开启斗门使水出入,排泄圩内之水。[③] 即旱时蓄水或引水溉田,涝时排决积水。而在地势低下的圩田的开发利用方面,车水也是一种不可或缺的重要手段。熙宁六年(1073年),水利专家郑亶受命赴苏州修治圩田田岸,神宗担心"圩大,不可成,车水难"。王安石即解释说:"今江南大圩至七八十里,不患难车水。"[④]由此可见,车水的重要作用是不言而喻的。[⑤]

五是在面临湖荡的一些易受风浪侵袭堤段,除采取一般措施予以防护外,还要在"岸内筑墥"(抵水岸),又于"圩外一、二丈许,列栅作埂……谓之

---

　　① [明]姚瀷文.浙西水利全书:卷三 何布政宜水利策略[Z].清刻本.

　　② [宋]沈括.长兴集:卷二一 万春圩图记[M].影印文渊阁四库全书本.台北:商务印书馆,1986:1117,297.

　　③ [清]徐松.宋会要辑稿:食货八[M].北京:中华书局,1957:4960.

　　④ [宋]李焘.续资治通鉴长编:卷二四五 神宗 熙宁六年[M].北京:中华书局,2004:5960.

　　⑤ 周春生.宋代浙西、江东地区水利田的开发[J].浙江学刊,1991(6):102-107.

外护"①。

六是制定禁约,这不仅有为政府官员制定的《通济堰规》等,圩民也常刻石立碑,竖于岸上,俗称"永禁碑"。禁约内容大都是针对当时存在的各种不良行为而制定的,如"永禁刍牧","严禁私开缺口"等,以防人为破坏。

至于圩民利用在圩岸上种草、植树的方法对圩岸加以保护的做法,后面尚要述及,此不赘。

总之,唐宋时期民间对于圩岸的养护积累了丰富的经验,对于保障圩区农业生产的高产稳产,发挥了重要作用。②

第三节　官圩与私圩的比较与分析

长江下游地区,政府与民间对于圩区的管理分别体现在对官圩与私圩的管理上。所谓"官圩",指由政府开发经营的圩田,如化成圩、广济圩、永丰圩、万春圩等都是官圩。官圩或作为营田、职田、学田等,招募客户耕种,分别由州县衙门、提举常平司、提举茶盐司,以及南宋时设置的总领所、安边所等机构管理。所谓"私圩",指由私人开发经营的圩田。私圩往往以主人名或村名为名,如张子盖围田、焦村圩等皆为私圩,其数量也不在少数,如当涂广济圩附近即有私圩50余所,宁国府两圩腹内包裹私圩15所,至于两浙地区,私圩则更多。私圩有两种情况,规模稍大一点的多属于地主所有,如北宋时昆山富户陈、顾、辛、晏、陶、沈等诸家,都用大批佃户筑成高大坚固的圩岸,抗御洪水;分散的小农,经济力量薄弱,不可能建大圩,他们只能联合起来筑小圩。

那么,官圩与私圩主要有哪些差异呢?

首先,从规模上看。官府掌握着足够的人力和财力,围占大量的湖泊芦荡及沿江之地,筑成一座座大型圩田——官圩。如坐落在石臼湖中的永丰圩周围84里,有田980余顷。据周应合的《景定建康志》卷四○数条统

---

① ［明］张国维.吴中水利全书:卷一八　志[M].杭州:浙江古籍出版社,2014:880.
② 黎沛虹,李可可.长江治水[M].武汉:湖北教育出版社,2004:176-177

计,江宁府上元(今南京)、江宁、溧阳、溧水四县圩田共达 828000 余亩。另据《宋会要辑稿》记载,宣州(今安徽宣城)境内化城、惠民两官圩,周围 80 里,单是化城圩就有田 480 顷。万春圩"圩中为田千二百七十顷"(《舆地纪胜》称一千二百八十顷)。太平州(今安徽当涂)境内"圩田十居八九,皆是就近湖泺低浅去处,筑围成埂"①。州内有官圩广济圩长 93 里有余。此外还有芜湖县万春圩、陶新圩、政和圩等圩埠 3 所,圩岸"共长一百四十五里有余"②。在淮南、合肥有官圩 36 所,面积都较大。大江以北的无为军也有圩田,如庐江杨柳圩圩长 50 余里,和州三历阳亦有大圩等③。浙东绍兴府内原有湖 72 处,岁久皆被人占以为田,其中最大的鉴湖,周回 358 里,被垦占为田者达千余顷,明州广德湖被垦占为田的达 575 顷。以太湖为中心的浙西圩田以私圩为主,面积较小,但也不乏大圩田。如太湖的濒湖之地,"长堤弥望,曰墙田"。昆山华亭之间的淀山湖,周回几二百里,南宋初年四周筑堤为田者已达二万亩,元时湖面已大半为田,垦地达五百顷。④ 私圩则因财力和人力的不足,规模远不及官圩大,像张子盖围田、童家圩、焦圩等私圩规模都很小,每圩较小的不过有田三五百亩。

其次,从开发技术上看。官圩的开发,其技术水平大大高于私圩。圩田的根本在于圩,宋代圩田水利技术比吴越时期有所提高。芜湖县重修的万春圩便是个典型的例子。万春圩的前身是土豪秦氏"世擅其饶"的秦家圩,太平兴国中秦家圩被大水浸废,嘉祐六年(1061 年)重修。北宋科学家沈括积极主张重修万春圩并参与工程规划,圩成所写的《万春圩图记》,既是工程的蓝图,又是工程的经验总结,它突出表现在科学规划和合理施工两个层面。从计划安排上看,整个工程分为三步走:第一步,规定 5 天时间做埂基的铲草烧荒工作,排除复修工程障碍,做好施工准备。第二步,"表堤行水",实际动工。以 40 天时间筑成圩脚阔 6 丈、高 1.2 丈、长 84 里的大圩。第三步,又以 40 天时间挖沟造田。从施工层面看,是开田为顷,每顷围以直沟,四顷围以大沟,命名为区,圩内水沟纵横,"曲直相望,皆有法度"。圩内筑长堤 22 里,贯通南北,圩顶宽可行两车,若按过两车为 1.2 丈

① 曾枣庄,刘琳.全宋文:第二百二十三册[M].上海:上海辞书出版社,2006:373.
② 曾枣庄,刘琳.全宋文:第二百九册[M].上海:上海辞书出版社,2006:363.
③ [宋]王之道.相山集:卷三〇 赠故太师王公神道碑[M].影印文渊阁四库全书本.台北:商务印书馆,1986:1132,752.
④ 元史:卷三六 文宗本纪五[M].北京:中华书局,1985:223.

宽计算,则圩的边坡比为 1∶2。这样的构造是符合技术要求的。对于防汛护堤,其措施是环堤植柳以防风,堤下密植芦苇以防浪。堤上还设有 5 道水闸,用以控制水位。① 由于万春圩设计科学,施工精良,蓄水排水都很方便,非但平年丰收无虞,即使是灾年亦能保证丰收。

沈括还曾记载嘉祐年间(1056—1063 年)在湖荡地区修筑至和塘的技术措施:

> 就水中以藌蕵、乌稡为墙,栽两行,相去三尺。去墙六丈又为一之墙,亦如此。漉水中淤泥实藌蕵中。候干则以水车汰去两墙间旧水。墙间六丈皆土,留其半以为堤脚,掘其半为渠,取土以为堤。②

这种施工方法,相当于现代的围堰技术,先用桩木、竹席之类的材料做成两扇墙,中间填泥,形成不透水的围堰,然后在围堰内用水车把水排干再进行开渠、筑堤。这种方法在太湖地区的圩田开发中流传久远。对于圩岸而言,基础十分重要,对此也予以重视,"务要十倍工夫,坚筑下脚,渐次累高,加土一层,又筑一层"。分层夯实后,要求达到"锥之不入"。③ 在濒临湖荡、易受风浪冲击的险要圩岸段,则用大石块护岸,称为"挡浪"。④ 为确保工程质量,在圩岸施工中,还讲究用土质量和取土办法,坚决不用"疏而透水""握之不成团"和片状结构的土质土料,取土方法一般是深挖塘浦与高筑坪岸相结合,或在圩内抽槽取土,就地取材。⑤ 由于在构筑圩岸时既考虑到投入的可能性,又考虑到安全性,使官圩在抵挡自然灾害方面具有优势。如北宋郏亶记载:"借令大水之年,江湖之水高出田五七尺,而堤岸尚出于塘浦之外三五尺至一丈,故虽大水不能入于民田也。"⑥ 又如北宋治平二年(1065 年),江东地区水灾严重,宣州、池州等地的不少小圩被洪水淹没,唯

---

① [宋]沈括.长兴集:卷九　万春圩图记[M].影印文渊阁四库全书本.台北:商务印书馆,1986:1117,297.

② [宋]沈括.梦溪笔谈:卷一三　权智[M].北京:中华书局,2015:137.

③ [明]徐光启.农政全书校注:卷一五　水利　筑岸法[M].北京:中华书局,2020:438.

④ [明]张国维.吴中水利全书:卷一八　堤水岸志[M].杭州:浙江古籍出版社,2014:880.

⑤ [明]张国维.吴中水利全书:卷一六　耿橘议浚白茆等河浦申[M].杭州:浙江古籍出版社,2014:784.

⑥ [明]张国维.吴中水利全书:卷一三　郏亶　上水利书[M].杭州:浙江古籍出版社,2014:497.

刚修复的万春圩屹立无恙。这说明万春圩的工程质量是很高的。而私圩因技术、财力所限,无法过多考虑圩田水利工程的质量问题,因而这些圩田的寿命往往是短暂的。如治平二年,江东地区的几个官圩在大水的肆虐之下安然无恙,而其周边的诸多私圩则被洪水冲毁淹没。

　　第三,从管理维护上看。在圩田的管理制度和管理手段方面官圩要比一般私圩进步。由于规模较大的官圩多在江东,故江东圩田的管理维护,颇受政府关注,圩田兴治的好坏,往往成为地方官吏考核升黜的一种衡量标准,官吏衔内亦往往冠以"兼主管圩田""兼提举圩田"等字样。当时一般佃户大都住在圩内高仰处,故又称作圩户。圩户是官圩和私圩雇佣的直接生产者,如合肥 36 所官圩就立有 22 庄,"以户颁屋,以丁颁田",共有 3800余户佃户被束缚在官圩内①。为了方便管理、维护圩田,江东一带的圩田内还设有圩长,领导修筑圩岸、浚治沟渠和防护圩田。每年秋后岁晏农隙之际,由圩长督集圩户逐圩检修,或增筑岸埂,或种植芦苇,或看守水闸。防护圩岸的制度一般都刻成碑文分立圩上晓示,州、县官每年秋后检查一次,成为定例。再来看看太湖流域官圩的管理情况。太湖流域的圩田管理无论是管理组织体制、管理手段,还是管理队伍都颇为健全。塘浦圩田体系以及后来的大圩、联圩,是在营田的基础上不断发展起来的。营田大多具有军事组织的管理体制,因而比较容易移入塘浦圩田及大型圩田的管理中。据唐代李翰所撰的《苏州嘉兴屯田纪绩》记载,当时嘉兴屯区内,"田有官,官有徒,野有夫,夫有伍"。而且"有诛赏之政驭其众,有考令之法颁于时",说明屯田管理组织和管理制度在营田事业的初创时即已形成。在五代吴越时期,为适应塘浦圩田的大发展,于唐天祐元年(904 年),由政府创建了一支庞大的经营管理队伍,称为"撩浅军",主要从事治水治田、维修养护等工作。撩浅军制定有规章制度,上下遵照执行。北宋曾巩曾称赞"钱镠之法最详,至今尚多传于人者"②。元代任仁发亦称:"又使名卿重臣,专董其事,豪富上户,谗言不能乱其耳,珍货不能动其心。"③(关于都水营田使、撩浅军、都水使者等圩田管理机构已在本章第一节中叙述,这里不再

---

　　① [宋]吕祖谦.东莱吕太史集:卷一〇 薛常州墓志铭[M].杭州:浙江古籍出版社,2017:142.

　　② 曾枣庄,刘琳.全宋文:第五十八册[M].上海:上海辞书出版社,2006:8.

　　③ [明]张国维.吴中水利全书:卷二二 任仁发 水利议答[M].杭州:浙江古籍出版社,2014:1024-1025.

赘述)。虽然此时期的少数私圩,亦立有庄舍供"佃户聚居"①,进行粗放式的管理,但从管理制度、管理队伍以及管理手段上看,私圩也远远不及官圩。

由于官圩规模大,加之开发技术及管理水平也都比较高,所以在抗御旱涝、夺取稳产高产方面,充分地表现了它的优越性,创造了巨大的经济效益(关于官圩所创造的经济效益,参见第四章相关章节),无怪乎从北宋到南宋,政府肯花那么多的钱粮去修治圩田了。而私圩的经济效益则要大打折扣了,这主要是因为私圩在圩址选择、工程设计诸方面都缺少科学的论证,加之资金投入的不足,因而其工程质量是难以保证的,一遇水灾,这些圩田便首当其冲,或被淹没,或被冲毁,不仅自身颗粒无收,还会严重影响其他圩的安全。这里试举几例加以说明。宁国府宣城县的童圩,由于选址不当,不仅自身屡遭水灾侵袭,还成为影响周边水利最为严重的一个圩。史载:

> 宣城管下六县,唯宣城、南陵有圩田去处,而宣圩田最多,共计一百七十九所。大率地本卑下,人力矫揉以成田亩,十年九潦,常有水患。议者多欲废决梗塞水道之圩,以全众圩,谓不当隐忍爱惜当决之圩,使众圩俱受其害,臣于乾道元年十一月到任,是圩田再遭巨浸,童圩系是破坏之数,人户称此圩委梗塞水道,臣遂出榜晓谕,且令权住一年兴筑,若来年众圩熟,不遭水患,遂可永久废罢。今已去彼隔岁,乞将童圩径行废决。②

朝廷在征求宁国府守臣的意见之后,接受了这一建议。乾道六年(1170年),又废决宁国府宣城县的焦村私圩,史载:"知宁国府姜诜言:'焦村私圩梗塞水面,致化城、惠民圩频有损坏,合将焦村圩废决。'从之。③"私人小块圩田的难以自保,甚至引起了诗人的关注。南宋诗人范成大曾有一诗咏叹其事:

---

① 曾枣庄,刘琳. 全宋文:第二百九十一册[M].上海:上海辞书出版社,2006:324.
② 曾枣庄,刘琳. 全宋文:第一百九十八册[M].上海:上海辞书出版社,2006:166.
③ 曾枣庄,刘琳. 全宋文:第二百二十四册[M].上海:上海辞书出版社,2006:221.

净行寺旁皆圩田,每为潦涨所决,民岁岁兴筑,患粮绝,功辄
不成:崩涛裂岸四三年,落日寒烟正渺然。空腹荷锄那办此,人功
未至不关天。①

可见,像童圩、焦村私圩这一类的私圩,由于其应对灾害的能力极弱,
其效益是没有保障的。不仅如此,还严重影响了其周边圩田的安全,因此
将其废决势所难免。虽然豪强地主开发经营的圩田,其规模要比小农经营
的圩田大,效益也要好些,但与官圩比较起来仍有差距。

综上可见,官圩无论在开发技术、管理维护方面,还是在经费投入、规
模与效益诸方面,都要明显优于私圩。那么,这是否就意味着政府对于圩
田的管理是尽善尽美的呢?答案是否定的。我们认为,由政府开发管理的
官圩,在其开发与经营过程中,不可避免地会把官场习气带入其中,出现官
场常见的贪腐问题,从而影响圩田的生产和发展。诸如应付差事、中饱私
囊、滥用权力、任人唯亲等问题在官圩建设及圩务管理过程中便时有发生。
据《万春圩图记》记载,政府官员在兴修万春圩附近的百丈圩时,“其工半万
春(指万春圩),因其旧器材槀委之郡邑,使者不复亲临矣。典议复非老习,
多少年喜事,易之弗为意”②。这充分说明了工程组织者在圩田修筑管理中
的草率马虎。这也就最终导致百丈圩在北宋治平元年(1064 年)江东宣州
等地的大水之后迅速破决沉沦。能够反映圩务管理中官场不良风气的例
子还能举出不少。这里再举一例。我们知道,万春圩、百丈圩是在江南转
运使张颙、判官谢景温的主持下修建的。张、谢的兴修圩田之举既有利于
生产力的发展,又符合人民的意愿和利益,他们的努力和成就是应该予以
充分肯定的。然而,在宋仁宗统治时期,像张、谢二人这样积极有为的官吏
并不多见。当时在官僚士大夫群体中,存在着种种恶习。如苏辙曾指出,
时人“好同而恶异,疾成而喜败。事苟不出于已,小有龃龉不合,则群起而
噪之”③。在这种腐朽风气的影响下,真想干一番事业的官吏不仅难以作出
成绩,就连保持自己的职位亦属不易。显然,张、谢兴修万春、百丈之举必

①　[宋]范成大. 范成大集:卷五 诗[M]. 北京:中华书局,2020:81.
②　曾枣庄,刘琳. 全宋文:第七十七册[M]. 上海:上海辞书出版社,2006:328.
③　[宋]苏辙. 苏辙集:卷二一 上皇帝书[M]. 北京:中华书局,1990:378.

定不会为当时风气所容忍。事实也正是如此:张颛和谢景温先是遇到"事苟不出于己,小有龃龉不合"则力攻之的李宽的反对;继则遭到因循苟且、反对"擅兴事"的吕海的弹劾;最后又受到"好同而恶异,疾成而喜败"的刘汝言的攻讦;二人分别受到贬谪降官的处分。在这种腐朽的风气下,官圩的管理出现种种问题,也就不足为怪了。

私圩在建设与管理过程中同样会滋生许多问题。这一时期,由于缺乏监督机制,致使政府官员与豪强富室相互勾结的现象殆为常事。势家巨室,假借权势,私植埂圻,不论湖荡有无簿籍拘管,都贿赂官府,围裹成田,据为己有。有时地方豪强富室还将霸占的圩田,假造文契,献给官僚武将,从中渔利,乾道年间萧山豪民汪彦将能溉九乡民田的湘湖为田千余亩,献与总管李显忠,即是一例[1]。这种豪强形势之家包占的圩田,常常不纳或只纳很少的租税。事实表明,民间私圩在管理上是混乱的,加之其人力财力物力的不足,因此单独由民间力量来管理圩田也是有困难的。

在总结官圩和私圩利弊得失的基础上,我们认为,圩田的管理主体应是政府为主,圩田管理的最佳模式应是政府主导,民间参与,实行官民合作。历史上圩田管理成效往往取决于政府与民间合作的程度。但历史的发展并非按照人们的意志而转变的。翻检史料我们发现,能够反映政府与民间合作管理圩田的资料并不多见,这也反映当时官民合作管理圩田的形式并不多。

针对中国传统农业经济结构和发展水平,政府在圩田管理过程中的主导作用主要体现在以下几个方面:

其一,加强立法建设,有效抑制肆无忌惮的围湖造田现象。历史也说明围湖造田是能够制止的,关键是为政者的高瞻远瞩和决心。宋孝宗时大规模的废田还湖,原因就在于宋孝宗对于围湖造田的危害已有了一定的认识,并采取了果断的措施。尽管其时间不长,但所取得的效益是相当明显的。事实表明,在防止围湖造田的发生和扩大上,政府起着决定性的作用。

---

① ［清］徐松.宋会要辑稿:食货六一［M］.北京:中华书局,1957:5900.

　　其二,加强在圩田开发与管理过程中的统筹作用。防止洪涝灾害是圩田开发与生产需要重点考虑的问题,而圩田的布局设置及工程质量关乎着圩田抵御洪涝灾害的能力,这就需要政府在圩田布局、选址等问题上作出合理布局,统一规划,加强协调,注意工程质量,以有效预防与抵御各种自然灾害。

　　其三,加强对于圩田用水问题的有效管理。圩田水利的管理构成圩区管理的重要内容。在古代农业社会中,政府在水利事业中的组织作用和管理机能至为关键。政府可通过建立相关水事预警设施、制定水事法令法规、修复水利设施、改善用水环境等措施来预防和应对水事纠纷的发生。

　　与此同时,要充分发挥与利用好民间力量,也就是要组织好民间力量参与圩区的日常管理。吸收民间力量参与圩田管理,其作用是不言而喻的,民间力量的参与,主要有以下几个方面的作用:

　　一是有利于与政府形成相互监督、相互制衡的局面,这对防止或减少圩务管理中的腐败、滥用权力现象大有裨益。二是在圩务管理过程中,民间会按照官方的管理制度与办法进行管理,提高管理效能。江东一带圩田所设立的圩长,其阶级属性是地主、富农,他们代表政府担负着圩岸修筑、沟渠浚治和养护圩田的重要职能。实践表明,圩长制的设立是行之有效的。三是受利益驱动,民间力量在圩务管理过程中,会更多地考虑市场因素和经济效益,其管理的责任意识也会更强。"年年圩长集圩丁,不要招呼自要行。万杵一鸣千畚土,大呼高唱总齐声。"[①]圩丁们之所以具有"不要招呼自要行"的自觉性,正是因为圩内的群众都把身家性命系于圩中,把个人安危和一家生计都与圩岸的安全和圩田的丰歉紧紧连在一起。

　　总之,笔者认为,在圩田管理中,一方面政府应扮演主导角色,另一方面,政府也需充分发动和利用民间力量,让其在圩田管理中发挥积极作用。

---

① [宋]杨万里.杨万里集笺校[M].北京:中华书局,2007:1644.

第四节　圩区的水事纠纷及应对

圩区人民利用圩田这种特殊土地利用方式进行生产和生活,形成了一个独特的圩区水利社会。在这个社会中,人们的水事活动十分频繁。这些水事活动既包括圩民日常农业生产中的引水灌溉、开闸泄水以及圩民对圩堤、堰闸等水利设施的修护,又包括圩区人民对水利田的开发与利用。然而在各种复杂社会矛盾的综合作用下,在圩田开发利用的过程中,不可避免地会产生一些不和谐的因素,导致水事纠纷的产生。所谓水事纠纷即指在水事活动中不同利益主体之间的矛盾、争执以及暴力冲突事件,这是圩区的主要社会矛盾之一。

一、水事纠纷的主要类型

根据纠纷中的不同行为主体,可将宋代长江下游圩田开发中的水事纠纷划分为地主与农民之间、官府与民间以及圩际之间等类型。

一是农民与地主之间的水事纠纷。

入宋以来,各地豪绅纷纷霸占湖陂,以致"昔者之曰江曰湖曰草荡者,今皆田也"[1]。豪绅无休止抢占湖陂,加深了其与农民之间的矛盾。据载,明州广德湖(位于今宁波市)被围,致使"元(原)佃人户,词讼终无止息","争占斗讼,愈见生事"[2]。莆田县(今福建莆田市)五所陂塘被废之后,"旧日仰塘水灌注之地尽皆焦旱。百姓争讼,州县一向抑迫"[3]。木兰陂(位于今福建莆田市)周围本是"民田万顷,岁饮其泽"。可是自"酾水之道多为巨室占塞"之后,自然灾害频发,争水事件不断发生,"乡民至有争水而死者"[4]。湖州淀山湖(位于今上海青浦县)本是"广袤四十里,泽被三郡,沿湖民田百年无水旱之患"。可是"数十年来,湖之围为田者皆出豪右之家,旱则独据上流,沿湖之田无所灌溉;水则惟知通放湖田,以民田为壑"。周围

---

①　曾枣庄,刘琳. 全宋文:第二百九十一册[M]. 上海:上海辞书出版社,2006:325.

②　[清]徐松. 宋会要辑稿:食货七[M]. 北京:中华书局,1957:4928.

③　曾枣庄,刘琳. 全宋文:第四十六册[M]. 上海:上海辞书出版社,2006:443.

④　梁太济,包伟民. 宋史:食货志补正[M]. 北京:中华书局,2008:58.

民田则"旱无所灌溉,水无所通泄"。宋卫泾还揭露说:"某寓居江湖间,自晓事以来,每见陂湖之利为豪强所擅",而广大农人却常"被害无所赴诉",往往"不能自伸,抑郁受弊而已"①。据宋人韩元吉说:"此(永丰)圩初是百姓请佃,后以赐蔡京,又以赐韩世忠,又以赐秦桧……其管庄多武夫健卒,侵欺小民,甚者剽掠舟船。②"这反映水事纠纷不仅表现为一般百姓同大地主之间的矛盾,也有地主之间的利益争夺,而最终又体现为封建地主对"小民"的剥削。

同世俗的封建地主一样,寺院豪强也是竭力将湖泊、沼泽之地据为己有。在其争水争田过程中,同样伴随着发生了一系列的水事纠纷。当圩区湖田兴起之时,两浙寺院不甘寂寞,纷纷对湖田进行霸占。如湖州一带的淀山湖本是"泽被之郡",后被豪右之家围占。淳熙年间(1174—1189年),"开掘山门溜五十余亩",渐渐地恢复了原来的灌溉之利。可是"绍熙初,忽为中天竺寺挟巨援,指间使司吏辈并缘为奸"。甚至唆使"小人无所忌惮,……毁撤向来禁约石碑,公然围筑,稍孰何之者,辄持刃相向"③。淀山湖先是被世俗地主占有,继之又被中天竺寺围占,灌溉机能受到严重影响,而民田受到的侵害首当其冲。不仅如此,在一些水利要害之处,仍然"多有权豪、僧寺、田庄、彊霸、富户将自己田圩得便,河港填塞,郭遏通流水路"④。这使得其他圩民的利益遭受损害。

二是官府与民间的水事纠纷。

官府与民间的水事纠纷是唐宋时期长江下游圩田开发利用过程中的主要矛盾之一。唐时的淮南道东部,亦即现在江苏省的江淮之间,那里的农田水利事业十分发达。不过当地有运河通过,交通水利有时就和圩田水利发生了矛盾。运河是关系到当时南北交通的动脉,是隋唐政府全力经营的水道。所以在矛盾和纠纷发生时,人们往往是注意了交通而使圩田受到影响。以扬州附近而论,原来陂塘比比皆是。唐时为了增加运河中的水量,就疏凿了太子港、陈登塘凡34陂,引水益漕。贞元时(785—804年)杜亚兴修勾城湖、爱敬陂,其目的也在此。由于运河水多,才能够通行较大的

① 曾枣庄,刘琳.全宋文:第二百九十一册[M].上海:上海辞书出版社,2006:414.
② [元]马端临.文献通考:卷六田赋考六[M].北京:中华书局,2011:148.
③ 曾枣庄,刘琳.全宋文:第二百九十一册[M].上海:上海辞书出版社,2006:415.
④ 李修生.全元文:卷一一二四 水利书[M].南京:凤凰出版社,1998:309.

船舶[1]。虽然杜亚兴修爱敬陂后,曾经吹嘘说:"夹堤之田,化硗薄为膏腴者,不知几千万亩"[2],显然是溢美之词。因为真正能够灌溉几千万亩的圩田,必会引起社会的普遍关注,然而当时的反应却极为平淡。如果是用水灌田,则运河中通行大舟,又将成为困难,也必然会引起水事纠纷。当然这种引水益运之事,不仅限于扬州一地。浙西润州的丹扬湖,也有过禁止灌溉的事情[3],只是不如扬州那么严重罢了。在宋代,两浙江东诸路是农业生产最发达的地区,商品经济也相应得到发展,货物流通成为必要。江浙地区纵横交错的水道网络,为发展水上交通提供了条件。然而,官府为了交通便利,要求水道畅通,农民为了蓄水溉田,则需要设置拦水的堰闸。于是官府与民间便产生了水事方面的矛盾。

北宋政府注重漕运,为了航道畅通,往往随意毁坏圩区的一些重要堰闸和堤防,而这些堰闸则是农民蓄水溉田的必要设施,因而纠纷迭起。史书载:

> 自唐至钱氏时,有堤防堰闸之制……暨纳土之后,至于今日,其患始剧。盖縣端拱中转运使乔维岳不究堤岸、堰闸之制,与夫沟洫、畎浍之利,姑务便于转漕舟楫,一切毁之。[4]

可见,为漕运之需,官府对于圩区堰闸、堤防的破坏是相当严重的。这方面的例子还能举出不少。宋人指出,"由宜兴而西,溧阳县之上",本有五堰以蓄上游来水,可是"后之商人由宣、歙贩运簰木东入二浙,以五堰艰阻,因相为之谋,罔给官中(长)以废(去)五堰"。另外,"昔熙宁中,有提举沈披者,辄去五卸堰走运河之水,北下江中,遂害江阴之民田"[5]。更有甚者,一些堰闸甚至长期处于破坏状态。如"天禧中故相王钦若知杭州,始坏此堰(杭州清河堰),以快目下舟楫往来,今七十余年矣"[6]。在这些过程中,一些官吏常因利益驱动,成为水利的蠹害。如余杭西函,"叠石起埭,均

① 新唐书:卷五三　食货志[M].北京:中华书局,1370.

② [清]杜文澜.古谣谚:卷七五　扬州民为杜公诵[M].北京:中华书局,1958:839.

③ 新唐书:卷五三　食货志[M].北京:中华书局,1370.

④ [明]张国维.吴中水利全书:卷一三　郏侨　再上水利书[M].杭州:浙江古籍出版社,2014:509.

⑤ [宋]苏轼.苏轼文集:卷三二　进单锷吴中水利书状[M].北京:中华书局,1986:920.

⑥ [宋]苏轼.苏轼文集:卷三〇　申三省起请开湖六条状[M].北京:中华书局,1986:867.

节盈缩","在余杭为千余顷之利,及旁郡者又倍蓰焉",可是由于"塘长贪赂,窃启以过舟,水因大至,官吏又遽塞之",结果是"恃函之田,十岁九潦,殆成沮洳"①。

三是圩际之间的水事纠纷。

在宋代,圩与圩之间、一个地区和另一个地区之间也常因为水事活动而导致矛盾纠纷。

江东沿海平原地势低洼,发源于南部山地的河流溪水往往汇集到此宣泄入江。如圩田的位置不合理,就会成为水流下泄的障碍,导致圩间的水利矛盾。建康的永丰圩,于北宋政和年间(1111—1117 年)围湖成田。这不但使湖面缩小,而且堵塞了南来河流入江的通道。史载,永丰圩"成田今五十余载,横截水势,每遇泛涨,冲决民圩,为害非细"。永丰圩四周原有民田千顷,自其开修后,周围"可耕者止四百顷"②。宋人韩元吉也指出,虽然永丰圩自身"六十里如城",坚固牢靠,足以抗住风涛,但却使得周围的民圩时常受到水患的侵扰③。像永丰圩这样横截水势,致使周围农田受损的现象在其他圩区也时有发生。如宁国府焦村圩"梗塞水面,致化成、惠民圩频有损坏"④。宣城童家湖被围占成童圩之后,"向上诸圩,悉遭巨浸"⑤。广德湖成圩却使得"西七乡之田,无岁不旱,异时膏腴,今为下地"⑥。

吴越时期,由于高田地区和低田地区能够协调管理,无论水旱都能获得丰收。入宋以来,却变成低田圩民唯恐高田不旱,高田区圩民唯恐低田不淹的反常状况。郏亶曾直接指出这种病态现象:

> 唯大旱之岁,常、润、杭、秀之田及苏州垾阜之地,并皆枯旱,其堤岸方始露见,而苏州水田幸一熟耳。……唯大水之岁,湖、秀二州与苏州之低田,淊没净尽,则垾阜之田幸一熟耳。⑦

---

① 曾枣庄,刘琳.全宋文:第一百九十册[M].上海:上海辞书出版社,2006:229.

② [元]马端临.文献通考:卷六 田赋考六[M].北京:中华书局,2011:147-148.

③ [宋]韩元吉.南涧甲乙稿:卷二 永丰行[M].影印文渊阁四库全书本.台北:商务印书馆,1986:1165,24.

④ 曾枣庄,刘琳.全宋文:第二百二十四册[M].上海:上海辞书出版社,2006:221.

⑤ 曾枣庄,刘琳.全宋文:第二百六册[M].上海:上海辞书出版社,2006:250.

⑥ [明]徐光启.农政全书校注:卷一六 水利 浙江水利[M].北京:中华书局,2020:456.

⑦ [明]张国维.吴中水利全书:卷一三 郏侨 上水利书[M].杭州:浙江古籍出版社,2014:499-500.

不同地区间往往又筑长堤横截江口,使上下游圩民受到影响。如自庆历二年(1042年)以来,吴江筑长堤,横截江流,致使"震泽之水常溢而不泄,以至壅灌三州之田"①。另外,在日常水事活动中,圩民常常因修护水利设施而发生"劳费不均,多起关讼,勤力懦善之家,常受其弊"②的现象。

二、水事纠纷的形成原因

概而言之,唐宋时期长江下游圩区水事纠纷产生的原因,有以下数端:

其一,豪强地主兼并土地,霸占水利设施,致使圩民剥削加重。清人顾炎武说:"汉武帝时,董仲舒言:'或耕豪民之田,见税什五';唐德宗时陆贽言:'夫土地,王者之所有,耕稼农夫之所为,而兼并之徒,居然受利'。……然犹谓之'豪民',谓之'兼并之徒'。宋已下则公然号为'田主'矣"③。在唐代租佃契约中,虽然也有"田主"这个名称,地主一词在唐以前的文献中亦早就存在,但以前带有贬义的"兼并之徒""豪民"的称呼在宋代已不再使用,而公然称作"田主",宋代土地兼并现象之严重由此可见一斑。由于地主占地广阔,在地主和佃客之间又多了一种"二地主"。据载:"胥浦乡四保。菜字围田八亩,何四八佃,小四种";又"白砂乡十三保。律字围田四十二亩,郑七秀才佃";"致字围田三十九亩,朱八七官人佃";"十四保。海菜字围田七十四亩,朱八七官人佃";"淡字围田四十六亩,卫九县尉佃";"长久乡十六保:鳞字围田三十三亩,朱益能秀才佃"④。这些称作"秀才""官人""县尉"的佃人都不是耕种田地的真正佃户,而是加在地主与圩民之间的又一层剥削。南宋中叶以后,崇德、嘉兴等地绝大部分的田地已被"王公贵人"和"富室豪民"所占。宋人王迈指出,当时"权贵之夺民田,有至数千万亩,或绵亘数百里者"⑤。史载,至南宋后期,"豪强兼并之患,至今日而

① [宋]苏轼,苏轼文集:卷三二　录进单锷吴中水利书[M].北京:中华书局1986:917.
② 曾枣庄,刘琳.全宋文:第四十八册[M].上海:上海辞书出版社,2006:185.
③ [清]顾炎武撰[清]黄汝成集释.日知录集释:卷一〇　苏松二府田赋之重[M].北京:中华书局,2020:543.
④ [清]缪荃孙.缪荃孙全集[M].南京:凤凰出版社,2014:532.
⑤ 曾枣庄,刘琳.全宋文第三百二十四册[M].上海:上海辞书出版社,2006:349.

极","权势之家日盛,兼并之习日滋"①。由于"二地主"同地主一道"广包强占",或使"民间无从取水",或者"以民田为壑",使得地主同农民之间水事纠纷迭起。

其二,人口增长迅速,导致圩区人水关系紧张。先秦秦汉时期,长江下游地区"地广人稀",人口与可耕地之间的矛盾尚不太突出,人们采用火耕水耨的低水平生产,便足以维持"无冻饿之人,亦无千金之家"②的平均生活状态。后来本地区人地矛盾的激化与数次大规模移民浪潮不无关系。我们知道,从西晋末年至宋代,我国历史上曾经先后发生过西晋末年的永嘉之乱、唐代中期的安史之乱和唐末、宋金之际的靖康之乱这三次大的动乱。每一次动乱的结果,都形成了黄河流域向南大规模移民的浪潮。这三次大规模北人南迁的结果,一方面给长江流域带来了大量劳动力和先进的中原文化与生产技能,另一方面也直接导致了长江流域人口的骤增,致使这一地区耕地严重不足。

表3-1③为宋代东南五路户数,从中不难看出长江下游地区人口变化的基本趋势。

表 3-1　宋代东南五路户数(单位:户数)

路 年代	两　浙	福　建	江　东	江　西	总　计	资料来源
太平兴国初	305710	467815	157112	591870	1522507	《太平寰宇记》
元丰三年	1778953	1043839	1127311	1287136	5237239	《元丰九城志》
崇宁元年	1975041	1061759	1096737	1467289	5600826	《宋史· 地理志》
绍兴三十二年	2243548	1390566	966428	1891392	6491934	《宋会要辑稿· 食货》六九
嘉定十六年	2220321	1599214	1046272	2267983	7133790	《文献通考· 户籍考》

表3-1反映的东南各路户数,自北宋初至南宋后期,虽偶有减少,

---

① 宋史:卷一七三 食货上一[M].北京:中华书局,1985:4179.
② 史记:卷一二九 货殖列传[M].北京:中华书局,1982:3270.
③ 本表转引自:韩茂莉.宋代农业地理[M].太原:山西古籍出版社 1993:93.

但总的趋势是不断增加的。而这种人口增长的趋势与宋代围水造田的过速发展是一致的。苏轼曾说:"臣闻天下之民,常偏聚而不均。吴、蜀有可耕之人而无其地。"①苏辙也有过同样的评论:"吴、越、巴蜀之间,拳肩侧足,以争寻常尺寸之地。"②这种"尺寸之争"在圩区常表现为与水争田或围湖造田。这不可避免地会引发圩区民众为争夺水利资源而产生的水事纠纷。

其三,从圩区结构上看,圩区往往圩圩相邻并且圩中有圩。在发生水涝或干旱时,这些不同的圩就会由于排水或引水问题发生利益冲突。圩区通常地势低下,雨水较多,若不能够对圩田进行合理规划与管理便很容易发生水灾。北宋范仲淹指出,江南圩田,"旱则开闸引江水之利,潦则闭闸拒江水之害,旱潦不及,为农美利"③。说明宋以前长江下游的塘浦圩田系统较为完整,圩田带给圩民更多的是"美利",水事纠纷尚不是圩区主要的社会问题。然而入宋以来,原来负责治水治田的"都水营田使"为专事漕运的"转运使"所代替,致使圩区的水事疏于管理。其直接后果是,围堤涵闸常年失修,塘浦系统遭到严重破坏。同时,由于长江下游地区人口增长过快,圩田开垦较为充分,以致没有足够的湖区或低地来容纳泄水。在水多无法排泄之时,一些圩民便以邻为壑;而当干旱之时,相邻圩田又都要引水灌溉,在水资源有限的情况下,彼此间发生水事纠纷在所难免。

其四,圩民小农意识使然。与其他地区的生产者一样,圩区民众也具有浓烈的小农意识,他们往往只顾及眼前利益,无视对公共水利设施的维护,更不用说考虑其他圩民的利益了。在这些圩区,"或因田户行舟及安舟之便而破其圩;或因人户请射下脚而废其堤;或因决破古堤张捕鱼虾而渐至破损;或因贫富同圩而出力不齐;或因公私相吝而因循不治",以致"堤防尽坏,而低田漫然复在江水之下也"④。而对于陂塘的修筑,同样困难重重:"愚顽之民,多不听从,兴工之时,难为纠率;或矜强恃猾,抑卑凌弱;或只令幼小应数,而坐俟其利。似此之类,十居其半"。可是到"用水之际",则又

---

① [宋]苏轼.苏轼文集:卷九　御试制科策一道[M].北京:中华书局,1986:293.
② [宋]苏辙.苏辙集:卷一〇　进策五道　民政下[M].北京:中华书局,1990:1330.
③ [宋]范仲淹.范仲淹全集:第二册　政府奏议卷上答手诏条陈十事[M].北京:中华书局,2020:470.
④ [明]张国维.吴中水利全书:卷一三　郑覃　上水利书[M].杭州:浙江古籍出版社,2014:499.

"争来引注"。这也直接导致水事纠纷的发生。①

其五,水利资源使用权、管理权不明晰。在传统社会,像湖陂、滩涂等都属于公共资源。由于这些资源没有明确的利益主体,因而常常成为民众追逐的对象。如果政府对这些公共资源的无序占有无法加以控制,则必然生发诸多的水事纠纷。在宋代,地方政府不仅对于圩区民众抢占湖陂、与水争地的现象不能采取有效的措施加以控制,而且一些豪强形势之家及寺观等还常与地方官吏并缘为奸,竞相侵占,甚或"毁撤向来禁约石碑,公然围筑",对于阻拦者,"辄持刃相向"②。由此不难看出,当时由于水资源的公共物品特性以及由此而来的产权不明晰,也必然加剧各类水事纷争的发生。

三、水事纠纷下政府的应对措施

如前文所述,由于水事纷争,常导致"词讼终无止息"③,甚或还有"乡民至有争水而死者"④。豪强霸占水利田常导致"农人失业,襁负流离"⑤。如广德湖本是"菰蒲凫鱼,四时不绝,凡村落城市之民,无田以耕,无钱以商者,莫不仰食于此"⑥。鉴湖(位于今浙江绍兴市)本也是"鱼鳖虾蟹之类,不可胜食,茭荷菱茨之实,不可胜用"⑦。可是这些湖陂被争占为田之后,"民力重困""失业无算""多致流徙",由此引起的纷争和词讼司空见惯,导致社会动荡不安。与此同时,地主广占湖陂还直接导致广大圩民农业生产的减收。当时有识之士对镜湖被围也曾指出:"夫湖田之上供,岁不过五万余石。两县岁一水旱,其所损、所放赈济劝分,殆不啻十余万石,其得失多寡,盖已相悬绝矣"⑧。另外,水事纠纷进而会导致生态环境的恶化。地方政府在圩田管理方面往往是各自为政,各地区的圩田不能形成一个完整的系统,缺乏相互间的协作。特别是豪强贵势甚至是政府官员也纷纷强占圩

---

① 曾枣庄,刘琳.全宋文:第四十八册[M].上海:上海辞书出版社,2006:185.
② 曾枣庄,刘琳.全宋文:第二百九十一册[M].上海:上海辞书出版社,2006:415.
③ [清]徐松.宋会要辑稿:食货七[M].北京:中华书局,1957:4928.
④ 梁太济,包伟民.宋史食货志补正[M].北京:中华书局 2008:58.
⑤ 曾枣庄,刘琳.全宋文:第二百九十一册[M].上海:上海辞书出版社,2006:324.
⑥ 曾枣庄,刘琳.全宋文:第一百册[M].上海:上海辞书出版社,2006:81.
⑦ 曾枣庄,刘琳.全宋文:第二百九十六册[M].上海:上海辞书出版社,2006:131.
⑧ 曾枣庄,刘琳.全宋文:第二百九十六册[M].上海:上海辞书出版社,2006:130.

埠,对圩区水利系统及小农生产的破坏尤甚。对此,宋元之际著名的历史学家马端临曾愤慨地指出,声名狼藉的权臣蔡京和秦桧都曾先后在江东一带强占圩田:

> 圩田、湖田,多起于政和以来,其在浙(间)者,隶应奉局,其在江东者,蔡京、秦桧相继得之,大概今之田,昔之湖,徒知湖中之水可涸以垦田,而不知湖外之田将胥而为水也。主其事者,皆近幸权臣,是以委邻为壑,利己困民,皆不复问。①

这些权臣恣意兼并土地,以邻为壑,无疑加剧了圩田管理方面的混乱。因此,如何有效预防和控制圩区水事纠纷的发生和发展,一直是摆在宋政府面前的重要问题。有宋一代,虽然政府控制不力是圩区水事纠纷频发的重要因素,但宋朝统治者仍作出一些努力来缓和矛盾,以维护统治阶级的利益。概而言之,宋政府面对圩区的水事纠纷所采取的对策,主要表现为以下四个方面。

第一,构建圩区基层组织。宋时圩区已有圩的建制,并设有圩长专门管理圩区。北宋郏亶曾指出:"方是时也,田各成圩,圩必有长,……古者人户各有田舍在田圩之中。"杨万里也有"年年圩长集圩丁,不要招呼自要行"的描述。这表明北宋时期圩区已存在圩的建制,每个圩都有民居,并设有专门的圩区管理人员。另外,据记载,绍兴二十八年(1158 年),嘉兴府有人将二百多亩农田舍入了淀山(位于淀山湖湖心)的普光王寺,这片农田坐落于华亭县休竹乡 43 都,分属系圩字 33 号至 55 号②。这说明南宋初年,已存在乡—都—圩的建制。湖陂堰塘是圩区重要的水利设施,因此也常有专人管理。如通济堰就有明确的选举堰首的规定:"集上、中、下三源田户,保举下源十五工以上,有材力公当者充,二年一替。"此外一些地区还设有为数不等的甲头等职③,用以加强对圩区水事的日常管理。这种圩区水利组织的构建,对于预防及解决水事纠纷发挥了一定的作用。

第二,修护水利设施,改善用水环境。水事纠纷既因争水、排涝而

① [宋]马端临.文献通考:卷六田赋考六[M].北京:中华书局,2011:149.

② [清]王昶.金石萃编:卷一四九 淀山普光王寺舍田碑[Z].清嘉庆十年刻同治钱宝传等补修本。

③ [宋]范成大.范成大集:卷五一 杂著[M].北京:中华书局,2020:886.

起,故而加强对水利设施的建设与修护便成为避免和减少水事纠纷必然的物质基础。宋政府对于水利设施建设颇为重视。乾道九年(1173 年),诏令:

> 诸路州县将所隶公私陂塘川泽之数,开具申报本路常平司籍定,专一督责县丞以有田民户等第高下,分布工力,结甲置籍,于农隙日浚治疏导,务要广行潴蓄水利,可以公共灌溉田亩。①

在政府的倡导之下,各地掀起了水利设施建设的热潮,并取得明显成效。根据记载,淳熙元年(1174 年),提举江南东路常平茶鉴公事潘旬言:"被旨,诣所部州县措置修筑浚治陂塘……共修治陂塘沟堰凡二万二千四百五十一所,可灌溉田四万四千二百四十二顷有奇;用过夫力一百三十三万八千一百五十余工"②。是年浙西地区也修治湖陂沟堰达二千一百余所③。水利设施的兴修,增强了圩区灌溉与排涝能力,从而使水事纠纷大为减少。

在兴修水利设施的过程中圩址勘察也受到重视。乾道九年,度支员外郎朱儋曾指出:"江东圩田为利甚大,其所虑者水患而已"。而人们只知"增筑埂岸,以固堤防为急,而不知废决隘塞以缓奔冲之势"④。说明圩址的选择在当时已经引起人们的关注。淳熙十年(1183 年),建康上元县境内有废弃荒圩可利用,在人们正式修圩之前,官员们首先查勘地形水道,尽量减少和避免圩际间的水事纠纷,最后得出:"上元县荒圩并寨地五百余顷,不碍民间泄水,可以修筑开耕"⑤的结论。

第三,建立相关水事预警设施。为了掌握圩田内涝情况,宋徽宗宣和二年(1120 年),浙西地区设立了圩田水则石碑,对高低田水利进行调节。《太湖备考》载有正德年间(1506—1521 年)留存在吴江县垂虹亭北两块水则石碑碑式(见图 3-1)。碑文显示,凡各陂湖河渠近处,"立

---

① 曾枣庄,刘琳. 全宋文:第二百三十五册[M]. 上海:上海辞书出版社,2006:197.

② 曾枣庄,刘琳. 全宋文:第二百五十八册[M]. 上海:上海辞书出版社,2006:142.

③ 曾枣庄,刘琳. 全宋文:第二百三十五册[M]. 上海:上海辞书出版社,2006:269.

④ 曾枣庄,刘琳. 全宋文:第二百四十二册[M]. 上海:上海辞书出版社,2006:423.

⑤ [清]毕沅. 续资治通鉴:卷一四八 宋孝宗淳熙十年六月[M]. 北京:中华书局 1957:3968.

者甚多"，"以验水灾"①。如某横道水则石碑："碑长七尺余，横为七道，道为一则，以下一则为平水之衡。"通过观察碑上水位的位置便可知高低田水利状况：

> 水在一则，高低田俱无恙；过二则极低田淹过；三则稍低田淹过；四则下中田淹过；五则中中田淹过；六则稍高田淹过；七则极高田淹过。如某年水到某则为灾，即于本则刻之，曰某年水至此。每年各乡报到灾伤，官司虽未及远踏勘，而某等之田被灾已预知于日报水则之中矣。②

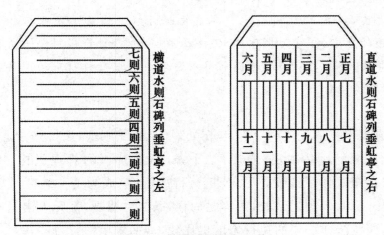

图 3-1　横道、直道水则石碑

（采自：[清]金友理.太湖备考[M].江苏古籍出版社,1998：120-121.）

又有直道水则石碑，对于其大小及水位标示情况，《太湖备考》记道：

> 碑长七尺有奇，分为上下二横，每横六直，每直当一月，其上横六直刻正月至六月，下横六直，刻七月至十二月，月三旬，故每月下又为三直，直当一旬，四季三十六旬，凡三十六直，其司之者每旬以水之涨落到某则，报于官。其有过则为灾者刻之。③

---

① [清]金友理.太湖备考：卷三水治[M].南京：江苏古籍出版社,122.

②③ [清]金友理.太湖备考：卷三水治[M].南京：江苏古籍出版社,119.

水则石碑的设置,对于合理配置水资源、避免水事纠纷的发生发挥了较好的预警作用。

第四,制定水事法令法规。宋政府十分重视水事法律法规建设,宋代基本法典《宋刑统》对水利管理作了若干的规定。如规定:"诸不修堤防,及修而失时者,主司杖七十。毁坏人家,漂失财务者,坐赃论,减五等";"诸盗决堤防者,杖一百"。另有"其故决堤防者,徒三年"等规定①。而王安石变法期间颁布的《农田水利法》,则是一个全国性的水利法规。它在倡导兴修水利的同时,还注意防范水事纠纷。如规定:

> 应逐县计度管下合开沟洫工料,及兴修陂塘、圩埠、堤堰、斗门之类,事关众户,却有人户不依元限开修及出备名下人工物料有违约束者,并官为催理外,仍许量事理大小,科罚钱斛……所科罚等第,令管勾官与逐路提刑司以逐处众户见行科罚条约同共参酌,奏请施行。②

范成大于乾道五年(1169年)在处州(今浙江丽水)主持修治通济堰,自撰《通济堰记》,并制定《堰规》二十条,对通济堰的管理机构、用水制度、经费负担等作了细致详尽、公正可行的规定,成为这一地区水事管理的重要法规,其规则之系统,内容之周详,条文之明晰,都无人出其右。史料显示,这些法律法规的执行力度也比较大,如宋单锷曾言:"昔熙宁中有提举沈披……遂害江阴之民田","为百姓所怂,即罢提举"。又如为避免人们在大旱之时因争水而发生纠纷,"许申县那官监揭,如田户辄敢聚众持杖恃强,占夺水利,仰概头申堰首或直申官,追犯人究治断罪,号令罚钱二十贯,入堰公用。如概头容纵,不即申举,一例坐罪"③。水事法律法规的制定与执行,规范了人们的用水行为,同时也为解决水事纠纷提供了一定的法律依据。

宋政府针对长江下游圩区水事纠纷所实施的上述对策,特别是通过建立预警设施和制定水事法律法规等措施以预防和解决水事纠纷的做法,对

---

① [宋]窦仪等.宋刑统:卷二七 杂律 不修堤防[M].北京:中华书局,1984:432.
② 刘成国.王安石年谱长编[M].北京:中华书局,2018:957.
③ [宋]范成大.范成大佚著辑存[M].北京:中华书局,1983:177.

于缓和与解决圩区的水事纠纷、保证农业生产的正常进行、维护圩区的社会稳定等都起到了一定的积极作用。

长江下游圩区是一个庞大而严密的系统。在这个系统中，政府一方面在政策上给予支持、组织上给予保证，并制定了相关的水利法律法规，另一方面则采取多种手段对圩田系统进行管理。总的看来，随着时间的推移，政府对圩田的管理，无论是在手段上还是在制度建设方面，力度都越来越大，成效也越来越明显。这里以大公圩为例加以讨论。在大公圩，有一支专门的队伍管理农田水利及其他日常圩务，管理人员包括岸总、圩董、甲长、锣夫、工书、圩差等。岸总在明代时称为总料或总圩长，"言总理各圩长也"。岸总对圩田水利建设起着重要作用。如道光十一年（1831 年），东南岸、西北岸、东北岸及西南岸 4 位岸总，带头出资建造了大公圩中心埂，堤埂溃决后，他们又修筑了十里长堤，并对工程周围"加高培厚"，使其在抵御风浪等方面发挥了重要作用。岸总有时还积极敦促圩区绅士参与圩区水利修建事宜。如咸丰二年（1853 年）姚体仁等 12 位岸总，敦请郡绅王文炳、朱汝桂、杜开坊、唐金波、张国杰 5 人，奉方伯李中丞之命，建造孟公碑月堤，并修搪浪埂等。这 12 位岸总还推举西南岸岸总朱位中负责整个工程的运作。在农田水利修建过程中，岸总们往往"亲肩斯役"，堪称"全圩领袖"。① 一圩之中，设有圩董。"官圩向分四隅为四岸，岸有六七八圩不等。大者田以万计，小亦不下数千亩。岸总不暇兼顾，推圩中殷实老成者董之。"即如时人所云："圩董圩甲选有中人之产，年精且壮者为之。亦免本身徭役"②。每个小圩之下各分若干个甲，每甲遴选一人为甲长。《当邑官圩修防汇述》③四编卷三载："圩各四五甲及七八九十甲不等。甲各举一人为之长……其承行者不过催夫集费耳。为岸总者择该圩内力堪任事之人，呈之府县。"看来甲长的职责主要是安排圩民出工，收缴圩费。同上

---

①② ［清］朱万滋. 当邑官圩修防汇述：四编卷三 选能［Z］. 清光绪二十五年刊本.

③ 刊刻于清光绪二十五年（1899 年）的《当邑官圩修防汇述》为当涂人朱万滋所著。朱氏家境殷富，自幼聪颖好学，为清朝秀才。鉴于当涂自南宋以迄元明，一直没有一部全面记述大公圩圩务的志书，而已有的一些零星记述，又往往附于其他史志杂说，不利于治圩务者"事前事、考成规"，总结治圩经验。朱氏于是着手汇集所能见到的历代圩务史料，远征史帙，近据志乘，"稽其疆里，综其田赋，评其人物、土宜，溯兴废之由，验得失之故"（序言），上自汉唐，下迄光绪年间，理其散漫，荟萃成《汇述》一书。该书分为 6 编 22 卷，详细记载了大公圩的建圩历程、内外部地理环境、耕作制度、管理方式以及生态环境变迁等情况，是研究大公圩弥足珍贵的资料。

书四编卷三云:"集夫、鸣锣、申警必佥一人为之。名曰夫头,又曰小甲"。意即圩中每遇险情须召集圩民施救时,要鸣锣、示警,此事由锣夫一职担任,锣夫又称夫头或小甲。另外,"官圩向有圩差四名",主要负责"传信票、递牌卯等事",并且采取"父殁子承,兄终弟及"的方式填补缺额。① 可见,大公圩拥有一个较为完备的组织管理系统。这个管理系统有如下几个特点:

一是组织机构严密。如道光、咸直年间,从圩区最高管理者岸总到基层管理人员圩差,其间分设有多个管理职位,每个职位都有明确的工作职责。"圩例向设岸总、圩董、甲长诸名色,无异铨曹之阶级,军伍之布勒焉。岸总总一岸之成,圩董董一圩之事,甲长长一甲之夫"。② 这样,圩务管理职责明确,避免相互推诿。

二是在圩吏的选拔和任用上要求"廉""能"兼备。在"廉"与"能"孰轻孰重问题上,时人认为"廉为本,能次之",也就是说选官应先考虑其"廉",然后再考虑其"能",这是因为"能而不廉,累民也"③。本着这一选拔原则,顺治十五年(1658 年),大公圩所选举产生的四岸诸圩圩首 29 人,均为廉、能兼备之人,从而保证了圩田管理的有效性。

三是建立了对圩吏的监督机制。对于实行监督的重要性,《当邑官圩修防汇述》的作者指出:

> 窃议圩务需人办理,而签举、察访尤不可不慎重也……苟非其人,圩民累,圩务坏矣。惟乡里为之选举而报以名,官长为之察访而喻以事。肩斯役者毋推诿、毋欺凌、毋执成。④

那么,如何进行监督、察访呢?其做法有四:一是要求圩与圩之间互相监督:"一圩不如式,许邻圩以告发之;一岸不如式,许三岸以告发之"。⑤ 二是对于那些"催趱不力""卖夫卖卯""误公行私"⑥以及对于不法行为"扶匿不报,共相袒护"⑦的圩吏,一经查出立即予以革职。三是针对大公圩实施轮修之法的实际情况,官府委派官员驻扎圩区要地,对修防堤工直接进行

---

① ② ④ ⑥〔清〕朱万滋.当邑官圩修防汇述:四编卷三 选能[Z].清光绪二十五年刊本.

③〔清〕朱万滋.当邑官圩修防汇述:三编卷五 董首[Z].清光绪二十五年刊本.

⑤ ⑦〔清〕朱万滋.当邑官圩修防汇述:三编卷一 修筑[Z].清光绪二十五年刊本.

监督。这样做的好处是"呼应较灵,一切工需均有着落,并可以随时指授方略,即有呈控圩务事件亦可以随时受理"①。四是对修防中的倡捐、挪借、亩费、津贴、借款、承领等诸项经费实行严格管理,一律要求记账、造册、呈报并张榜明示,以预防滋生腐败。②

通过《当邑官圩修防汇述》所记我们可以看到,大公圩建有一套相对健全的水利管理机构,而且在圩吏选拔任用上也形成了一些富有特色的办法,特别是在大公圩的监督方面发挥了明显的效用,有效保障了圩区管理的正常有序运转,加之大公圩有着优越的自然条件,从而使其产生了显著的经济效益,成为当地粮食生产的重要基地。《授时通考》说:"江南水田虽纯艺稻,然功多作苦,农夫终岁胼胝泥淖之中,收入反薄。亩多二、三石,次一、二石。"③康熙时人陆世仪在《思辨录辑要》中也说:"今江南种田法……一亩该得三石六斗之数……江南湖荡间膏腴处,地辟工修者,大约如此。其余常田,大约三铺为束者,得一石五、六,二铺为束者,得二石五、六。"④可见江南地区"常田"的产量平均每亩在二石上下,这样的亩产量在当时是比较高的,它是根据当时农业生产的实际情况计算出来的,也是比较可信的。大公圩的亩产量虽然没有具体记载,但从《当邑官圩修防汇述》所记"田居阖邑之半,赋即半于阖邑"⑤及《授时通考》《思辨录辑要》等文献记载来看,大公圩的亩产量应该是比较高的。

尽管从总体上看,当涂大公圩所构建的管理制度取得了较为明显的效益,但这一制度是有局限性的,随着时间的推移,便逐渐暴露出问题,出现了一些负面效应,主要表现在两个方面:

一是轮修制存在弊端。当初大公圩实行轮修制主要是为了防止在圩堤修复等方面各圩段相互推诿、消极怠工等弊端。实践证明,这一制度在起初还是发挥了一些积极作用的。可是后来轮修不力的问题逐渐显现。对此,《当邑官圩修防汇述》四编卷三云:"轮修之法,一岁一更,堤防倒溃事无责成始也。狃而玩之,终且幸而免焉。此圩董甲长所为轻于撒手也"。可见轮修制出现了问题。由于频繁更换圩夫,导致难以判断堤防防修不作

---

①② [清]朱万滋.当邑官圩修防汇述:四编卷三 选能[Z].清光绪二十五年刊本.

③ [清]杨巩.农学合编:卷一 稻[M].北京:中华书局,1956:6.

④ [清]陆世仪,等.思辨录辑要[M].上海:商务印书馆,1936:111.

⑤ [清]朱万滋.当邑官圩修防汇述:初编 卷三[Z].清光绪二十五年刊本.

为之人,以致不少圩夫终日"狎而玩之",且往往侥幸不被追究。这样一种状况,非但使圩田防修效率不高,而且问题频频发生。特别是到了道光、咸丰年间,轮修制的弊端更为严重。《当邑官圩修防汇述》记载:

> 道咸之世,屡溃屡修。似举起大略而忘其远虑。其历届岁修,浮堆松土,风雨剥蚀,年复一年,每下愈况,皆由轮修不力耳。今以数十年垂弊之埂,大伤元气灾祲之后,责以一二人承修,程功于三两月之内,有是理乎?即该修责无可辞而无事幸免,有事潜逃,来年卸责于他人,此埂终形其凋敝……圩堤轮修之法行于波平浪静之年非不善也,一遇水劫,断有不可行者。残喘苟延责令独肩重任,诸人同处圩中,置身事外,以性命攸关之事略而勿讲。彼值修者,财力不逮,早已视为畏途,苟且塞责矣。即稍可摒挡,又将尤而效之,不肯前进。[1]

同书又云:当遇到某圩埂"渗漏坍卸,未能障水"的情况,采用轮修的制度,不仅"力难胜任",甚至出现了"或隐匿不报,或希图交卸,或回护多方,了此一年轮休之役"等现象,全然不顾"田庐恃埂而存,身命赖埂而活"[2]。这些记载告诉我们,在道、咸年间,大公圩内部从圩吏到圩夫,敷衍塞责、相互推诿、无所事事之风已十分盛行,以至其水利管理,"年复一年,每况愈下"。

二是水事纠纷不断出现。圩田作为长江下游地区一种特殊的土地利用方式,使当地成为一个独特的圩田水利社会。由于人口、资源和环境之间矛盾的综合作用,在圩田开发利用过程中,不断发生水事纠纷。大公圩作为皖江首圩,其水事纠纷自然不在少数。这里试举几例。道光二十九年(1849 年),"坝之上游巨浸,稽天宣邑顽民擅自掘闸。"故而导致水事纠纷。坝即东坝,是江苏江宁府高淳县之俗名。纠纷发生后,"苏抚傅中丞南勋申请,江督陆制军建瀛亲诣会勘"。将"仍坚筑之辑犯定狱",才使"坝如故"[3]。又如咸丰年间,一些圩民修筑圩堤时为了"省工图便",便直接在圩内乱挖

---

①② [清]朱万滋.当邑官圩修防汇述:三编卷一 修筑[Z].清光绪二十五年刊本.
③ [清]朱万滋.当邑官圩修防汇述:初编卷一 建置[Z].清光绪二十五年刊本.

土方,“遂使有编业户含冤莫诉,受累无穷”。而官绅对此并不过问。[①] 圩董首也“往往藉仗官吏虐待农佃”,而“所虐者当时无所控诉,隐忍不言”,以后却“唆使顽愚趁间报复”。《当邑官圩修防汇述》并指出:“圩固多此恶习也”[②]。下面这段记载更是反映了圩区水事纠纷的严重性:

> 圩务果有条理即事变猝起,何敢肆行蹂躏?近无规划,一遇崩塌,早知力难搘拄,不敢声传。比及他处侦知,纠集多夫乌合而来,豕突从事……偶有拂欲,遂有拆毁该处农具庄屋者。且有击碎屏门隔扇者,肆行勒索无所忌惮。该处丁男闪避,如入无人之境焉。若遇董首,或牵击椿头,或拖塞浪坎,穷凶极恶,有因此而丧其生者。[③]

纠纷居然闹出了人命案,其危害之大不言而喻。另外,圩区本有“按亩征夫”的夫役制度,“土豪劣董”却拒不执行。他们对“自己应出夫名,不令赴工修筑,只以空函嘱托圩修代收空卯,或有无耻之圩修受贿卖卯,致令众夫不平,不肯上前出力,甚且有拦夫、锹夫、夯夫、施夫等名,一切取巧之法,相沿成例”[④]。类似的纠纷尚能举出不少。大公圩所发生的这些水事纠纷类型多样,情况复杂,诉讼械斗殆为常事,从而加剧了各利益主体之间的矛盾,引起地方社会的动荡不安。同时,纠纷还导致许多水利设施遭到破坏,一些管理制度也因此而难以有效推行,加之时常遭受洪水的袭击,因此,到了清末,大公圩的修防工作已日渐衰落。需要指出的是,圩区水事纠纷的发生固然有其利益驱动的因素,但在圩务管理过程中所暴露出来的管理不善、控制不力等问题也是值得深思的[⑤]。

---

① [清]朱万滋.当邑官圩修防汇述:三编卷一 修筑[Z].清光绪二十五年刊本.

②③ [清]朱万滋.当邑官圩修防汇述:三编卷三 抢险[Z].清光绪二十五年刊本.

④ [清]朱万滋.当邑官圩修防汇述:三编卷四 夫役[Z].清光绪二十五年刊本.

⑤ 庄华峰.宋代长江下游圩田开发与水事纠纷[J].中国农史,2007(3):9.

第四章　唐宋时期圩田的经济地位

唐宋时期圩田在长江下游地区具有十分重要的经济地位,本章从圩田在各地耕地中和公益事业田产中所占比重、两熟制的推行和圩田的亩产量以及国家赋税仰给于圩田诸方面加以讨论。

第一节　圩田在各地耕地中所占比重

土地在农业社会中是最根本的生产资料,耕地面积的扩大直接关系到农业的发展。从圩田在各地区农地总面积中所占的比重来看,圩田在江、浙农村耕地中占有很高的比重。以下分别列举各地区各类农地的面积以及圩田在各地区农地总面积中所占的百分比,以期说明圩田在当地农业生产中的重要性。

一、江东部分州府圩田在总耕地中所占比重

南宋绍兴元年(1131 年)置江南东、西二路,江南东路治建康府,下辖建康府、池州、饶州、徽州、宣州(乾道二年升为宁国府)、信州、抚州、太平州、广德军、建昌军。这里以建康府的上元县、江宁县、溧阳县、溧水县和宁国府的宣城、南陵县以及太平州的芜湖县、当涂县为例来考察其圩田在总耕地中所占比重。

在建康府上元县,山田面积 415921 亩 1 角 47 步,圩田面积 203983 亩 3 角 55 步,沙田面积 112026 亩 6 分,营田面积 1889 亩 23 步,总面积

733821 亩多,圩田面积约占总面积的 27.80%。江宁县,山田面积 262113 亩 3 角 34 步,圩田面积 187324 亩 1 角 17 步,沙田面积 44310 亩 2 角 2 步,营租田地面积 9697 亩 1 角 1 步,地 1827 亩 2 角 20 步,草塌 73 亩 1 角 51 步,水漾 66 亩 1 角 40 步[①],总面积 505410 亩多,其中圩田面积约占总面积的 26.98%。溧阳县有很多圩田,又称湖田,据乾道壬辰四月周必大描述江东路建康府溧阳县景色,"弥望皆湖田"[②]。这里有田 955705 亩 1 角 12 步半,地 801474 亩 2 角 9 步半,圩田 31776 亩 2 寸 4 步,总面积 1788956 亩多,其中圩田面积约占总面积的 1.78%。句容县,田 740301 亩 23 步,地 161046 亩 3 角 5 步,沙田 1123 亩 1 角 33 步半,沙地、芦场、草塌等 3509 亩 14 步,营田 5895 亩 3 角 9 步,营地 1809 亩 30 步,总面积 913683 亩多。溧水县,圩田 291109 亩 1 角,沙田 1390 亩 3 角 59 步,营田 3478 亩 45 步,营地 162 亩 1 角 55 步,总面积 296140 亩多,其中圩田面积约占总面积的 98.30%[③]。从上述可以看出,建康府除句容一县外,上元县、江宁县、溧阳县、溧水县四县都有圩田,而以溧水县为最多,其圩田面积在全县农业耕地总面积中所占的比例也最高,达到 98%。建康府总共有圩田面积 714194 多亩,约占全府农业耕地总面积的 16.84%。

宁国府(宣州),包括宣城、宁国、南陵县、旌德、泾县和太平县六县。宣城的耕地主要有山田和圩田,其中山田 642260 亩,常平官圩田 1726 顷 42 步,圩田 585424 亩,总面积 1400284 亩多,两项圩田面积达 758024 亩。另外,宁国有田 278951 亩 3 角;南陵县有苗田 543220 亩 3 角 17 步,租田 39165 亩 1 角 59 步;泾县有田 500012 亩;旌德县,田无定额;太平县有田 215403 亩[④]。由上述可知,宁国府圩田主要集中在宣城县,共计 179 所。其面积超过其他任何一县的耕地面积,占旌德以外五县耕地总面积的 25.46%。而据乾道三年(1167 年)五月十五日周操上言:"宣城(宁国府治宣城)管下六县,唯宣城、南陵有圩田去处。"[⑤]这说明除宣城县外,南陵县也有圩田,则宣城圩田所占旌德以外五县耕地总面积的比例,当要超过

①③ [宋]周应合.景定建康志:卷四〇 田赋志序[M].影印文渊阁四库全书本台北.商务印书馆,1986:489,496.

② [宋]周必大.文忠集:卷一七一 南归录[M].影印文渊阁四库全书本.台北:商务印书馆,1986:1148,874.

④ [清]鲁铨等.嘉庆宁国府志卷一六 食货志 田赋上[Z].清嘉庆二十年刻本.

⑤ 曾枣庄,刘琳.全宋文:第一百九十八册[M].上海:上海辞书出版社,2006:166.

25.46%。

在太平州，也有很多圩田，如芜湖县的万春圩，1270 顷，圩岸之长，或数十里，或数百里[1]。当涂县的广济圩岸长 93 里，永丰圩圩岸周围长 200 余里。黄池镇的福定圩，周围 40 余里，延福等 54 圩，周回 150 余里，包围诸圩在内[2]。乾道六年(1170 年)宁国府姜诜说，宁国府、太平州"两郡惟仰圩田得以供输"[3]，成为农业税的主要来源，因而也得到皇帝的特别关注。绍熙四年(1193 年)八月十二日知太平州叶翥说："本州所管当涂、芜湖、繁昌三县，并低接江湖，圩田十居八九。"[4]上述史料表明，太平州的农业耕地绝大部分都是圩田，只是圩田的面积没有确切数字而已。

二、浙西部分州府圩田在总耕地中所占比重

南宋建炎三年(1129 年)置两浙东、西二路，西路治临安府，下辖临安府、平江府、镇江府、湖州(宝庆元年更名为安吉州)、常州、严州(咸淳元年升为建德府)、秀州(庆元元年升为嘉兴府)、江阴军。这里以平江府常熟县、嘉兴府华亭县为例来考察其圩田在总耕地中所占比重。

关于浙西围田的起源，郏亶论治田利害说：

> 古人治田，高下既皆有法，方是时也，田各成圩，圩必有长，每一年或二年率逐圩之人修筑堤防，浚治浦港，故低田之堤防常固，旱田之浦港常通也。至钱氏有国而尚有撩清指挥之名，此其遗法也。[5]

由郏亶的论述可知，五代吴越时期的圩田体制，在唐后期形成的塘浦圩田系统的基础上，进一步发展和巩固。如前文所述，浙西的围田与江东、淮南圩田实际是同一类水利田，因所在地不同，而出现不同名称。围田多

---

① [宋]沈括.长兴集：卷九 万春圩图记[M].影印文渊阁四库全书本.台北：商务印书馆,1986：296-297.

② [清]徐松.宋会要辑稿：食货八[M].北京：中华书局,1957：4936.

③ 曾枣庄,刘琳.全宋文：第二百二十四册[M].上海：上海辞书出版社,2006：221.

④ 曾枣庄,刘琳.全宋文：第二百二十三册[M].上海：上海辞书出版社,2006：373.

⑤ [明]归有光.三吴水利录：卷一 郏亶书 二篇[M].影印文渊阁四库全书本.台北：商务印书馆,1986：576,524.

分布在太湖周围,以平江府为最多。这是因为"二浙地势高下相类,湖高于田,田又高于江海。水少则汲湖水以溉田,水多则泄田水,由江而入海,惟潴泄两得其便,故无水旱之忧"[①]。关于平江府围田的开发情况,《宋史·食货上一》载,政和六年(1116 年),"平江府兴修围田二千余顷,令、佐而下以差减磨勘年"[②]。又《宋会要辑稿·水利下》乾道元年条说:"知平江府沈度言:被旨开掘长洲县习义乡清诏湖围田一千八百三十九亩,益地乡尚泽荡围田一千五百亩,……费村瀼围田一千六百六十二亩,崑山县大虞浦围田二十六亩,小虞围田一百六亩,新洋江围田一百七亩,崑(山)塘围田三十二亩,许塘(围)田二十六亩,大河塘围田一十三亩,常熟县梅里塘围田二亩,白茆浦围田二百三十一亩,自今通泄水势。"[③]可见平江府初置围田已达二十多万亩,其规模是不小的。

我们再来看看常熟县围田在当地总耕地中所占之比重。在平江府常熟县,常平田 24315 亩 2 角 34 步半,营田 37383 亩 13 步,没官田 32352 亩 3 角 34 步半,围田 54016 亩 2 角半步,养士学田 5808 亩 3 角 23 步半,荒田 6505 亩 2 角 30 步,职田 31685 亩 3 角 45 步,塘涂田 362 亩 24 步,许浦水军都统制司寨基田 97 亩 24 步,河阳坊酒库田 1 亩 1 角 40 步,积水茭荡田 3216 亩 1 角 50 步,沙田 4964 亩 15 步半,拨赐万寿寺田 95 亩 3 角 5 步[④],总面积 200805 亩多,其中围田面积占总面积 26.90%。从以上数字可以看出,可知"围田"占常熟县全部官田面积 1/4 以上。

嘉兴府华亭县围田的面积,虽然没有确实的数字,但这里的农业耕地却都是围田。据端平元年(1234 年)华亭县行经界时,"置围田局"[⑤];又杨瑾在《经界始末序》中说:"其籍自亩之围则有归围簿,自围之保则有归保簿,自保之乡则有归乡簿,自乡之县则有都头簿。田不出围,税不过乡,此事制曲防之大略也。"[⑥]由上述两则史料可知,华亭县的农地全部都是围田,其面积自然不小。

---

①　[宋]卫泾.后乐集:卷一三 论围田札子[M].影印文渊阁四库全书本.台北:商务印书馆,1986:1169,654.

②　宋史:卷一七三 食货上一[M].北京:中华书局,1985:4169.

③　[清]徐松.宋会要辑稿:食货八[M].北京:中华书局,1957:4938.

④　[宋]孙应时.重修琴川志:卷六 籍 田[M].北京:中国广播电视出版社,2014:1205-1206.

⑤　[宋]袁甫.蒙斋集:卷一四 华亭县修复经界记[M].影印文渊阁四库全书本.台北:商务印书馆,1986:1175,500.

⑥　曾枣庄,刘琳.全宋文:第三百三十三册[M].上海:上海辞书出版社,2006:103.

三、浙东部分州府圩田在总耕地中所占比重

南宋建炎三年(1129年)时,两浙东路治越州,下辖越州(绍兴元年升为绍兴府)、婺州、明州(庆元元年升为庆元府)、温州(咸淳元年升为瑞安府)、台州、处州、衢州。这里以绍兴府的会稽县、山阴县和庆元府的鄞县为例来考察其圩田在总耕地中所占比重。

两浙东路越州(绍兴府)会稽县、山阴县有很多圩田,根据王十朋《鉴湖说上》记载:"今占湖为田盖二千三百余顷,岁得租米六万余石,为官吏者徒见六万石之利于公家也,而不知九千顷之被其害也。"[①]又据魏了翁在《会稽沿途诗自注》中说:"湖田若荡地区不满二千余顷,耕湖者亦不过数千家;而二县之田九千余顷,民数万家岁有水旱之忧"。[②] 可以看出,会稽、山阴两县农业耕地共有11000多顷,其中湖田2000余顷,占农业耕地总面积的20%以上。

两浙东路明州(庆元府)的鄞县,圩田也为数不少。绍兴九年(1139年)五月二十四日周纲说:"臣尝询之老农,以谓湖未废时,七乡民田每亩收谷六、七石,今所收不及前日之半,以失湖水灌溉之利故也。计七乡之田不下二千顷,所失谷无虑五、六十万石,又不无旱干之虑"[③]。王正己在《废湖辨》中说:"湖之为田七百顷有奇,岁益谷无虑数十万斛,输于官者十二三。"[④]可以看出,鄞县农业耕地面积共1797099亩[⑤],其中湖田700多顷,约占农业耕地总面积的3.90%。

由上述可知,江东、两浙地区圩田在各地总耕地面积中占有很大的比重。我们知道,唐宋时期,江东、两浙地区特别是浙西地区的农业生产十分发达,南宋以后,浙西地区已有"苏湖熟,天下足"[⑥]或"苏常熟,天下足"[⑦]之

---

① 〔宋〕王十朋.梅溪后集:卷二七 鉴湖说上[M].影印文渊阁四库全书本.台北:商务印书馆,1986:1151,599-600.

② 〔宋〕魏了翁.鹤山先生大全文集:卷一〇[Z].四部丛刊本.

③ 曾枣庄,刘琳.全宋文:第一百五十六册[M].上海:上海辞书出版社,2006:11.

④ 曾枣庄,刘琳.全宋文:第二百一十四册[M].上海:上海辞书出版社,2006:268.

⑤ 〔宋〕罗浚.宝庆四明志:卷一三 鄞县志[Z].北京:故宫博物院,1950:5160.

⑥ 〔宋〕胡榘《艮斋先生薛常州浪语集:卷二八·策问》(故宫博物院),〔宋〕范成大《吴郡志:卷五〇·杂志》(江苏古籍出版社,1986:660),《鹤林集:卷三九》之隆兴府劝农文、四朝闻见录乙集函韩首条、耻堂存稿卷五宁国府劝农文,皆有此语.

⑦ 〔宋〕陆游.渭南文集:卷二〇 常州奔牛闸记[Z].四部丛刊本.

谚,苏州、湖州、常州都属于浙西。江东、两浙的农业生产在全国已占有如此举足轻重的地位,而在江东、两浙的耕地中,圩田又占有重要的地位。

第二节　两熟制的推行与圩田的高产稳产

有学者认为,从历史上看,太湖流域的苏州地区的耕作制度发生过三次大的变革,第一次在两宋之交,从一年一作晚稻向稻麦连作制过渡;第二次在明清之际,因双季稻的扩展而形成麦、稻、稻三作制;第三次发生在建国后[①]。其中以两宋之交的第一次变革意义最为重大。封建社会农业经济的最主要内容是粮食生产。太湖流域在宋代已实行了两熟制,这对提高耕地利用效率,增加粮食产出数量,都是至关重要的。到南宋时期,稻麦连作制和稻稻连作制在苏州地区已经逐渐普及。

先叙稻麦连作制。稻麦连作制的形成和发展是中国农业史上的重要问题,可以看出唐宋经济的发展水平。学术界一般认为长江流域(主要是江南)的稻麦复种制在唐代已经形成并推广,如李伯重先生认为,稻麦复种技术,大约在高宗武后时期,在长江流域少数最发达的地方已出现;作为一种较为普遍实行的制度,则大约形成于盛唐中唐时代,实行的地域主要是在长江三角洲、成都平原和长江沿岸地带。到晚唐以后,更加进一步扩大[②]。后来,李伯重先生在其《唐代江南农业的发展》一书中,又进一步论证了江南地区的稻麦复种问题。他认为,从经济学的观点看,需要在同一块土地上投入比实际一作制更多的人力与资本,而在唐代的江南,这一条件已基本具备。与前代相比,唐代江南户口有了大幅度的增长,这一方面使得稻麦复种所需的人力资源得到保障,另一方面也迫使人们推行复种制、提高产量,以解决不断增长的人口吃饭问题。从农学和农艺学的观点来看,稻麦复种制必须拥有的生产工具、农田水利、栽培技术、肥料供应等条件此时也已具备。

我们认为,李伯重先生关于唐宋江南已具备稻麦复种条件的说法是能

---

① 黄粟嘉. 从苏州地区历史的沿革看耕作制度的改革[J]. 农业考古,1986(1):38-40.
② 李伯重. 我国稻麦复种制产生于唐代长江流域考[J]. 农业考古,1982(2):65-72.

够成立的。因为随着北方人口南迁、南方的面食需求量不断增大,唐代小麦的种植已经较为普遍。关键是在生产季节,即越冬小麦生产和晚稻生产的衔接上有无问题,如能衔接,人们自然会去复种。诗人白居易曾作《答刘禹锡白太守行》诗:"去年到郡时,麦穗黄离离。今年去郡日,稻花白霏霏。"此诗是白居易于宝历元年(825 年)五月五日到苏州时所作。"麦穗黄离离",说明当时正值小麦收获季节。五代后唐天成四年(929 年)五月五日户部关于夏秋税征纳期限的报告也称:"四十七处节候常早,大小麦、麸麦、豌豆,五月十五日起征,八月一日纳足。"①则苏州地区小麦收割季节和这里所记的"节候常早"地区差不多,时间都在农历五月上中旬。这样,在农历六月种稻当无问题。根据何炳棣先生研究,中国古代水稻一般是单季稻,生长期一般为一百五十天。② 古代中国在占城稻传入之前已有早熟稻的记载,一般比单季稻要早熟一个月,即生长期为一百二十天左右。假设苏州地区农历五月初五至十五日割麦,五月二十日至六月一日插秧,到九月二十日至十月一日,即有一百二十天左右,稻也可收割了;如是一般单季稻,则至十月下旬方可收割。假如是稻麦连作,在稻田种麦,江南的水田低洼,湿度较大,这就需要在晚稻收割后进行晒田,所以冬小麦的播种,可能迟至农历十一月或十二月。如此推算,江南稻田的稻麦复种从理论上看是可行的。而更为有力的证据,是唐代关于官员替代时职田收获物处理办法的变化所体现的情况。《唐会要·内外官职田》记载了大中元年(847 年)十月屯田(郎中)关于内外官职田的奏文中提出的若干开元令所没有的内容:"其元阙职田,并限六月三十日,春麦限三月三十日,宿麦限十二月三十日,以前上者入新人,以后上者入旧人。"③这里所谓六月三十日为断的田,只能是中晚稻田。而唐代江南水稻,一般在八九月成熟,成熟收获后,还须翻晒土地,这又需要一定的时间。如果是在稻田种麦,一般要到九月才行,所谓"宿麦限十二月三十日",主要是兼顾各地的节候,留一个余地而已。所以,所谓"六月三十日为断的田"和以"十二月三十日为断"的麦田,实际上是同一块田,即一块实行稻麦复种的田,也就是唐宣宗对该奏文所发出的诏书提到的"二稔职田"(即一年两熟田)。

---

① [元]马端临.文献通考:卷三　田赋考三[M].北京:中华书局,2011:74.

② 何炳棣,谢天祯.中国历史上的早熟稻[J].农业考古,1990(1).

③ [宋]王溥.唐会要:卷九二　内外官职田[M].北京:中华书局,1960:1672.

　　两宋之际,大量北方人口南迁,北方人爱吃面,南迁的北方人对小麦的需求增加,小麦价格提高,刺激了农夫种麦的积极性。另外,佃农自来租佃惯例只交水稻一茬地租,"惟是种麦不用还租,种得一石是一石"①,在水稻之外种一茬小麦就全归佃农所得了,更是提高了江南佃户种麦的积极性。所以自宋代以来,长江流域稻麦复种区逐渐扩大并相对稳定。南宋庄季裕说:

　　　　建炎之后,江、浙、湖、湘、闽、广,西北流寓之人遍满。绍兴初,麦一斛至万二千钱,农获其利,倍于种稻。而佃户输租,只有秋课。而种麦之利,独归客户。于是竞种春稼,极目不减淮北。②

　　长江下游地区是当时长江流域推广稻麦轮作制度较为成功的地区之一。据《吴郡图经续记》卷上《物产条》可知,北宋苏州一带确已实行稻麦复种制:"吴地沃而物夥,其稼则刈麦种禾,一岁再熟。稻有早晚,其品名甚繁"。从而出现了"春花(麦)熟,半年足","以小熟(麦)种大熟(稻)"的局面。

　　再叙稻稻连作制。双季稻的普遍推广是长江流域最重要的稻作农业革命之一。双季稻遇到的问题之一是种子问题,从古代的文献看,占城稻的引进,使大面积推行双季稻成为现实。1834 年李彦章撰《江南催耕课·稻编》,称:

　　　　此邦再种再熟,事最古矣。宋时江南,又止一收,真宗以占城早稻种给江淮,遂与晚稻先后并种。方以智谓江淮以南,田多三次,可知江左土宜,尚有不止两熟者。③

　　可见,清人相信,宋朝已普遍通过引种种植双季稻。苏辙之孙苏籀也

---

　　①［宋］黄振.黄氏日抄:卷七八 咸淳七年中秋劝种麦文［M］.影印文渊阁四库全书本.台北:商务印书馆,1986:708,809.

　　②［宋］庄绰.鸡肋编:卷上 各地食物习性［M］.北京:中华书局,1983:36.

　　③［清］李彦章.江南催耕课稻编［Z］.清刻榕园全集本:63.

说,南宋时期,"赋人惟恃二浙而已。吴地海陵之仓,天下莫及,税稻再熟"①。可见,稻麦连作制和稻稻连作制都得到了推广。在长江下游圩区,江西的再生双季稻(女禾)和连作双季稻推广较为普遍。据《禾谱》载:"今江南之再生禾,亦谓之女禾,宜为可用。"②据《宋史·五行志》载:"(元丰六年)洪州七县稻已获,再生皆实"(《文献通考·物异考》为元丰二年)。可见当时再生稻的利用已较为普遍。《禾谱》又说:"江南有黄穆禾者,大暑节刈早种毕而种,霜降节末刈晚稻而熟。"这大概是文献中最早记载双季连作稻的资料,但仅限于黄穆禾这一个品种,黄穆禾在陈旉、王祯的《农书》中也有记载,其生育期短,主要是作为晚季稻在湖田易涝地区种植。长江下游圩区在试种连作稻之前,还流行过一种所谓"再生稻"。《广志》上即提到南方种植的"盖下白稻",五月收割,收割后,"其茎根复生,九月熟。"季长文《吴郡图经续记》提到吴郡"稻有早晚,其品名甚繁",虽不能说是连作,但既然稻的生长期有早晚,其中一定有可以连作的品种,也就是说,连作的技术条件或品种已具备,一旦人们意识到了可以连作,马上就可以推行。桑润生对长江流域双季稻的栽培有过全面的考察,他认为,自宋以后,双季稻开始在长江流域种植,明清之际,双季稻几乎在全流域开花。③

两熟制的推行加之耕作技术的进步,圩田的粮食亩产量大大提高。关于宋代长江下游圩田粮食产量的估算问题,有学者作过相关研究。④ 对宋元明清江南地区的粮食亩产量的估算,通常采用按佃农所纳租额翻倍计算的方法。一般佃农纳租,约为收成的一半,所以亩产量相当于租额的二倍。按照这一算法,宋代江南粮食亩产量比过去有明显提高,并达到了较高的水平。就比较"保守"的估计而言,估计唐代江南亩产约为 1.5 石⑤,而宋代江南地区的亩产量则能达到 2~3 石,有的甚至更高。为了比较、讨论的方便,我们从浙西、浙东和江东三个地区来叙述。

① [宋]苏籀.双溪集:卷九 务农扎子[M].影印文渊阁四库全书本.台北:商务印书馆,1986:1136,208.

② 曹树基.《禾谱》校释[Z].中国农史,1985(3):74-84.

③ 桑润生.长江流域栽培双季稻的历史经验[J].农业考古,1982(2):62-64.

④ 闵宗殿.宋明清时期太湖地区水稻亩产量的探讨[J].中国农史,1984(3):37-52;李伯重."选精"、"集粹"与"宋代江南农业革命":对传统经济史研究方法的检讨[J].中国社会科学,2000(1):177-192;葛金芳,顾蓉.宋代江南地区的粮食亩产及其估算方法辨析[J].湖北大学学报,2000(3):78-83.

⑤ 余也非.中国历代粮食平均亩产量考略[J].重庆师范学院学报,1980(3):8-20.

浙西地区:北宋仁宗时,据范仲淹《答手诏条陈十事》云:"臣知苏州、点检一州之田,系出税者三万四千顷,中顷中稔之利,每亩得二石至三石。"神宗时,水利专家昆山人郏亶在其所著《吴中水利书》中,阐述了他对太湖流域的治水设想,他说:

　　国朝之法,一夫之田为四十亩,出米四石。则十八万夫之田,可出米七十二万石矣。今苏州止有三十四五万石,借使全熟,常失三四十万石之租。又况水患蠲除者,岁常不下十余万石。甚者,或蠲除三十余万石,是则遗利不少矣。今或得高低皆利,而水旱无忧,则三四十万之税,必可增也。①

意即苏州如把水利建设好,可将沼泽变为水利田,扩大农地面积,按每亩产米 4 石计,18 万亩即可产米 72 万石。宁宗时,王炎在湖州"修筑堤岸,变草荡为新田者凡十万亩,亩收三石。"②南宋末年,方回在《古今考》中说:"予往在秀之魏塘王文政家,望吴侬之野,茅屋炊烟,无穷无极,皆佃户也,假如亩收米三石或二石,姑以二石为中。"③亩产大致与北宋时期相同。可见整个宋代,浙西地区的亩产量大致保持在 2~3 石的水平上。

浙东地区:南宋时期,有关当地亩产量的记载能举出不少。这里试举二例。孝宗时,朱熹在《奏救荒事宜状》中说,绍兴地区所属六县,"为田度二百万亩,每亩出米二石记,岁收四百余万。"可知绍兴的亩产量为 2 石。《宋会要辑稿·食货》六之一一〇载:"臣询之老农,以谓湖(指明州广德湖)未废时,七乡民田,每亩收谷六、七石,今所收不及前日之半,以失湖水灌溉之利故也"。这是守臣仇悆于南宋高宗绍兴七年(1137 年)向赵构上的奏章。这说明明州广德湖未废之前,浙东明州地区粮食产量是较高的。

江东地区:孝宗时,淮上之田,"凡曰一千顷,岁收稻二十万石"④,平均

---

　　① [明]归有光.三吴水利录:卷一 郏亶书二篇[M].影印文渊阁四库全书本.台北:商务印书馆,1986:576,522-523.

　　② 曾枣庄,刘琳.全宋文:第三百四册[M].上海:上海辞书出版社,2006:27.

　　③ [宋]魏了翁.古今考:卷一八 附论班固计井田百亩岁入岁出[M].影印文渊阁四库全书本.台北:商务印书馆,1986:853,368.

　　④ 曾枣庄,刘琳.全宋文:第二百一十册[M].上海:上海辞书出版社,2006:372.

亩产稻谷二石。关于太平州芜湖万春圩的亩产量,由于张问撰《张颙墓志铭》1976 年在湖南常德出土,为我们提供了殊为难得的重要资料。《张颙墓志铭》记载了嘉祐六年(1061 年)张颙除江东转运使,主持修复万春圩之事。《张颙墓志铭》云:

> 李氏据江南时,太平州芜湖有圩,广八十里,围田四万顷,岁得米百万斛。其后圩废,地为豪姓所占。公见其利,募民之愿田者,筑堤于外,以捍江流;四旁开闸,以泄积水。自是,岁得米八十万,租入官者四万。民仰其利,名之曰万春圩。[①]

又沈括《万春圩图记》称:圩成,"圩中为田千二百七十顷。……圩中为通途二十二里。"《图记》又云:"为田 1270 顷,岁出租二十而三,总为粟三万六千斛。[②]"将《墓志》和《图记》的相关记载联系起来考察分析,则 15% 的租率,其总产量应为 24 万石,则平均亩产为 1.89 石,接近 2 石。《墓志》所称官租 4 万斛,乃举其整数而言,两者基本相符;这接近 2 石的亩产,与周边地区的亩产也十分接近,因而比较可信。沈括所记 15% 的租率,乃北宋行定额租的力证。徽州的产量也与之相近。罗愿说,徽州的产量"大率上田产米二石。"[③]看来江东的亩产量也在 2 石左右。

由上述文献记载可知,宋代长江下游圩区的亩产为每亩产米二三石之间,合谷四至六石。宋代一亩约合今之 0.896 市亩,宋代一石约合今之 0.6641 市石[④],稻一石重 120 斤,出糙米四斗九升。以此推算,宋亩产米一石,约合今亩产稻谷 180 斤。如此算来,宋代长江下游圩区水稻的亩产量合今日亩产谷 360 斤至 540 斤。这样的亩产量在当时是比较高的(见表 4-1)。

　　① 文物编辑委员会编.文物考古工作三十年(1949—1979)[M].北京:文物出版社,1979:319-322.
　　② [宋]沈括.长兴集卷九万春圩图记[M].影印文渊阁四库全书本.台北:商务印书馆,1986:1117,297.
　　③ [宋]罗愿.淳熙新安志:卷二 税则[M].北京:中华书局,1900:7624.
　　④ 亩的折算,据陈梦家《亩制与里制》(载《考古》1966 年第 1 期);石的折算,据吴承洛《中国度量衡史》(商务印书馆,1937 年版第 70 页)。

表 4-1　宋代长江下游圩田亩产量一览表

序号	地区	时间	亩产		依据文献
			古制石/亩	市制斤(谷)/亩	
1	苏州	仁宗庆历三年	2～3(米)	360～540	《范文正公集·签手诏条陈十事》
2	芜州万春圩	仁宗嘉祐	1.9(米)	242	张问《张颙墓志铭》(1976年湖南出土)
3	太平州	哲宗绍圣二年	5(米)	900	《庆湖遗老诗集·拾遗·题皖山北濒江田舍》
4	明州	徽宗政和七年	6～7(谷)	534～623	《宋会要辑稿·食货七》
5	休宁	高宗绍兴二十七年	1.5(米)	270	《洺水集》卷一〇
6	常州	孝宗乾道元年	2(米)	360	明释·方策《善权寺古今文录·陈氏舍田碑记》
7	歙州	孝宗乾道九年	2(米)	360	罗愿《新安志·税则》卷二
8	淮南	孝宗乾道年间	2(米)	360	《宋会要辑稿·食货六》
9	台州	孝宗淳熙四年	2.5(米)	450	《赤城集》卷六应椿年《台州增原田记》
10	绍兴	孝宗淳熙九年	2(米)	360	《朱文公集》一六《奏救荒事宜状》
11	闽、浙	孝宗淳熙十六年	上田3(米)　次田2(米)	540　360	《止斋先生文集》卷四十四《桂阳军劝农文》
12	苏、湖	宁宗嘉定年间	4(谷)	356	岳珂《愧郯录》卷一五
13	浙西	度宗咸淳五年	5～6(谷)	445～534	高斯得《耻堂存稿》卷五《宁国府劝农文》
14	吴	南宋末	2～3(米)	360～540	方回《续古今考》卷一八

　　需要指出的是,由于记载古代粮食产量的文献零散与不足,以及古代度量衡制的不统一,因此在亩产量的统计和换算方面很容易出现或上或下的误差,这是难以避免和可以理解的。但如果这种误差,和当时生产力的发展水平相距甚远,则说明所依据的材料或换算上一定存在问题,就有重新检讨的必要。近读李伯重先生《"选精"、"集粹"与"宋代江南农业革命":对传统经济史研究方法的检讨》①一文(以下简称"选精"),深受启发,获益良多。但我们认为"选精"对于宋代太湖平原稻米亩产量的估算,失之偏低,值得商榷。"选精"指出学者估算宋代太湖平原稻米亩产量达到6～7石为过高,这确为事实。此数字应以谷计,而非以米计,且为最高产量。但"选精"认为这一地区的平均亩产量仅有1石也确属过低。这里试就文中的若干数据谈点看法。

　　"选精"据卢镇《重修琴川志》卷六《义役省劄》,指出以南宋嘉熙(1237—1240年)年间平江府(苏州)常熟县50都义役田51310亩的地租推计,平均亩产量仅1石。按这则史料可分两上部分观察。一部分为原管50522亩,收租米麦共24998石,这里因包含米、麦在内,稻米亩产量为多少很难计算,不过平均每亩租课较低,只在0.5石左右,当无问题,但这一部分是官府劝率民众献助的役产,此后属于常平物业,不准再公私典卖,献助者也许会考虑本身利益,捐出土质较差的田地②,正如《义役省劄》所云:"义役初行之时,劝率助田,则上户非所便。"这多少可以说明"上户"之家捐助义役田乃出自官府的劝率,非其所自愿而捐。另一部分为预计可用拨到官钱买田800亩,可得租米600石,据此则平均每亩可以收租米0.75石,推算起来平均亩产量应为米1.5石,买入的田产租课显然较民间献助者要高出一些。

　　"选精"讨论亩产量的问题,认为陈傅良、高斯得所言,不一定是江南(太湖平原)的情形。关于此点,陈傅良《桂阳军劝农文》所说"闽浙上田收米三石,次等二石"③,由于所指范围并不明确,"浙"可以是浙西,可以是浙东,也可以包含两浙,可暂不讨论。但是高斯得《宁国府劝农文》所讲的"浙

　　① 李伯重."选精"、"集粹"与"宋代江南农业革命":对传统经济史研究方法的检讨[J].中国社会科学,2000(1):177-192.
　　② [宋]孙应时.重修琴川志:卷六 义役省札[M].北京:方志出版社,2013:1215.
　　③ [宋]陈傅良.止斋集:卷四四 桂阳军劝农文[M].影印文渊阁四库全书本.台北:商务印书馆,1986:1150,850.

间"，则有比较清楚的范围，文中说：

> 其熟也，上田一亩收五六石。故谚曰："苏湖熟，天下足"，虽
> 其田之膏腴，亦由人力之尽也①。

这里明显是指苏、湖地区而说的，至于文中的五六石，应指谷而非米。高斯得所讲南宋末年苏、湖地区每亩最高产量可达 2.5 石到 3 石，我们还可找到可资佐证的其他数据。宋元之际方回在《古今考》中说："吴中田今佳者岁一亩丰年得米三石，山田好处或一亩收大小谷二十秤，得米两石，皆百合斗。"②可见南宋时期太湖平原最好的田地，每亩最高产量达到 3 石应该是没问题的。而山田的最高产量则稍低，只有 2 石。方回在同书中又说到平江府用百合斗加三，"每亩大熟收二石"，相当于百合斗的二石六斗。③上述这些数据显示，当时浙西一带的亩产量达到 2.5 石到 3 石应该是可以肯定的。当然这必须满足一个前提，即必须是上好的田地在丰年时才能达到。

"选精"引证阮元《两浙金石记》卷一五《长兴州修建东岳行宫记》，指出南宋后期湖州东岳行宫若干寺田的亩产量较低。依此则资料中租米数推计各段田地亩产量在 0.6 石至 1.9 石之间，应是事实。不过也应该注意，这些田地是在地方官的倡导以及僧人的募化之下，施舍给神祠的，其中也许会有人舍不得捐出比较好的田地，因而产量不会高。另一项湖州数据可以用来作比较，《宋会要辑稿·食货》载许奕转述知湖州王炎奏：

> 本州境内修筑堤岸，变草荡为新田者凡十万亩，亩收三石，则
> 一岁增米三十万硕。④

①〔宋〕高斯得.耻堂存稿：卷五　宁国府劝农文[M].影印文渊阁四库全书本.台北：商务印书馆，1986：1182，88.

②〔元〕方回.续古今考：卷一八　附论班固计井田百亩岁出岁入[M].影印文渊阁四库全书本.台北：商务印书馆，1986：853，366-367.

③〔元〕方回.续古今考：卷三七　李悝律曰法经六篇平籴法附[M].影印文渊阁四库全书本.台北：商务印书馆，1986：853，603.

④曾枣庄，刘琳.全宋文：第三百四册[M].上海：上海辞书出版社，2006：27.

王炎所说"亩收三石",是否普遍,自然可以讨论。不过王炎在上奏中又讲到,这些曾因朝旨而毁决堤岸的田地,如今又准许修复,"然必亩纳一石,官始给据",他建议"不若候其修筑毕工,种艺有收,然后亩纳一石"。要获准修复,田主必须每亩纳米 1 石给官府,则这 10 万亩田每亩的产量或许不会少于 2 石。

以上主要指出"选精"所举一些偏低的数据可以再作检讨的地方,并说明一些较高的数据也并非毫无参考价值。虽然对于"选精"有关亩产量的讨论有些不同的看法,但"选精"认为不应以较高的产量涵盖普遍的情形,则是正确的意见。至于宋代太湖平原圩区亩产量的一般状况,在 2~3 石,可能不至如"选精"所估算平均每亩 1 石左右之低。[①]

从以上讨论可以看出,以太湖流域为中心的两浙地区以及江东地区,平均亩产 2~3 石米。常熟在太湖流域自然环境和生产条件较好,早在唐代,就是江南重要的水稻产区,由于常常丰收,收成较好而得"常熟"县名。从唐五代到两宋时期,苏州地区在两浙路是经济最发达的地区,而常熟县大修塘浦圩田,不断改善农业生产条件,粮食亩产较高,收成较好,位列苏州地区之首,使太湖流域成为当时全国经济最为发达的地区,湖州也是农业生产发达的地区,因而有"苏湖熟,天下足"或"苏常熟,天下足"的谚语。南宋人程公许说:"浙居东南,隘水逾于地,引以为田,厥土衍沃。故苏产甲两浙,枝邑常熟复甲姑苏,即名可知已"[②]。

对于长江下游圩区的繁荣情况,除正史屡有记载外,在一些诗歌中也多有描写,这里不妨引几首宋人诗作,以窥一斑:

黄庭坚《送舅氏野夫之宣城》诗云:

试说宣城乐,停杯且细听。

晚楼明宛水,春骑簇昭亭。

耙耜丰圩户,桁杨卧讼庭。

谢公歌舞处,时对换鹅经[③]。

---

① 梁庚尧. 宋代太湖平原农业生产问题的再探讨[J]. 台大文史哲学报,2001(5).

② 曾枣庄,刘琳. 全宋文:第三百二十册[M]. 上海:上海辞书出版社,2006:83.

③ [宋]黄庭坚. 豫章黄先生文集:卷九 送舅氏野夫之宣城二首[Z]. 四部丛刊初编,景嘉兴沈氏藏宋刊本.

陈造《圩上》诗云：

> 小村山影里，山脚水明沙。
> 春事初移柳，人家未摘茶。
> 生儿了门户，馔客有鱼虾。
> 笑我尘埃者，奔驰冀易华[①]。

韩元吉《永丰行》诗云：

> 丹阳湖中好风色，晴日风光漾南北。
> 湖岸人家榆柳行，风飔低昂似迎客。
> ……
> 东西相望五百里，有利由来得无害。
> ……
> 请看今来禾上场，七百里地云堆黄[②]。

杨万里《圩田》诗云：

> 周遭圩岸绕金城，一眼圩田翠不分。
> 行到秋苗初熟处，翠茸绵上织黄云[③]。

生产的发展，带来了圩区的勃勃生机，出现了"馔客有鱼虾""翠茸绵上织黄云"的富庶景象。

---

① ［宋］陈造.江湖长翁集：卷一一　五言律诗［M］.影印文渊阁四库全书本.台北：商务印书馆，1986，126.

② ［宋］韩元吉.南涧甲乙稿：卷二　七言古诗［M］.影印文渊阁四库全书本.台北：商务印书馆，1986：24.

③ ［宋］杨万里.诚斋集：卷三二　江东集［M］.影印文渊阁四库全书本.台北：商务印书馆，1986：344.

第三节　粮米赋税仰给于圩田

　　圩田的高产稳产,直接带来的是政府赋税收入的增加。我们知道,自唐代安史之乱以来,淮南和江南的江东、两浙成为全国最重要的农业区,经济重心开始南移,国家财赋仰给于淮南和江南。到了北宋,淮南和江南得到进一步开发,特别是江南发展更快。南宋初年,淮南由于战火的摧残而荒废,经济重心完全移到江南地区,江东和两浙的农业经济地位更加重要。太湖流域是宋代最大的粮食产地,太湖流域粮食增长趋势是明显的。政府极为重视这一地区的粮食生产,所谓"苏、常、湖、秀,膏腴千里,国之仓庾也"[①]。而这里的丰歉也直接关系到全国的粮食供应,"故岁一顺成,则粒米狼戾,四方取给,充然有余"[②],米价也大幅回落。例如熙宁五年,"苏湖大稔,米价视淮南才十分之五"[③]。这一地区的粮食生产在宋代社会经济中起着重要作用。其中主要是作为税米漕运入京,以保证中央官僚机器的正常运转。江浙地区的农业生产,对于南宋的财政意义重大。而在这一地区中,浙西的苏州、湖州、常州等地尤其重要。在全国农业生产中,江东、两浙的农业生产已占重要的地位,而在江、浙的农业耕地中,圩田又占重要的地位。

　　淳祐十年(1250年)之后,以圩田、围田改隶总领所。总领所是负责军用的财政机构,说明南宋晚期,围田、圩田的赋入已完全用作军用。南宋晚期以来圩田租课,采取一些措施:一是整理围田的地籍,清查漏税;二是不断用各种方式增加围田的租课,如江东安抚使赵善湘增收建康府后湖田租。"绍定二年己丑,(赵)善湘增收后湖田租,遂为额。"[④]又如昆山县的官围田在设田事所之前,每亩租课二斗,设田事所后,增为四斗,增加达一倍之多。"旧例,围田每亩二斗,没官田每亩五百省钱,投买常平田、营田每亩六升五合。自淳祐七年,尚书省置田事所,差干办公事叶启、县丞楼条扦

①　[宋]范仲淹.范仲淹全集:文集卷　卷一一[M].北京:中华书局,2020:230
②　[宋]范成大.吴郡志:卷三七　县记[M].南京:江苏古籍出版社 1986,530.
③　[宋]李焘.续资治通鉴长编:卷二四八[M].北京:中华书局,2004:6055.
④　[明]顾起元.客座赘语:卷一〇　王荆公疏湖田[Z].明万历四十六年刻本.

量,于是又增新、续改正两项,围田虽乡之隐赋不输者皆不可逃。围田每亩四斗,营田、沙田、投买常平田每亩三斗,沙涂田每亩二升,没官田依乡原例、斗器不等,围荡、营荡、沙地每亩十八界一贯,并隶田事所"①。增租是很明显的。除明增之外,又用附加的方式增加租课,使用各种方式增加圩田、围田的租课,加重了农民的负担。

和平时期,太湖流域也是国家赈灾济民的备用粮库,如皇祐四年(1052年),江南饥荒,遂命苏州运米 50 万斛赈贷饥民。战争时期,太湖流域更是军粮的大宗征集地,例如建炎三年(1129 年)命浙西运米 40 万斛供东京留守司支用;绍兴十八年(1148 年),浙西军储米额竟高达 76 万斛。

有宋一代,太湖流域粮食增长的速度是很快的。以苏州税米为例,宋初才 18 万石,元丰三年(1080 年)升至 35 万石,元符二年(1099 年)竟激增至 60 万石。再如南宋和籴,浙西路原为 105 万石,到嘉定时期(1208—1244 年),仅平江府的和籴数就高达 100 万石;嘉定以后,常熟一县"岁来籴至三十万石,少亦不少十四五万石",为该县苗税的三四倍之多。在税米与和籴米的巨大增幅背后,尽管有剥削加重的因素,但水利田的开发与亩产量的提高却是最根本的前提,同时也充分反映了这一地区粮食生产的举足轻重的地位。② 以绍兴二十九年(1159 年)为例,全国上供米年额 468 万石,实数 367 万石,而江东、两浙无论年额还是实数,都占全国总数的一半以上(见表 4-2)。

表 4-2　南宋绍兴二十九年上供米年额、上供米实数表③

地　区	上供米年额	上供米实数
全国合计	468 万石	367 万石
江南东路	93 万石	85 万石
两浙路	150 万石	120 万石(内 35 万石折钱)
江东、两浙合计	243 万石	205 万石

资料来源:据《要录》卷一八三绍兴二十九年八月甲戌条计算。

我们从南宋朝臣关于江浙地区农业生产对政府财政重要性的论述可

---

① [宋]凌万顷,边实.淳祐玉峰志卷中税赋志官租[Z].清抄本.
② 虞云国.两宋历史文化丛稿[M].上海:上海人民出版社,2011:389.
③ 梁庚尧.南宋的农地利用政策[C].台北:台湾大学文史丛刊,1977:133.

以看出,江浙地区农业生产在南宋时期的发展。苏籕在《双溪集》中说:"自昔承平,诸路之赋常不能自给,素所仰者东南数十郡;今淮南为斥堠之地,罕复种植,赋入惟恃二浙而已。"①卫泾在《论围田札子》中也说:"臣尝考国家承平之时,京师漕米多出东南,而江浙居其大半;中兴以来,浙西遂为畿甸,尤所仰给,岁获丰穰,沾及旁路。"②由苏籕、卫泾的论述可以看出,在南宋时期,江浙地区的农业生产在全国占有举足轻重的地位,而其中作为高产稳产的圩田所发挥的效益是不言而喻的。

圩田在江、浙地区农业生产中的重要性,也可从其所出租米的比率看出。在江南东路宁国府、太平州,租赋主要出自圩田,如乾道六年(1170年)闰五月七日姜诜说:"宁国府、太平州两郡惟仰圩田,得以供输。"③据统计,南宋乾道年间,宣州有圩田4000顷,太平州79000顷,芜湖16000顷,当涂6000顷。如果依建康府圩田亩租一石计算,则宣州圩田可征收400000石租粮,太平州可征收790000石租粮,芜湖可征收160000石,当涂可征收2600000石,平江府可征收9400石。又合肥、齐安二县有圩田752顷,可征收租粮75200石。④

在两浙路平江府昆山县,营田租米18180石1斗2升,沙田租米1444石7斗1升5合,新旧籍没官田租米4799石1斗4升5合,常平官田租米2182石1斗4升,投买常平官田租米1710石,诸色围田租米67293石6斗。各色租米总共约95609石,其中诸色围田租米占全部租米的70.4%以上。可以看出,昆山县的围田租米占官田租米的三分之二以上。在秋苗税米上,额管59847石5斗9升⑤。这说明昆山县的围田租米不仅占官田租米的大部分,而且诸色围田租米67293石6斗比这一额管数字,多出7448石多。

在两浙路越州,会稽秋苗米(合催)35642石7斗8升7合4勺,湖田米26289石5升3合1勺,合计61931石,湖田米占整个租米约42.45%;山阴,秋苗米(合催)45531石6斗9升,湖田米32689石5升3合1勺,合计

---

① [宋]苏籕.双溪集:卷九 务农扎子[M].影印文渊阁四库全书本.台北:商务印书馆,1986:208.

② [宋]卫泾.后乐集:卷一三 论围田札子[M].影印文渊阁四库全书本.台北:商务印书馆,1986:1169,654.

③ 曾枣庄,刘琳.全宋文:第二百二十四册[M].上海:上海辞书出版社,2006:221.

④ 万绳楠,庄华峰.中国长江流域开发史[M].黄山:黄山书社,1997:211-216.

⑤ [宋]凌万顷,边实.淳祐玉峰志:卷中 税赋志 官租[Z].清抄本.

78220 石多,湖田米占整个租米约 41.79%;嵊,秋苗米(合催)19927 石 4 斗
1 合 9 勺;诸暨,秋苗米(合催)34397 石 6 升 3 合 1 勺,湖田米 4210 石 3 斗 2
升,合计 38607 石多,湖田米占整个租米约 10.9% 以上;萧山,秋苗米(合
催)30307 石 8 斗 3 升 1 合 7 勺,湖田米 2840 石 3 斗 2 升,合计 33147 石多,
湖田米占整个租米 8.57% 以上;余姚,秋苗米(合催)31672 石 7 勺;上虞,
秋苗米(合催)34517 石 1 斗 9 升 1 合 5 勺;新昌,秋苗米(合催)6659 石 5 斗
1 升 7 合 5 勺[①]。可以看出,在越州,八县湖田米和秋苗米的总数为 316260
余石,会稽、山阴、诸暨、萧山四县湖田米总数为 66003 余石,湖田米总数约
占湖田米和秋苗米二项总数的 20.87%,而会稽湖田米占整个租米约
42.45%,山阴湖田米占整个租米约 41.79%,比例更大。

如作纵向比较的话,我们发现,宋初太湖地区提供的漕粮大大超过唐
代,如太宗太平兴国六年(981 年)漕粮为 300 万石;至道元年(995 年)达
580 万石;真宗大中祥符元年(1008 年)漕粮已达 700 万石;至仁宗时
(1023—1064 年)最多可达 800 万石,比唐代最多时高出一倍,创历代提供
漕粮的最高纪录。

第四节　圩田在公益事业田产中所占比例

在江东、浙西各种公益事业的田产中,圩田占有重要的一部分,也反映
了圩田在江、浙农地中所占的重要地位。宋代的地方公益事业,都拥有相
当数量的田产,田租有的可以供作学校经费,有的用以资助积极上进的寒
士,有的则可用于养老济贫。在江、浙地区公益事业的田产中,圩田占有相
当高的比率。以下是各公益事业的田产总数,为在某项资料中该公益事业
的田产总数,虽然并非该公益事业的全部田产,但是反映了圩田所占有的
重要地位。

建康府学义庄,田产总数 7278 亩 3 角 28 步,湖田总数 7278 亩 3 角 28
步,湖田总数占田产总数 100%[②],说明建康府学义庄的田产完全是圩田。

---

　　①［宋］施宿.嘉泰会稽志:卷五 赋税志[M].北京:中华书局,1990:6791-6793.
　　②［宋］周应合.景定建康志:卷二八 儒学志一[M].影印文渊阁四库全书本.台北:商务印书馆,
1986:489,307.

平江府学（一），根据缪荃孙在《吴学粮田籍记二》中所记，田产总数为16650亩1角38步半，围田3860亩29步半，合计20510多亩，围田占全部田产的18.82%[①]。记中又有称为渭田的农业耕地，"渭"应当是"围"的同音别字，所以渭田也应列入围田计算。

平江府学（二），田产总数350亩3角32步，围田92亩2角31步[②]，围田约占田产总数的26.29%。

平江府学（三），田产总数1400余亩，围田1400余亩[③]，围田占田产总数的100%。

华亭县学，田产总数11769亩2角34步，围田、围地等11769亩2角34步[④]，围田占田产总数的100%。

绍兴府小学，田产总数202亩，湖田43亩47步[⑤]，围田占田产总数的21.18%。

明州州学，田产总数（包括山）23361亩2角12步半，湖田7400亩[⑥]，围田约占田产总数的31.68%以上。

明州广惠院，田产总数1918亩10步，湖田178亩2角6步[⑦]，围田约占田产总数的9.28%以上。

从以上数字可以看出，在各学校、义庄、广惠院的各项田产中，圩田占有相当大的比例，有的甚至达到100%，其中如平江府学第一项田产，围田占23.18%，已将近全部田产的1/4。而且这项田产中有7500余亩的茭荡，占田产总面积的45%，这些茭荡，只要经过围裹，就可以成田，后来经围裹成田的达1600余亩。《江苏金石志》载："双凤乡四十都，四十二都，仁字器字号，田一百七十一亩三角二十九步，未起荒田五十二亩，茭荡一千六百九

---

① ［清］缪荃孙.缪荃孙全集：金石江苏金石记 卷一三 吴学粮田籍记二［M］.南京：凤凰出版社，2014：420.

② ［清］缪荃孙.缪荃孙全集：金石江苏金石记 平江府添助学田记［M］.南京：凤凰出版社，2014：479.

③ ［清］缪荃孙.缪荃孙全集：金石江苏金石记 卷一五 总所拨归本学围田公据［M］.南京：凤凰出版社，2014：586.

④ ［清］缪荃孙.缪荃孙全集：金石记 卷一六 华亭学田记［M］.南京：凤凰出版社，2014：530-537.

⑤ ［清］阮元.两浙金石志：卷一三 宋绍兴府建小学田记［M］.杭州：浙江古籍出版社，2012：307-308.

⑥ ［宋］罗浚.宝庆四明志：卷二 叙郡中［M］.影印文渊阁四库全书本.台北：商务印书馆，1986：487.

⑦ ［宋］梅应发.开庆四明续志：卷四 广惠院田租总数［M］.北京：中华书局，1990：5972.

十亩三角一十九步,荡内围裹田九十亩。"①同书又记道:

> 据本府申证,对本府据府学教授汪从事申,本学养土田产,系
> 范文正公选请,至绍兴四年立石公堂,淳熙五年置砧基簿,庆元二
> 年重立石刻,并载常熟县双凤乡四十二都器字荡田一千六百九十
> 亩三角一十九步。……前项田除濮光辅、施祥等承佃一千七十亩
> 一十五步半外,于内不见六百二十亩三步半着落。自嘉定二年以
> 来,节次据王彬、叶延年告首,系是豪户陈焕冒占,虽屡具申使府,
> 缘陈焕富强,不伏出官。……台部诸司证会本府书判,府学荡田,
> 载之砧基,刊之石刻,悉有可证,濮光辅等立租输纳,唯陈焕冒
> 在己。②

可知双凤乡原来的菱荡1600余亩,在庆元二年(1196年)以后,被濮光
辅等人围裹成田。又如明州州学的田产,其中有一万亩以上的山,但是由
于部分山的面积和田地合并记载,所以无法分开计算,如果除去山的面积,
湖田应该占明州州学田产的一半以上。③

第五节　圩田开发的历史效应

唐宋时期,随着长江下游地区圩田规模的不断扩大、稻作技术的变革
以及稻麦复种制度的推行,圩区的农业生产获得显著发展,其经济地位在
全国日益凸显出来,产生了轰动性的社会效应。

首先,它促成了长江流域基本经济区的形成。冀朝鼎所著《中国历史
上的基本经济区与水利事业的发展》④一书,在论及中国历史上基本经济区
的转移时,把中国的经济发展史划分为五个时期。他划分的五个时期,是

① [清]缪荃孙.缪荃孙全集:江苏金石记 吴学粮田籍记二[M].南京:凤凰出版社,2014:423.
② [清]缪荃孙.缪荃孙全集:江苏金石记 卷一五 给复学田公牒二[M].南京:凤凰出版社,2014:499.
③ 梁庚尧.南宋的农地利用政策[Z].台北:台北大学文史丛刊,1977:146.
④ 冀朝鼎.中国历史上的基本经济区与水利事业的发展[M].北京:中国社会科学出版社,1981:12-13.

与中国历史上的统一与分裂相联系的。第一个时期称为"统一与和平时期",包括秦汉两代;第二个时期称为第一个分裂与斗争时期,包括三国、两晋、南北朝时期;第三个时期称为第二个统一与和平时期,包括隋唐两代;第四个时期被称为第二个分裂与斗争时期,包括五代、宋、辽和金四个时期;第五个时期,被称为第三个统一与和平时期,包括元、明、清三代。冀朝鼎先生认为,在历史上的第一个时期中,是以泾水、渭水、汾水和黄河下游为其基本经济区的。从第二个时期开始,因为长江上游的四川和下游逐渐得到开发,因而出现了一个能与前一时期基本经济区相抗衡的主要农业生产区。这大概就是三国时期蜀、吴为之建立政权的依托了。自隋唐至两宋,长江流域取得了基本经济区的地位,并进一步得到发展。我们且不论冀朝鼎把中国历史分为五个阶段是否准确,但自从长江流域以圩田水利为重点的开发取得突破性进展以后,其经济地位,在中国历史上确实已经无法代替了。

其次,引发了经济重心的大转移。在汉代,中原地区与长江下游地区包括江南一带的经济地位,差距十分明显。汉代的人口密度,中原地区比长江下游地区为高。西汉人口,主要在司隶、豫、兖、冀、青、徐等州。据《汉书·地理志》载:平帝元始二年(2 年),豫州面积占全国的 2%,而人口则有 750 多万,占全国人口的 13% 以上。然长江下游的豫章郡,面积倍于豫州,人口仅 35 万,占全国人口总数的 1% 以下。东汉人口分布的密度虽有变动,大量北人南下,但它仍然密集于黄河中下游的中原地区。据《续汉书·郡国志》载:豫州每平方千米人口为 38.13 人,冀州每平方千米人口达 63.77 人。至于中原地区的兖、青、徐等州之人口密度也都较高。但长江下游包括江南一带的人口密度的绝对数字却比较低,以户口数字计算出来的郡国人口密度至多不超过每平方千米 20 人,低的仅每平方千米 1.98 人。尽管长江下游地区人口在上升,但与中原人口密度相比还差得多。[①] 在古代,人口是社会经济发展的标志之一,人口密度的高低与经济发展的先进或落后往往成对应关系,中原地区人口密集,在一定程度上反映了当时社会经济的发展水平。而在汉代,在土地资源的开发利用方面,中原地区也比江南充分。黄河流域,开发较早,人口集中,自西汉中期以后,人多田少,

　① 葛剑雄.中国人口发展史[M].福州:福建人民出版社,1991:370-385.

常有地不足用之患，因而地价很高。由于土地价格昂贵，所以注重精耕细作，先进的"代田法""区种法"得到推广。但江南地区，"地广人稀"，随后虽然逐渐得到开发，这只是在局部地区，整个江南荒地仍然很多，人们改造与利用土地的成就，远远不及中原地区。在中国古代的农业社会中，土地资源是经济发展的基本条件之一，中原地区由于土地资源得到开发、利用，所以生产力水平和经济实力，大大优于江南。

到魏晋南北朝时期，长江下游地区经济地位的落后状况仍未见改观，《隋书·食货志》云："晋自中原丧乱，元帝寓居江左，百姓之自拔南奔者，并谓之侨人。……而江南之俗，火耕水耨，土地卑湿，无有蓄积之资。"不过，此时期由于北方人口大量涌入南方，促使江南不断进行开发，并显示出经济发展的强劲势头，但尚未完成北方经济重心的大转变。江南在这一历史时期中正在急剧地发展、转变。江南开发，从土地利用、农业亩产量提高，到全区域经济地位的转变，是一个历史的过程。而两宋时期是圩田开发达到极盛之时期，土地的利用率也达到历史的最高峰。据统计，宋元丰年间（1078—1085 年），全国官民田凡 461655557 亩，其中两浙路为 36344198 亩，占总数的 7.87%[1]；而苏州境内仅纳税之田就有 34000000 亩，占两浙路官民田数的 9.36%[2]。随着耕地的扩大和耕作技术的改进，粮食单位面积产量亦有了大幅度的提高。如前文所述，整个宋代，平均亩产量达到 2～3 石。就单产而言，宋代显然超过隋唐，更超过秦汉，大约为战国时高产田的 4 倍，为唐代高产田的 2 倍。[3] 此时宋政府的财赋收入已完全依赖于本地区，范祖禹说："国家根本，仰给东南"[4]；宋祁说："唯有江、浙两方，天下仰给"[5]。所以此时的长江下游地区包括江南一带，已不再是《史记》所称的蛮荒之地，也不仅是与中原地区并驾齐驱，而是远远地超过中原地区了。至此，我国的经济重心已完全转移至江南，而在这一历史性巨大变迁的过程中，长江下游的圩田水利开发发挥了巨大的促进作用。

第三，引起了我国人口地理布局的巨大变化。如前文所述，在汉代及

---

① [元]马端临.文献通考:卷四 田赋考四[M].北京:中华书局,2011:104-105.
② [宋]范仲淹.范仲淹全集:文集卷 卷一一[M].北京:中华书局,2020:229.
③ 漆侠.宋代经济史:上册[M].上海:上海人民出版社,1987:138.
④ 宋史:卷三三七 列传第九六 范祖禹[M].北京:中华书局,1985:10796.
⑤ [宋]宋祁.景文集:卷二六 请募民入米京师札子[M].影印文渊阁四库全书本.台北:商务印书馆,1986:244.

其以前,我国人口重心一直位于黄河中下游地区(包括今山西、陕西、河北、河南、山东5省及京津2市)。当时人口密度最高的10个一级行政区和10个二级行政区都位于这一地区,兖州的人口密度多达每平方千米262人,而两浙地区人口密度还不到每平方千米10人。从东汉开始到唐代,黄河中下游地区人口密度和比重开始逐渐减少,而江浙的人口密度则增加了数倍,长江流域人口所占比重已达30%左右。到了两宋时期,以圩田水利为代表的长江下游的大开发,引发了经济重心的向南大转移。当时我国的人口数量攀上一个高峰,人口从5000多万增加至近1亿。长江流域人口比重首次超过黄河中下游地区。尤以江浙一带和川西平原人口最为密集,占当时全国人口密度最高的5个一级行政区中的4个和10个二级行政区中的9个。统计还表明,新汉王莽时期,黄河中下游地区人口比重占全国65.9%,江浙只占6.6%,唐天宝十四年(755年),黄河中下游地区占47.8%,江浙占12.6%,但人口密度却已超过黄河中下游,前者为每平方千米32.21人,后者则为每平方千米36.32人。至北宋宣和六年(1124年),江浙人口密度已高于黄河中下游地区近一倍。[1]

　　唐宋时期长江下游地区圩田的开发与发展,带来了如此巨大的轰动性社会效应,其影响之深远,作用之巨大,是无与伦比的。它是我国先民在世世代代与自然作斗争的历史中,探索出的一种土地开发与利用的最佳方式。它从根本上改变了我国地区间的经济格局,对我国封建社会的繁荣昌盛作出了重大贡献。元代王祯对圩田作了高度的评价:"虽有水旱,皆可救御。凡一熟之余,不惟本境足食,又可赡及邻郡,实近古之上法,将来之永利。富国富民,无越于此。"[2]与此同时,圩田在其发展过程中也形成了一种与其效益相匹配的特殊的文化——圩田文化,只是这一文化的内涵与特征还有待于我们进一步总结和提炼。[3]

① 张伟兵,黎沛虹.历史时期人口与水灾关系探讨[J].人口研究,1999(5)25-31.
② [元]王祯.农书:卷一一 农器图谱一 田制门[M].北京:中华书局,1956:136.
③ 黎沛虹,李可可.长江治水[M].武汉:湖北教育出版社,2004:177-190.

第五章 唐宋时期长江下游圩区的
自然灾害问题

唐宋时期,长江下游是个自然灾害多发的地区。频仍的自然灾害对圩区正常的生产和生活产生了较大的影响。本章在对唐宋时期长江下游圩区自然灾害及其影响进行分析的基础上,探讨了圩区防灾、救灾、抗灾措施及其成效,试图勾勒出自然灾害环境下圩区的社会应对图景。

第一节 圩区自然灾害的分布与特点

一、水旱灾害时空分布

唐宋时期,长江下游地区自然灾害频发,给圩区的生产和生活带来了很大影响,甚至给灾区的民众带来了致命性的打击。我们通过对文献资料的检索,发现唐宋时期长江下游圩区的自然灾害以水旱灾害最多,因此,本节主要讨论长江下游圩区的水旱灾害情况。但在历史文献记载中,水旱情况在不同时段所反映的现实意义,实际上是有差距的;在不同的时段,所记载的情况也有详略之分,而且在不同的史料中对于同一年份的灾害可能也有不同的记载。为了讨论的方便,我们通过翻检史料,对比正史和方志的记载,采取社会学中常用的统计方法,分区间进行我们的统计和分析工作。这里我们以 30 年为一个统计区间,以水旱灾害为纵轴,对唐五代及宋时长江下游水旱灾害的情况进行了统计,见表 5-1。

表 5-1   唐五代及宋长江下游圩区水旱灾害时间分布表

年　代		水灾次数	旱灾次数
唐、五代	625—654	5	2
	655—684	1	1
	685—714	0	4
	715—744	3	0
	745—774	3	0
	775—804	6	2
	805—834	15	10
	835—864	5	2
	865—894	1	3
	895—924	0	0
	925—954	3	4
宋代	961—990	12	1
	991—1020	6	9
	1021—1050	9	6
	1051—1080	9	8
	1081—1110	15	10
	1111—1140	11	12
	1141—1170	14	8
	1171—1200	15	19
	1201—1230	13	13
	1231—1260	7	4
	1261—1279	9	3
总　计		162	121

资料来源:《旧唐书》《新唐书》《旧五代史》《新五代史》《宋史》《宋会要辑稿》及部分方志。

为便于观察,我们将统计数据用柱状图形式来表示,见图 5-1。

从表 5-1、图 5-1 可以看出,唐五代及宋代长江下游地区共计受水灾162 次,旱灾 121 次,水灾明显多于旱灾,这可能与唐五代及宋代自然灾害发生的特点有关,但又与唐宋时期全国性的水旱灾害的发生规律有所不同。根据邓云特《中国救荒史》一书的统计,有唐一代共计受灾 493 次,其中旱灾 125 次,水灾 115 次,风灾 63 次,地震 52 次,雹灾 37 次,蝗灾 25 次,歉饥 24 次,疫灾 16 次;五代共计受灾 51 次,其中旱灾 26 次,水灾 11 次,蝗灾 6 次,雹灾 3 次,地震 3 次,风灾 2 次;宋代共受灾 874 次,其中水灾 193 次,旱灾 183 次,雹灾 101 次,风灾 93 次,蝗灾 90 次,歉饥 87 次,地震 77 次,疾疫 32 次,霜雪 18 次[①]。据此统计,若仅从水旱灾害的情况来看,唐五代及宋代共发生水灾 319 次,共发生旱灾 334 次,从全国范围看是旱灾多于水灾,水灾与旱灾之比为 0.95∶1;而长江下游圩区的水灾与旱灾之比则为 1.34∶1,是水灾多于旱灾,这是唐宋时期长江下游圩区灾害的一大特点。至于造成此种情况的原因我们将在本章的第三部分加以分析。

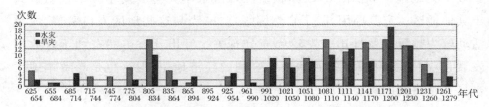

图 5-1　唐五代及宋代长江下游圩区水旱灾害时间分布柱状图

说明:图中无柱状图的为无此方面的史料记载

我们再来考察唐五代及宋代长江下游圩区水旱灾害的空间分布情况。我们以江苏、安徽、江西、浙江的现行行政区划为标准,对照历史文献资料进行统计,见表 5-2。

表 5-2　唐五代及宋长江下游圩区水旱灾害空间分布表

（单位:次）

年　代	唐、五代				宋　代			
地　区	江苏	安徽	江西	浙江	江苏	安徽	江西	浙江
水灾次数	27	19	10	11	83	30	15	68
旱灾次数	19	15	3	16	68	33	13	61

资料来源:《旧唐书》《新唐书》《旧五代史》《新五代史》《宋史》《宋会要辑稿》及部分方志。

注:发生于同一年的水旱灾害在不同的地理区域我们分别计一次,因此,本表所统计水旱灾害的总数要高于表 5-1 的统计。

　　为了便于观察,我们仍将统计数据用柱状图形式来表示,见图5-2。

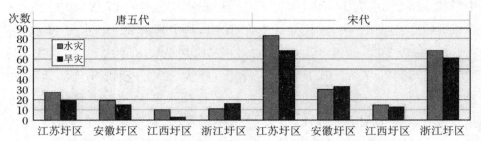

图5-2　唐五代及宋长江下游圩区水旱灾害空间分布柱状图

　　通过对表5-2、图5-2的分析我们发现,唐五代时,江苏圩区的水旱灾害要多于其他地区,在宋代,江苏和浙江圩区水旱灾害的发生频率也明显高于其他地区。究其原因,除了自然因素之外,当与这些地区人口密集、人类活动较为频繁以及圩田开发较为充分有关。圩田开发虽然有利于农业的发展,有利于提升长江下游地区在全国的经济地位,但这也是导致本地区水旱灾害频发的重要原因。

　　以上资料表明,唐宋时期长江下游圩区的水旱灾害非常频繁,而水灾的发生尤其频仍。水灾常常导致圩区设施被冲垮、禾苗被淹死,从而极大地破坏了圩区的农业生产。这里试举几例:

　　宋绍兴四年(1134年),四月霖雨至于五月,浙东西部"坏圩田,害蚕麦蔬秫"①。

　　乾道元年(1165年),江苏常州、浙江湖州圩区涝,"坏圩田"②。

　　乾道九年(1173年),湖北、安徽南部及江苏南京等圩区涝,"坏圩湮田"③。

　　淳熙六年(1179年),安徽宁国及浙北圩区涝,"坏圩田"④。

　　淳熙十一年(1184年),安徽和县、太平及江苏南京圩区涝,"坏圩田"⑤。

　　淳熙十二年(1185年),湖北、浙江局部圩区涝,"坏田稼殆尽"⑥。

　　① [民国]杭州府志:卷四　疆域[Z].铅印体,1922.

　　② 宋史:卷六一　五行一上[M].北京:中华书局,1985:1330.

　　③ 宋史:卷六一　五行一上[M].北京:中华书局,1985:1331.

　　④⑤ 宋史:卷六一　五行一上[M].北京:中华书局,1985:1332.

　　⑥ 宋史:卷六一　五行一上[M].北京:中华书局,1985:1333.

绍熙三年(1192年),苏皖南部水,安徽和县、江苏扬州圩区涝,"漂田庐""损下地之稼"[①]。

嘉定三年(1210年),安徽徽州水,江苏南京、丹阳圩区旱,"圮田庐、市郭,首种皆腐"[②]。

嘉定十五年(1222年),安徽徽州、浙江湖州圩区久雨成灾,"圮田庐,害稼"[③]。

这些资料表明,唐宋时期,长江下游圩区经常性地遭受自然灾害的侵袭,尤其是水旱灾害给人们的生产和生活带来了严重的影响(关于唐宋长江下游圩区自然灾害的总体情况,参见附录:《唐宋长江下游圩区自然灾害表》)。

二、水旱灾害的特点

灾害是一种过程,亦是一种现象,它具有自己的特点。上文已对唐宋时期长江下游水旱灾害发生的时空特点作了论述,此不多赘。除此之外,唐宋时期长江下游的水旱灾害,从整体上来说,与其他历史时期相比,仍不难发现其具有以下几个特点。

一是发生频率高。我国自然灾害总的特点是频率高且呈上升趋势,从唐宋时期长江下游的水旱灾害发生来看,正符合这一特点。在从625年到1279年间的654年中,长江下游地区共发生水旱灾害283次,平均2.3年就发生一次,这个灾害发生的频率是比较高的。

二是受灾面积大。唐宋时期,长江下游圩区的州县受灾面积很广,少则几个州县,多则十几个甚至二三十个州县同时遭受灾害。如隆兴二年(1164年)七月,"平江镇江建康宁国府、湖常秀池太平庐和光州、江阴广德寿春无为军、淮东郡皆大水,浸城郭,坏庐舍、圩田、军垒"[④]。此次受灾多达10多个州县。又如淳熙六年(1179年)秋,"宁国府、温台湖秀太平州水,坏圩田,乐清县溺死者百余人"[⑤],绍熙四年(1193年)四月,"霖雨,至于五月,

---

① 宋史:卷六一　五行一上[M].北京:中华书局,1985:1334.

②③ 宋史:卷六一　五行一上[M].北京:中华书局,1985:1336.

④ 宋史:卷六一　五行一上[M].北京:中华书局,1985:1330.

⑤ 宋史:卷六一　五行一上[M].北京:中华书局1985:1332.

浙东西、江东、湖北郡县坏圩田,害蚕、麦、蔬、稼,绍兴、宁国府尤甚"[①],也都是一次水灾波及多个州县。

三是持续时间长。圩田灾害少则一两个月,多则数月,甚至跨年度,这在水旱灾害上表现得尤为明显。如隆兴元年(1163 年),江浙"大风水",庄稼损害严重[②];隆兴二年(1164 年),大部分圩区涝,"坏庐舍、圩田"[③];乾道元年(1165 年)江苏常州、浙江湖州圩区涝,"坏圩田"[④]。连续三年江浙圩区都遭受不同程度的水灾。正是这种连续性,导致灾害的破坏性十分巨大。

第二节　圩区自然灾害的成因与影响

一、自然灾害的成因

灾害的产生虽然在大多数的情况下直接源自自然的因素,但灾情又不能不与人事相关联,因此,灾害的发生往往具有自然与社会的双重属性。

先谈自然因素对水旱灾害的影响。

影响灾害的自然因素是指客观存在而又与人类生活密切相关的自然要素,包括地形、地理位置、地质结构、气候、气温、水文、植被、风、大气等。它们在运动、相互作用的过程中,发生异常现象时产生了违背正常规律的自然运动,从而导致自然灾害的发生。这里以气候、地理位置为例进行讨论。从气候上看,长江下游属于南北气候过渡带,季风盛行。冬季盛行西北风,冷而干燥;夏季盛行东南风,暖而潮湿。降水量变化大,而且年内分配极为不均,极易造成年内水灾与旱灾的交替发生。长江下游圩区的降雨多集中于春秋季节以及初夏的梅雨季节,这是由于春季,长江下游地区正值冬季环流强度减弱,并向夏季环流转变过渡之季,冷空气仍占控制地位,引起频繁的降水过程。六七月份,由于受西风带环流和冷空气活动以及西太平洋副热带高压的进退演变和暖空气活动的作用,长江下游地区普遍出

① 宋史:卷六五　五行三[M].北京:中华书局 1985:1425.

②③④ 宋史:卷六一　五行一上[M].北京:中华书局 1985:1330.

现阴雨天气,且常有暴雨、梅雨天气,从而造成圩区的水患频繁发生。因此雨量充沛且较为集中于春夏两季是导致长江下游圩区水灾频发的主要原因。[1] 这方面的记载俯拾即是,如《宋史·五行志》载:南宋绍兴二十七年,"镇江、建康、绍兴府,真、太平、池、江、洪、鄂州、汉阳军大水";隆兴二年七月,"平江、镇江、建康、宁国府,湖、常、秀、池、太平、庐和光州、江阴、广德、寿春,无为军、淮东郡皆大水,浸城郭,坏庐舍、圩田、军垒";乾道元年五月,"平江、建康、宁国,温、湖、秀、太平州,广德军及江西郡大水,江东城市有深丈余者,漂民庐、湮田稼、溃圩堤,从多流移";淳熙三年八月,"浙东西、江东郡县多水,婺州、会稽嵊、广德军建平三县尤甚";淳熙六年秋,宁国府、温、台、湖、秀、太平州水,坏圩田";绍熙四年八月,"平江、镇江,宁国府,明、台、温、严、常,江阴军皆大水";嘉定十六年五月,"江、浙、淮、荆、蜀郡县大水,湖、常、秀、池、郑、楚、天平州,广德军为甚,漂民庐,圮城郭、堤防,溺死者众"。类似的记载还能举出不少。可见这些水灾的发生范围很广,显然是由于当时降雨量过大所致,与人类活动没有直接的关系。此外,从地理位置上看,长江下游地区受到江潮、湖水、河水涨溢的影响,这也是导致沿江、沿湖、沿河圩区发生水灾的重要原因。

再谈社会因素对水旱灾害的影响。

影响灾害的社会因素又称人为因素,它也是一个不容忽视的诱发自然灾害的重要因素。它或是对自然灾害的严重程度有一种加速的作用,不过这种作用通常不是立竿见影地凸显出来,而是经过一定时间的积累,当自然环境不能再承受时,灾害便会爆发。如生态环境的破坏、战乱等都会导致自然灾害的发生或加重自然灾害的破坏性。唐宋时期影响自然灾害的社会因素主要有以下几个方面。

一是乱砍滥伐森林资源,从而导致水土流失加剧和水旱灾害的频发。尽管在唐代,时人已认识到森林具有"兴云致雨""利于人"的功能,从而"森止樵采",但破坏森林资源的现象仍很严重,使森林植被呈萎缩状态。造成这种状态的罪魁祸首自然是奢侈享乐、广修宫室的统治者。如武则天在东都营建明堂时,令薛怀义主其事,他"用财如粪土""日役万人,采木江岭"[2],

① 竺可桢.中国近五千年来气候变迁的初步研究[J].考古学报,1972(1):15-38.

② [宋]司马光.资治通鉴:卷二百五 唐纪二十一 唐则天后天册万岁元年正月[M].北京:中华书局,1956:6498.

使大片森林被毁。唐玄宗在位期间,年年修治宫室,使原本森林密布的关中三辅地区到开元、天宝年间已基本无木可采了。到唐后期,对森林资源的破坏更加严重,树林被大量砍伐,大有"木荒"之感,一些樵夫竟砍掉桑树,"列于廛市,卖作薪蒸"①。这些行为严重破坏了当地的生态环境。

二是破坏圩区的水利设施。圩堤直接起到抗御来水的作用,一旦圩堤被冲坏,圩田则失去保护。有的圩靠近湖河,易受到湖河之水的冲刷而受损,如当涂县大官圩周围百余里,周边湖泊众多,又兼受广、建、宣、宁诸水的威胁,当雨季来临时,湖水及河水泛溢,不断地冲击圩堤,给大堤的安全带来隐患。因此,圩堤修筑得是否坚固对圩区是否发生水灾有重大的影响。此外,水利设施(如堤坝等)的修建会造成河水改道,如对改道的河水未能妥善处理,也会造成圩区的水灾。我们知道,沿江一带州县的河水一般是向长江排泄,而江潮盛涨则会造成江水通过河道倒灌,使沿河圩堤受到冲击。为了抵御江水倒灌,圩区居民通过修筑江坝的方式以改变江水的冲击,但修筑的江坝又会改变河水流向,迫使河流改道,以致造成水道迂回曲折,并导致泄洪受阻,使沿河堤岸被冲垮。

三是过度围湖垦田造成湖泊蓄水量的减少,使水无处可泻,容易发生水旱之灾。圩田开发到北宋末年及南宋时期达到了高潮,其原因有二:一是由于圩田投入少收效高,本身一直吸引着人口不断南移,靖康之乱后,人口南移又一次形成高潮;二是南宋朝廷定都临安,政治中心与经济重心二位一体。而南宋进一步发展的封建土地所有制和高度集中的豪门巨室的强大政治势力,与软弱的王朝统治形成强烈的对比,豪门大族凭借权势,或强占濒湖滩地,或围湖为田,导致水面急剧减少,水道严重堵塞,整个生态环境遭受严重破坏。如浙西湖泊被围之后,便出现了"有水则无地之可潴,有旱则无水之可庤"②的严重局面。太湖"旱则……民田不沾其利;涝则远近泛滥,不得入湖,而民田尽没"③。淀山湖沿岸是"遇水无处通泄,遇旱亦无由取水灌溉"④。在浙东,自从占湖为田之后,因为丧失了蓄泄的能力,也

---

① 〔宋〕王溥.唐会要:卷八六 市[M].北京:中华书局 1960:1583.
② 〔清〕徐松.宋会要辑稿:食货六一[M].北京:中华书局 1957:5942.
③ 宋史:卷一百七三 食货上一[M].北京:中华书局 1985:4184.
④ 〔清〕徐松.宋会要辑稿:食货六一[M].北京:中华书局 1957:5938.

造成连年水旱相循、"无处无水旱"的严重局面①。在江东，围湖建成永丰圩后，"自此水患及于宣、池、太平、建康"②。童家湖围成童圩以后，"向上诸圩昔遭巨浸"。路西湖围湖成圩以后，"山水无所发泄，遂致冲决圩埠，损害田苗"③。也有因筑圩不能从全局考虑，选址不当，导致梗塞水道，造成水灾的。《宋会要·食货》七之四二至四三载绍兴四年太平州上言："当涂县管下旧有路西湖，旁有趺耸港，系通宣、徽州界，每遇春夏山水泛涨，自港入湖，出海塘港，入本州姑溪河通大江，所以诸圩无水患。止因政和二年本州将路西湖兴作政和圩，自后山水无所发泄，遂致冲决圩埠，损害田苗。"又《宋会要·食货》八之一〇载隆兴元年知宁国府汪彻言："童圩最为民害，一水自徽州绩溪县、本府宁国县合诸水至童圩，一水自广德军建平县（今郎溪县）合本府宣城县南湖之水至童圩，二水奔冲并来，其势浩渺，所以向上诸圩悉遭巨浸。又尝考此圩本童家湖，客流众水，非古来圩额，今若将童圩废决，则水势自然顺适。"同时，由于围湖造田缩小了湖泊的面积，减少了原来湖泊的蓄水量，也容易导致在发生旱灾时，无水灌溉之困。如政和末年，楼异知明州时，"治湖田七百二十顷，岁得谷三万六千"，增加了政府的租赋收入，但是，"郡资湖水灌溉，为利甚广，往者为民包侵，异令尽泄之垦田。自是苦旱，乡人怨之"④。更有人为损害圩堤的现象，如圩区居民在圩堤上放牧，破坏圩堤上的植被，进而造成圩堤在大水的冲击下容易坍塌。

二、灾害诱发的社会问题

自然灾害不仅减少了农作物的收成、减少了中央财赋的收入，而且给圩区居民的生产和生活带来不利的影响，同时也影响了社会稳定。概言之，灾害所引发的社会问题有以下数端：

第一，降低了农作物产量，甚至是颗粒无收。如绍熙四年（1193年），江西九江、江苏苏州、浙江湖州圩区发生水灾，"坏圩田，害蚕、麦、蔬、稑，绍

　　① [明]徐光启.农政全书：卷一六　水利[M].影印文渊阁四库全书本.台北：商务印书馆，1986：731，218.
　　② [清]徐松.宋会要辑稿：食货八[M].北京：中华书局 1957：4936.
　　③ [清]徐松.宋会要辑稿.食货六一[M].北京：中华书局 1957：5927.
　　④ 宋史.卷三五四 楼异传[M].北京：中华书局 1985：11163.

兴、宁国府尤甚"[1];乾道元年(1165年)六月,"常、湖州水坏圩田"[2];乾道六年(1170年),江西、皖南、苏南及浙北圩区涝,"涇田稼,溃圩堤"[3];乾道九年(1173年),安徽南部及江苏南京等圩区水灾,"坏圩涇田"[4];绍熙三年(1192年),苏皖南部地区发生洪涝灾害,安徽和县、江苏扬州圩区水旱灾害并发,"漂田庐""损下地之稼"[5]。以上这些记载真实地反映了水旱灾害对圩区农业生产的破坏情况。

大量圩田的受灾与减产,首先遭殃的固然是圩区的广大农民,国家赋税同样蒙受重大损失,每年减少的田赋,数以万计。陈橐在《夏盖湖议》中说:

> 建炎元年,湖田(指夏盖湖)租课,除检放外,两年共纳五千四百余石,而民田缘失陂湖之利,无处不旱,两年计检放秋米二万二千五百余石,只上虞一县如此。以此论之,其得其失岂不较然。[6]

因灾害的影响,夏盖湖圩田两年的收入损失了81%。鉴湖的情况亦复如此,徐次铎在《复镜湖议》中记载道:"夫湖田(鉴湖)之上供,岁不过五万余石,两县岁一水旱,其所损所放赈济劝分,殆不啻十余万石,其得失多寡,盖已相绝"[7]。赋税损失了大半。永丰圩修成之后,岁收"不过米二万余石,而四州岁有水患,所失民租何啻十倍"[8]。事实表明,围湖造田以后,由于自然灾害的影响,田赋不但没有增加,反而要不断检放赈济,从而使宋政府的财政收入和安全受到了严重威胁。

第二,严重的水灾摧毁民居及相关生活设施,影响了人民的生活。如唐代永徽五年(654年)六月,"恒州大雨,滹沱河泛溢,溺五千余家。癸丑,

---

① 宋史:卷六五 五行三上[M].北京:中华书局 1985:1425.

② 宋史:卷六一 五行一上[M].北京:中华书局 1985:1330.

③④ 宋史:卷六一 五行一上[M].北京:中华书局 1985:1331.

⑤ 宋史:卷六一 五行一上[M].北京:中华书局 1985:1334.

⑥ [明]徐光启.农政全书:卷一六 水利[M].影印文渊阁四库全书本.台北:商务印书馆,1986:731,219.

⑦ [明]徐光启.农政全书:卷一六 水利[M].影印文渊阁四库全书本.台北:商务印书馆,1986:731,218

⑧ [清]徐松.宋会要辑稿:食货八[M].北京:中华书局 1957:4936.

蒲州汾阳县暴雨,漂溺居人,浸坏庐舍"①;淳熙十一年(1184年)四月,"和州水,湮民庐,坏圩田"②;嘉定三年(1210年),徽州、江苏南京、丹阳圩区旱,"圮田庐、市郭,首种皆腐"③;嘉定十五年(1222年),徽州、浙江湖州圩区久雨成灾,"圮田庐,害稼"④。可见,圩区的自然灾害使圩民生活遭受很大的影响,特别是水灾,致使圩田、民房被淹没,农作物被摧毁,圩民的生活处于崩溃的边缘。

第三,灾民大量流徙构成严重的社会问题。自然灾害造成了大量民众的死亡。如唐代总章二年(669年),江南道发生水灾,溺死9070人⑤;贞元八年(792年),"江淮凡四十余州大水,漂溺死者二万余人"⑥。一些生活失去保障的圩民为了生存,只能四处逃荒乞讨,沦为流民。如太和八年(834年)九月,"淮南、两浙、黔中水为灾,民户流亡"⑦。

第四,自然灾害引发社会治安的恶化。灾荒时,谷米不收,物价高腾,灾民饥馑缺粮,无以为食,抗粮、抢粮事件不断发生。唐宋时,百姓的赋税负担较重,他们承担着大部分赋税的缴纳任务。在长江下游地区,圩民一般能按时缴纳赋税,但在水灾较重的年份,由于圩区农业生产遭受很大的破坏,粮食短缺现象时有发生,加上一些不良商贩趁机囤积粮食,哄抬粮价,导致圩民生计困难,难以完纳赋税,因而时常出现圩民抗粮的行为,这便直接影响当地政府的收入以及国家的税粮。有时还会出现抢粮行为。如唐长庆二年(822年)十二月,淮南和州饥,"乌江百姓杀县令以取官米"⑧。关于因民生困苦对社会安定所产生的不良影响,王十朋所论最为详细:

> 自越之有鉴湖也,岁无水旱,而民足于衣食,故其俗号为易
> 治。何以知其然也? 以守令而知之也。自东都以来,守会稽、令

---

① 旧唐书:卷四　高宗本纪[M].北京:中华书局1975:73.
② 宋史:卷六一　五行一上[M].北京:中华书局1985:1332.
③ 宋史:卷六一　五行一上[M].北京:中华书局198:1336.
④ 宋史:卷六一　五行一上[M].北京:中华书局1985:1337.
⑤ 旧唐书:卷三七　五行志[M].北京:中华书局1975:1352.
⑥ 旧唐书:卷一三　德宗本纪[M].北京:中华书局1975:375.
⑦ 旧唐书:卷一七　文宗本纪[M].北京:中华书局1975:556.
⑧ 旧唐书:卷一六　穆宗本纪[M].北京:中华书局1975:501.

山阴者,多以循吏见称于史传,不可一二举也。非昔之守令皆贤
也,盖民居乐岁之中,家室温饱,民之为善也易尔。比年以来,狱
讼繁兴,人民流亡,盗贼多有,皆起于无年。去秋灾伤之讼,山阴、
会稽为尤多。非昔之民皆善良,今之民皆顽鄙也,盖礼义生于饱
暖,盗贼起于饥寒,其势不得不然耳。[①]

王十朋的分析十分精到。据此可知,越州原来人民安居乐业,社会治
安良好,而自从围湖造田导致水旱灾害不断发生后,这里的社会治安、民风
民俗则大不如前了。这是浙东的情况,浙西也不例外。这里豪强大族占湖
为田的情形比浙东还严重,由此引发的社会动荡不安的现象自然不下于浙
东,因围田水利问题而引起的民生问题甚至见于诗人的咏叹。范成大《石
湖居士诗集》卷二八《围田叹四绝》云:

> 万夫堙水水干源,障断江湖极目天。
> 秋潦灌河无泄处,眼看漂尽小家田。
> 山边百亩古民田,田外新围截半川。
> 六七月间天不雨,若为车水到山边。
> 窒邻罔利一家忧,水旱无妨众户愁。
> 浪说新收多少税,不知逋失万新收。
> 台家水利有科条,膏润千年废一朝。
> 安得能言两黄鹄,为君重唱复陂谣。[②]

卫泾甚至忧虑道:"农人失业,襁负流离,其害又岂特在民而已。"[③]在临
安附近出现这种动荡现象,南宋政府自然不能无动于衷。乾道和议之后,
因国家财政略有好转,南宋政府于是在民生的压力下,暂时放弃了以征收
赋税为目的的圩田政策,社会才趋于稳定。

---

① [宋]王十朋.梅溪王先生文集后集:卷二七 鉴湖说上[M].影印文渊阁四库全书本.台北:商务印
书馆,1986:1151,600-601.
② [宋]范成大.石湖居士诗集:卷二八 围田叹四绝[M].影印文渊阁四库全书本.台北:商务印书
馆,1986:1159,809.
③ [宋]卫泾.后乐集:卷一三 论围田札子[M].影印文渊阁四库全书本.台北:商务印书馆,1986:
1169,652-653.

第三节　应对自然灾害的措施

自然灾害是一个引起圩区社会变动的重要因素。为了保障灾区人民生活的稳定和灾后农业生产的恢复,在自然灾害发生前后,唐宋两代无论政府还是民间都积极地采取了应对措施,使灾害的破坏程度降到最低,以减轻灾害对灾民生活的冲击。

一、设仓积谷,预防灾荒

我国古代储粮备荒的传统源远流长,汉魏以来逐步建立并发展起来的仓储制度,到唐宋时期更加完善。唐代除正仓、太仓等官仓以外,还建有常平仓、义仓等。宋时,除了常平仓和义仓之外,还设立了广惠仓。这些数目众多、类别不一的粮仓在长江下游各市镇广泛设置,星罗棋布。它们广储粮米,以备水旱,在唐宋时期长江下游灾害救济中发挥着重要的作用。

常平仓主要用来调节市场粮价,在市场粮价偏低时,开仓进粮,提升粮价,在粮价偏高时,开仓放粮,以增加粮食的流通量来降低粮价,防止"谷贱伤农,谷贵伤民"。同时,在发生水旱灾荒时也可用于临时救济。唐代前期,长江下游诸州县所置常平仓不多,如贞观十三年(639年)太宗下令仅在"洛、相、幽、徐、齐、并、秦、蒲等州置常平仓"[①],到开元时,常平仓在平抑粮价方面的作用充分显现出来,也得到了玄宗的认可,因而进一步扩大了常平仓在全国范围内的设置,但是江南等长江下游地区以其地湿,不易贮积,依然没有建置,正所谓"以岁稔伤农,令诸州修常平仓法;江、岭、淮、浙、剑南地下湿,不堪贮积,不在此例"[②]。代宗以后,常平仓才开始出现在江南之地,并保持到唐末,为长江下游圩区的救灾工作奠定了基础。在宋代,常平仓始设于太宗淳化三年(992年),真宗景德三年(1006年)开始在两浙等路设立。此后,常平仓在长江下游普遍设置。以南宋余杭为例,常平仓就设

---

① [宋]王溥.唐会要:卷八八　仓及常平仓[M].北京:中华书局,1960:1612.

② [宋]司马光.资治通鉴:卷二一一　唐纪二十七　唐玄宗开元二年九月[M].北京:中华书局,1956:6705.

于"余杭门外师姑桥"①。宋代江南地区的常平仓虽然主要为调节市场粮价
而设,然常平仓之米粮也常被直接作为救助物资投入官办救济机构,用于
灾时的救济。其在调节市场粮价过程中所产生的利润——常平钱,更是常
被政府当作救济经费的补充来源。如宋代江南地区在经办居养院时,"依
乞丐法给米豆;不足,则给以常平息钱""孤贫小儿可教者,令入小学听读,
其衣襕于常平头子钱内给造,仍免入斋之用"②。毋庸置疑,此时,常平仓已
兼具救荒粮仓的性质。

　　义仓是为救荒储谷而设的专门性仓储,其物资主要来源于特别课税。
唐代的义仓始建于贞观二年(628 年),"诏天下州县,并置义仓",其目的在
于"若年谷不登,百姓饥馑,当所州县,随便取给"。由此可见,建置义仓的
目的就是以备救荒,因而,它是名副其实的应对灾荒的专门粮仓。贞观以
后,义仓的建置渐成常例,广泛存在于包括长江下游地区在内的广大地区。
宋代的义仓创始于太祖乾德元年(963 年),"令诸州于所属县各置义仓。自
今官中所收二税,每硕别收一斗贮之,以备凶歉,给与民人"③。这种用于救
荒的义仓也广泛建置于长江下游地区,并以此为基础,在灾荒时进行赈济。
如高宗绍兴十五年(1145 年)五月,"戊午,命贫民产子赐义仓米一斛"。孝
宗淳熙八年(1181 年),"诏去岁旱伤郡县,以义仓米日给贫民,至闰三月半
止",九年(1182 年)"秋七月甲戌,以江西常平、义仓及桩管米四十万石付诸
司,预备振粜"。另据《宋史》记载,理宗淳祐十年(1250 年)、开庆元年(1259
年),度宗咸淳六年(1270 年)、七年(1271 年),政府都曾用义仓之米在江南
地区施赈。

　　此外,在宋代长江下游地区还建有广惠仓。北宋仁宗时期,诏令"置天
下广惠仓",以救济"在城老幼贫乏不能自存者"。可见,广惠仓也是一种具
有救济性质的粮仓。不过,广惠仓在宋代兴废无常,其在长江下游地区的
发展,限于史料,无法作更多考察,但通过南宋宁宗庆元元年(1195 年)五月
"丙午,诏诸路提举司置广惠仓,修胎养令"这条诏令来看,广惠仓在宋代长
江下游地区灾荒救济事业中还是发挥着重要作用的。

　　① [宋]吴自牧.梦粱录:卷一〇 本州仓场库务[M].北京:商务印书馆,1939:84.
　　② 宋史:卷一七八 食货上六[M].北京:中华书局,1985:4339.
　　③ [清]徐松.宋会要辑稿:食货五三[M].北京:中华书局,1957:5729.

二、兴修水利,完善设施

兴修水利是预防和应对水旱灾害的一条有效途径。水利工程具有涝则排水、旱则灌溉的综合功能,能够有效地避免水旱灾害对农业生产的侵袭。唐宋时代由于经济重心的南移,长江下游地区成为全国的主要粮食产区,正所谓"苏湖熟,天下足",因此,通过大规模地兴修水利工程以减少水旱灾害的发生,确保这个粮食主产区的粮食丰收,就显得尤为重要。唐宋政府已经注意到这一点,因此对水利事业十分重视,积极鼓励地方官兴修水利工程,致使这一时期兴建水利工程的数量、规模、水利设施的管理与使用等都达到了前所未有的水平,尤其是开渠、筑塘、建堰、修陂等以灌溉排涝为主要目的的水利工程占了整修水利工程的半数以上。如唐时杭州钱塘湖一带,春多雨,秋多旱,钱塘湖堤防的修筑,使此湖千余顷田不再受灾。[①]

宋时亦然。如宋政和四年(1114年),工部上奏:

> 前太平州判官卢宗原请开修自江州至真州古来河道湮塞者凡七处,以成运河,入浙西一百五十里,可避一千六百里大江风涛之患;又可就土兴筑自古江水浸没膏腴田,自三百顷至万顷者凡九所,计四万二千余顷,其三百顷以下者又过之。乞依宗原任太平州判官日已兴政和圩田例,召人户自备财力兴修。[②]

卢宗原关于兴建水利工程的奏章得到了批准。《宋史·汪纲传》亦记载汪纲知绍兴府时,"属邑诸县濒海,而诸暨十六乡濒湖,荡泺灌溉之利甚博",但"势家巨室率私植埂岸,围以成田,湖流既束,水不得去,雨稍多则溢入邑居,田间浸荡",而且"濒海藉塘为固,堤岸易圮,咸卤害稼,岁损动数十万亩,蠲租亦万计",后在汪纲的建议之下,"举常平司发田园,奇援巧请,一切峻却,而湖田始复;郡备缗钱三万专备修筑,而海田始固"[③],使该地区的农业生产得以继续。在震泽地区,"迄今十四年,其田即未有可耕之日……

---

① 以上均见《新唐书·地理志》。
② 宋史:卷九六　河渠六[M].北京:中华书局,1985:2386-2387.
③ 宋史:卷四〇八　汪纲传[M].北京:中华书局,1985:12308-12309.

昔嘉祐中，邑尉阮洪，深明宜兴水利……屡上书鉴司，乞开通百渎。鉴司允其请，遂鸠工于食利之民，疏导四十九条，是年大熟"①。另据《浙西水利书》记载，宋朝天禧、天圣年间，"吴中水灾，于是命发运使张纶同郡守经度于昆山常熟，各开众浦以导积水"。"景祐中，范文正公来治此州，适当欠岁，深究利病，不苟兴作。公以为松江不能独泄震泽诸湖之水，虽北压扬子江，东抵巨海，河渠至多，湮塞已久，不能分其势。今当疏导诸邑之水，东南入于松江，东北入于扬子与海也。于是亲至海浦，开浚五河"。"嘉祐中，转运使王纯臣建议请令苏湖常秀修作田塍，位位相接，以御风涛。令县教诱殖利之户，自作塍岸"②。这些都说明，宋代地方政府和官员是十分重视圩区水利设施建设的。这里将吴越及宋代长江下游圩区所兴建的主要水利工程列表如下（见表5-3）。

表 5-3　吴越及宋代长江下游主要水利工程表

时　　间	工程简介	所在地区	备　　注	资料来源
宣和五年 （1123 年）	知县江峡修南湖、东郭堰	杭州余杭南，同旧县东南		《新唐书》卷四一、《咸淳临安志》卷三四
景德中 （1004 年）	章得一复修千秋堰	杭州余杭东南二里		《新唐书》卷四一、《咸淳临安志》卷三四
宝正二年 （927 年）	开浚西湖	钱塘县西	"又以钱塘湖葑草蔓合，置撩兵千人，芟草浚泉"	《十国春秋卷》卷七八、《武肃王世家下》
元祐五年 （1090 年）	苏轼浚西湖筑堤	钱塘县西		《咸淳临安志》卷三二
绍兴九年 （1139 年）	置厢兵 200 人浚西湖	钱塘县西		《咸淳临安志》卷三二
绍兴中 （1131—1162 年）	筑永和塘	仁和临平山东南五里		《咸淳临安志》卷三四

　　① ［宋］苏轼.苏轼文集：卷三二　录进单锷吴中水利书［M］.北京：中华书局，1986：918.
　　② ［明］姚文灏.浙西水利书：卷上　朱秘书长文治水篇［M］.影印文渊阁四库全书本.台北：商务印书馆，1986：576，93-94.

续表

时　间	工程简介	所在地区	备　注	资料来源
后梁开平四年(910年)	钱镠筑钱塘(防海太塘)	钱塘南		《新唐书》卷一一九
淳化元年(990年)	废京口等七堰	杭州北门至镇江江口		《宋史》卷九六
绍熙中(1190—1194年)	溇港,元丰以前筑,绍熙间知州王回以石改修	吴江区		《嘉泰吴兴志》卷五
庆历二年(1042年)	知州蔡抗增修松江长堤,治平五年易以石	吴江东		《宋史》卷九六、《吴中水利书》
庆历八年(1048年)	吴江东36座桥	吴江		同上
天禧、景祐间	常熟24浦,昆山12浦	常熟,昆山	政和末,赵霖开36浦	《宋会要辑稿》食货八之一九至二一、七之三四,《吴郡图经续记》中
嘉祐元年(1056年)	令李惟几筑,闸一乡底堰30余	海盐北40里		《至元嘉禾志》卷五
庆历二年(1042年)	章岘开顾汇浦	华亭西北		《嘉庆松江府志》卷九
崇宁二年(1103年)	开浚青龙江	华亭	宣和二年赵霖修	《宋史》卷九六、《吴郡志》卷一九
嘉祐中(1056—1063年)	韩正彦开白鹤江	华亭		《吴郡志》卷一九
绍兴十一年(1141年)	筑堰捍海潮	华亭南		《云间志》下
景祐元年(1034年)	知州范仲淹浚白茆浦	常熟东		《姑苏志》卷一二
宣和元年(1119年)	华亭茆	华亭		《吴郡志》卷一九

续表

时　间	工程简介	所在地区	备　注	资料来源
至和二年 （1054 年）	邱与权筑至和塘	苏州至昆山	至道二年仅筑	《吴郡志》卷一九、 《续记中》
熙宁六年 （1073 年）	傅肱重开芦沥浦	海盐		《吴郡图经续记中》
宣和七年 （1125 年）	开浚江东古河	燕（芜）至 锁（镇）江		《宋史》卷九六
政和、 宣和间	杨行密将台蒙做鲁阳五堰，元祐中单锷议开 5 堰，苏轼主其议。政和、宣和间卢宗原浚江东古河	溧阳东		《建康志》卷一八、一六，《宋会要辑稿》食货七之三三至三四
庆历三年 （1143 年）	晋天福中重修赤山湖，庆历三年知府叶某刻水则于石柱	句容西南 30 里		《建康志》卷一八
天禧中 （1017— 1021 年）	退田为湖（玄武湖），溉田百顷	江宁北 2 里	熙宁八年王安石开十字河，请为田，后废为圩田	《建康志》卷一八
端平中 （1234— 1236 年）	开金坛运河 70 里	金坛至荆西		《嘉庆一统志》卷九〇
淳熙二年 （1175 年）	钱良臣复练湖	丹阳北	晋陈敏筑，唐时曾有疏浚。宋绍圣间易斗门。绍兴间更浚湖之为田者，景定中修筑埂岸	《嘉定镇江志》卷六，《新唐书》卷四一，《至顺镇江志》卷七
元祐中 （1086 年）	于芙蓉湖开堰置闸废芙蓉湖为田	武进东 55 里		《通志》卷六四，《毗陵志》卷一五
庆元中 （1195— 1200 年）	知州赵善坚开丽水二渠	处州丽水		《乾隆浙江通志》卷六一
乾道中 （1165— 1173 年）	范成大重修通济堰，置阀 49，立水则，溉田 2000 顷	丽水西 55 里	梁天监中詹、南二司马曾筑此堰	《通志》卷六一，《宋史》卷三八六

续表

时　间	工程简介	所在地区	备　注	资料来源
开禧中 （1205— 1207 年）	邑人筑洪塘	丽水西 50 里		《新唐书》卷四一， 《通志》卷六一
靖康初	知州姚毂筑云 水渠、蒋溪堰， 各溉田数十顷	处州龙泉北应 奎坊，龙泉西 5 里		《嘉庆一统志》卷三〇 五，《通志》卷六一
元祐中 （1086— 1093 年）	龙图张根筑胡公堤	处州遂昌 南 50 步		《嘉庆一统志》卷三〇 五，《通志》卷六一
南宋时期	中丞张应麒筑石室 堰，溉田 370 顷	衢州西安南 20 里		《通志》卷五九
景定二年 （1261 年）	筑西湖堤	严州建德西南		《通志》卷六〇
吴越时期	遂安邑人筑 马仪堰、新墅堰	严州遂安西南		《通志》卷六〇
大观三年 （1109 年）	义乌知县徐秉哲筑 绣湖堤以通往来	婺州义乌 西 150 步	淳熙五年、 景定五年重修	《宋濂宋学士全集》 卷一六
乾道三年 （1167 年）	武义令周必达 筑淳溪堤	婺州武义南		《通志》卷五九
庆元四年 （1144 年）	武义邑人高世、 叶之成修长安堰	婺州武义西		《通志》卷五九
天圣初 （1023 年）	浦江邑人钱 侃筑东湖塘	婺州浦江 西南 3 里		《乾隆浦江县志》卷六
五代周	鲍二使君修高堰	婺州永康 义丰乡		《嘉庆永康县志》卷四
淳熙十三年 （1175 年）	武义邑人王槐筑蜀 野塘、斗门、窦，塘周 10 里，溉田 300 顷	婺州武义 南蜀山下		《嘉庆义乌县志》卷二
南宋绍兴 年间	潘好古筑叶亚塘， 溉田数百顷	婺州金华		《吕祖谦吕东莱集》 卷七
建隆初年	金华邑人余彦诚 修流庆陂			《郑刚中北山文集》 卷一五

续表

时　间	工程简介	所在地区	备　注	资料来源
咸平二年 （999年）	重修官塘， 堰水溉田8.08顷	杭州新城北 5里	景德三年又重修	《新唐书》卷四一、 《咸淳临安志》卷三八
元丰三年 （1080年）	乡民崔某修元丰塘	于潜长安乡		《咸淳志》卷三八
嘉祐三年 （1058年）	治玉山、朱储 斗门，溉田数千顷	越州山阴（今 绍兴市）北18 里、西北20里		《嘉泰志》卷四、 《唐书》卷四一
熙宁中 （1068— 1077年）	废田为湖（镜湖） 立石碑	山阴南	汉永和五年太守马 臻筑镜湖（鉴湖）， 周310里，溉田9000 顷；祥符、庆历间 民废湖为田	《通典》卷一八二、《州 郡典·会稽郡》卷一〇、 《嘉泰志》卷一一
政和二年 （1112年）	萧山令杨时筑湘 湖堤，溉田千余顷	萧山西2里		《嘉泰志》卷一〇、 《万历府志》卷六
宣和初 （1119年）	余姚令汪冕修改 烛溪湖斗门。 烛溪湖周105里， 溉田千余顷	余姚东北 18里		《唐书》卷四一、 《嘉泰志》卷一〇
元祐、 绍兴中	复夏盖湖	上虞西南 40里	熙宁中民 曾盗湖为田	《嘉泰志》卷一〇、 《万历县志》卷三
绍兴中 （1131— 1162年）	复鱼浦湖 （白马湖）	余姚西北 60里	政和初曾废湖为田	《嘉泰志》卷一〇
宝祐中 （1253— 1258年）	吴潜修杜湖、白洋 湖，各溉田1080顷	慈溪北50里		《宝庆四明志》卷一六、 《雍正宁波府志》卷一四、 《一统志》卷二九一
至道元年 （995年）	郡守丘崇元 修复广德湖	广德湖西 12里	天禧二年李夷庚正 湖界；康定中县主簿 曾公望亦尝治湖； 熙宁元年张珣营度 兴筑；政和八年邑人 楼异请为田，后湖废	《读史方舆纪要》 卷九二

表5-3所列水利工程往往都很大，像烛溪湖、西湖、杜湖等，溉田常达到

数千亩以上。这些水利工程都分布在长江下游地区,且都是一些主要的工程,另有更多小型的水利工程则未列其中。据郑瑄说:

> 古人之遗迹,……五里七里而为一纵浦,七里十里而为一横塘。因塘浦之土以为堤岸,使塘浦阔深,而堤岸高厚。[①]

据此可知,吴越及宋代长江下游地区还兴建有大量的小型水利工程,它们在保障圩区农业丰收方面同样发挥着重要作用。在王安石农田水利法的推动下,全国很快形成水利建设的高潮,"四方争言农田水利,古陂废堰,悉务兴复"[②]。熙宁三年至九年(1070—1076 年),京畿及各路兴修的水利田就达到"10793 处,共 361178 顷有奇"。其中,"两浙路 1980 处,104838.42 顷;江南东路 510 处,10702.66 顷"。可见,两浙地区的水利设施数量及水利灌溉面积在当时各路中居绝对多数。[③] 南宋咸淳三年(1267年),司农卿兼户部侍郎李镛说:"大抵南渡后水田之利,富于中原,故水利大兴"[④]。

从水利设施的数量及当时围田、圩田开发规模考察,两者存在相关性。长江下游地区在当时已成为水利设施最完善、条件最好的地区,也是圩田所占垦田比率最高的地区。这为该地区圩田的发展创造了必要的条件,并为长江下游农业生产在全国占据的重要地位奠定了坚实的基础。

三、生物护堤,加强管理

在预防圩区自然灾害方面还值得一提的是,当时圩民在圩堤的修筑与养护方面,不仅从工程角度来加固圩堤,而且还进行生物护堤。《宋史·食货上一》载:乾道八年(1172 年),户部侍郎兼枢密都户部侍郎承旨叶衡言:

---

① [明]归有光.三吴水利录:卷一 郑瑄书二篇[M].影印文渊阁四库全书本.台北:商务印书馆,1986:576,522.
② 宋史:卷三二七 王安石传[M].北京:中华书局 1985:10545.
③ [清]徐松.宋会要辑稿:食货六一[M].北京:中华书局 1957:5907-5908.
④ 宋史:卷一七三 食货上一[M].北京:中华书局,1985:4182.

　　奉诏核实宁国府、太平州圩岸，内宁国府惠民、化城旧圩四十余里，新筑九里余；太平州黄池镇福定圩周四十余里，延福等五十四圩周一百五十余里，包围诸圩在内，芜湖县圩周二百九十余里，通当涂圩共四百八十余里。并高广坚致，濒水一岸种植榆柳，足捍风涛，询之农民，实为永利。①

　　按延福等五十四圩即今当涂大公圩前身，联并于绍兴二十三年（1153年）大水之后，故称"包围诸圩"。户部侍郎叶衡是在奉诏巡视皖江灾情后上奏推崇"种植榆柳，足捍风涛"的建议。朝廷采纳叶衡所献之策，并据所荐诏褒宁国府（治今安徽省宣州市）魏王恺植林护堤之功：

　　大江之壖，其地广袤，使水之蓄泄不病而皆为膏腴者，圩之为利也。然水土斗啮，从昔善坏。卿聿修稼政，巨防屹然，有怀勤止，深用叹嘉。②

　　圩民通常在圩岸上种草、植树，采取人工和生物相结合的方法来加固圩堤，这既保护了圩岸，又美化了环境。杨柳和草都易生长，且耐水湿，因此自古以来，种草、植柳成为圩民护堤的一种传统方法。《芙蓉圩修堤录》载：新筑圩岸，"全赖草根蟠结，年久不致坍颓"。又有民谣："修圩莫修外，留得草根在，草积土自坚，不怕风浪喧"③。植柳护圩同样历史悠久，有诗曰："万雉长城倩随守，两堤杨柳当防夫"④。后来仍不乏这方面的记载。如《上虞塘工记略》载："杨柳有细根……且其根浮而不深，虽枯不害，古人治水多植杨柳，可谓深谋远虑矣。"但同时，若杨柳树型过大，易招风摇撼，以至于影响堤身安全，故"植杨向外，使根可匝岸，待其稍长，岁髡其枝，恐受

　　①② 宋史：卷一七三 食货上一［M］. 北京：中华书局，1985：4186.
　　③ ［明］张国维. 吴中水利全书：卷二八 姚文灏修圩歌［M］. 影印文渊阁四库全书本. 台北：商务印书馆，1986：578,981.
　　④ 按古代城墙长三丈、高一丈为一雉，此比喻圩堤似"长城"高大，描绘了圩区风貌，讴歌了众力筑圩之功，尤其赞扬"杨柳当防夫"，喻义真切。"万雉长城倩随守，两堤杨柳当防夫"语见杨万里《诚斋集》卷三二《圩丁词十解》（见［宋］杨万里. 诚斋集：卷三二 圩丁词十解［M］. 影印文渊阁四库全书本. 台北：商务印书馆，1986：1160,346.）.

风摇动,岸善崩也"①。在堤脚外浅滩上,圩民则常种植芦荻、茭菱等水生植物。这既可防御风浪侵袭堤岸,又具有经济价值。茭菱可以食用,芦荻可用作编织和作为燃料。太湖一带还有一种被群众称作"浮墩"的植物,每年春季浮上水面,小的几亩、大的几十亩一片。圩民用长刀把大片切成小片,推至圩岸旁边,"浮墩"随风升降,具有良好的杀浪作用。

　　同时,宋政府还专门制定了旨在加强圩田堤岸管理的法令,对确保圩岸无忧的地方长官予以褒奖。如"政和六年,立管干圩岸、围岸官法,在官三年,无隳损堙塞者赏之"②。这一举措无疑促进了地方政府对圩岸的兴筑与管理。

　　长江下游地区的水旱灾害,或交替出现,或连锁并发,给宋代社会经济造成了严重破坏。针对长江下游圩区愈演愈烈的自然灾害,封建政府为尽快稳定这一地区的社会秩序,恢复和重建流域经济,以巩固封建王朝在长江流域的统治,相继采取了一系列富有针对性的治理措施,从各个方面加强对流域自然灾害的救治。其中在救灾方面,采取了蠲免、赈济等措施;在恤民方面,政府则通过建置福田院、安济坊、居养院、养济院、婴儿局和慈幼局等慈善机构,来安置无依无靠、无家可归的灾民。对于这些救灾、恤民举措,学界多有论述,此不赘述。

---

　　① [明]张内蕴.三吴水考:卷一四　水田考[M].影印文渊阁四库全书本.台北:商务印书馆,1986:577,523.

　　② 宋史:卷一七三　食货上一[M].北京:中华书局,1985:4168-4169.

第六章　唐宋时期圩田开发与生态环境问题

以往人们探讨圩田开发问题，很少将其与生态环境问题结合起来考察，这是这一研究的不足。我们认为，在长江下游圩田开发的过程中，由于诸多原因，使其成为超负荷的农业生态系统，圩田的过度开发导致整个圩区的生态环境处于经常性的失衡状态，水患频仍是其最直接的表现。本章首先分析了圩田开发对生态环境所产生的影响，同时讨论了圩区生态保护思想与举措，最后论述了圩田禁围与反禁围的冲突与对抗。

第一节　圩田开发对生态环境的影响

圩田的开发十分适合长江下游地区水乡泽国的地理特点，使大量沿江沿湖滩涂变成了良田。这种土地利用形式是江南人民在长期实践中的伟大创举，它在抗御旱涝、夺取稳产高产方面，有着诸多的优越性。特别值得一提的是，在长江下游圩田开发过程中，人们创造了诸多保护圩区生态环境的办法，比如大公圩的做法便取得了较好的效果，其做法主要有五个方面：一为"排钉木桩"。圩田处于河边、湖边的空地上，"沙土酥融，浮泥轻薄，立脚不坚，即埂身不固"。圩民通过"排钉木桩"的办法加固堤身。另外，圩堤"或为鳝所攻，或为龟所伏，或为獭所藏"，因此在木桩之外还要"多备石灰煤炭以压制之，使其不敢穿穴"，从而杜绝"浸漏之患"。二为"层设土坦（'坦'古同台）"。此法即在圩埂内单薄之处层层累上土坦。修筑方法为："筑土一层，收分一层；筑高一层，隆起一层。层累而上形如梯立。复有土陇一法，下重上锐，形如龙伏。用此撑持深沟大潭之畔，年复增添，积之不已，埂有不占大壮乎？"用这一方法筑起的圩埂较为牢固。三为"砌碏石礅"。在花津十里要工之处，"潮汐风浪冲撼汕刷"，"岌岌可危"，人们曾尝试种种办法抵挡风浪，但收效甚微。后来人们发明了"砌碏石礅"的方法，即用"甃石外方中衬裹石，实以米汁石灰，谓之三和土层。砌丁石磉成高岸，虽狂风怒涛撼之不动。"四为"立品字墩以分浪"。随着圩区水利工程建设的发展，人们在圩堤外"多设土墩，宽阔数亩许，参伍错综，如品字形"。这种护堤办法不仅减缓了河流浪涛对圩堤的冲刷，而且带来了经济收益。时人评论："虽有潴涨，至此歧分；纵遇驰流，不能冲突。一举而三善咸备，自然之利无穷已"。五为"筑搪浪埂以护堤"。大公圩花津十里，位于"三湖之口"。人们便在距离圩堤百余丈的地方修建了一堤即搪浪埂，"为重关叠嶂之计"[①]，对保障圩堤的安全发挥了一定的作用。六为栽种杨柳等植物固堤护圩。如大公圩东岸从横湖到花津堤，百里沿堤遍栽杨柳。宋时杨万里路过丹阳时赞道："夹岸垂杨一千里，风流国是太平州。"[②]同时对堤上植物的保护也有严格的规定：如对栽种植物一一登记造册；偷窃一株一茎则"罚补十倍、断罪枷令"；砍斫杨柳者重罪惩罚。[③]

不过，圩田这种垦殖形态利弊并存，过度地开发势必会带来相应的环境问题。正当人们陶醉于自己围湖造田的胜利之时，自然界为此作出的各种灾难性的报复也就接踵而至了。

第一，导致生产的下降和常赋收入的锐减。两宋时期尤其到了南宋，长江下游地区围湖造田之风十分猖獗，水利遭到严重破坏，农业经济遭受重创，在旱涝之年表现得尤其明显，从而损害了国家财政利益。对此，魏了翁曾指出：（鉴湖）"湖之水源，三十有六，衮三百里。自熙宁兴水利，立石牌，以牌内者为田。政和末，又并牌外亦为田。自是盗耕者众。虽尝有复湖者，终不能如旧。盖耕湖者，当春放水，则民田被浸；夏秋阙雨，则湖田蕴利曲防，民田无水灌溉，湖田之利，岁不过上供五万石。湖田若荡，地区不满二千余顷，耕湖者亦不过数千家。而二县之田，九千余顷，民数万家，岁有水旱之忧，莫之恤也"。他还为此赋诗曰："三十六源光夺鉴，九千余顷稻

①　[清]朱万滋.当邑官圩修防汇述：三编卷一 修筑[Z].清光绪二十五年刊本.
②　[清]朱万滋.当邑官圩修防汇述：四编卷三 选能[Z].清光绪二十五年刊本.
③　[清]朱万滋.当邑官圩修防汇述：卷二 人物志[Z].清光绪二十五年刊本.

盈车。何年使客徼微利，不管稽阴数万家。"①鉴湖如此，越州境内的汝仇
湖、夏盖湖，明州的广德湖、萧山的湘湖等处也不例外。如绍兴九年（1139
年），权发遣明州周纲报告说，鄞县广德湖自废湖为田后，"召人请佃，得租
米一万九千余硕。至绍兴七年守臣仇念又乞令见种之人不输田主，径纳官
租，增为四万五千余硕，臣尝询之老农。以为湖水未废时七乡民田每亩收
谷六七硕，今所收不及前日之半，以失湖水灌溉之利故也。计七乡之田不
下二千硕，所失谷无虑五六十万石，又不无旱干之患，乞还旧物，仍旧为
湖。"②由此可知，广德湖被围垦为田后，使周边七乡之田每年减产五六十万
石稻谷，而湖田租米所入仅四万五千余石。也就是说，无论是对于广大农
户来说，还是对于封建政府而言，收入都是断崖式锐减，实在得不偿失！对
于围湖造田所造成的危害，知湖州李光也指出：

> 自壬子岁入朝，首论明、越间废湖为田之害，蒙独罢余姚、上
> 虞两邑湖田，其会稽之鉴湖、鄞之广德湖、萧山之湘湖等处，其类
> 甚多，州县官往往利为圭田，顽猾之民因而献计，侵耕盗种，上下
> 相蒙，未肯尽行废罢。窃谓二浙每岁秋租大数不下百五十万斛，
> 苏、湖、明、越其数大半，朝廷经费之源实本于此。伏望……应明、
> 越湖田尽行废罢。③

这里，李光已把废湖为田从而严重影响南宋政府常赋的问题说得很明
白。可见，统治者为一时之利而罔顾自然规律，结果受到了自然规律的惩
罚，这样的教训十分深刻！

第二，破坏了原有的湖泊、河流水文环境。唐宋时期，在长江下游圩
区，人们废湖为田，或随意改变河道，致使众多的圩田将水道系统全部打
乱，外河水流不畅，圩内排水和引水也增加了难度，造成"水不得停蓄，旱不
得流注"的严重局面。所谓废湖为田，即将湖水排干，以全部湖底为田。六
朝时已有"决湖以为田"的记载，不过那仅是个别权贵豪门所为，且每受到

---

① ［宋］魏了翁.鹤山先生大全文集：卷一〇 八月七日被命上会稽沿途所历拙于省记为韵语以记之
舟中［Z］.四部丛刊本.
② ［清］徐松.宋会要辑稿：食货七［M］.北京：中华书局 1957：4927-4928.
③ ［清］徐松.宋会要辑稿：食货七［M］.北京：中华书局 1957：4926.

有识之士的反对,奏请朝廷,晓以利害,加以制止,故多未得逞。如谢灵运即曾两次请决湖为田,均被拒绝。唐时废湖为田之事则屡见不鲜,长江下游地区的许多湖泊被当地的权贵豪门毁灭了。有时在人民群众的坚决斗争下,并遇到有不畏权势的地方官,竟毅然将土豪劣绅业已圈占干涸了的湖泊再恢复起来。当然此类的事是不多的,如润州练湖于被毁九十余年之后又恢复起来,实是绝无仅有的一例:

> 大江具区惟润州,其薮曰练湖,幅员四十里,菰蒲菱芡之多,龟鱼鳖蜃之生,厌饫江淮,膏润数州。其傍大族强家,泄流为田,专利上腴,亩收倍锺,富剧淫衍,自丹阳、延陵、金坛环地三百里,数合五万室,旱则悬耜,水则具舟,人罹其害,九十余祀,凡经上司,纷纷与夺,八十一断。呜呼!曲能掩直,强者以得之,老幼怨痛,沉声无告。永泰元年,王师大翦西戎,西戎既駾矣,生人舒息,诏公卿选贤良,先除二千石。以江南经用所资,首任能者。是岁十一月二十三日,拜常州刺史京兆韦公损为润州。声如飙驰,先诏而至,吏人畏伏,男女相贺,即日上无贪刻,下无冤愤。公素知截湖开壤,灾甚螟蟊,临事风生,指斯以复。……公乃申戒县吏,卒徒辟之,人不俟召,呼抃从役,畚锸盖野,浚阜成溪。增理故塘,缭而合之,广湖为八十里,象月之规,俦金之固,水复其所,如鲸噗射,汹汹隐地,雷闻泉中。先程三日,若海之弥望,灏灏如吞吐日月,沈沈如韫蓄风雨。所润者远,原隰皆春,耕者饱,忧者泰。于是疏为斗门,既杀其溢,又支其泽,沃塉均品,河渠通流,商悦奠价,人勇输赋,遐迩受利,岂惟此州![①]

事实上长江下游多数湖泊被其周边的大姓强家泄流为田,或于湖中营造围堤或圩岸,结果,或者是把整个湖泊消灭,或者把湖面缩小。自然平衡被破坏之后,灾害必接踵而至。对此,时人指出:"害大利小者,其以湖为田之谓欤。"[②]直斥其弊。到了宋代,废湖为田之风开始盛行,北宋时已开其端,有关的批评声不绝于耳。如宣和五年(1123年)五月四日,臣僚言:"镇

---

① [清]董诰.全唐文:卷三一四　润州丹阳县复练唐颂(并序)[M].北京:中华书局,1983:3193.
② [清]董诰.全唐文:卷八七一　练湖碑铭[M].北京:中华书局,1983:9117.

江府练湖与新丰塘地理相接……今湖堤四岸,多有损缺,春夏不能贮水,才至少雨,则民田便称旱伤。"①靖康元年(1126年),臣僚又上言:

> 东南濒江海,水易泄而多旱。历代皆有陂湖蓄水。祥符、庆历间,民始盗陂湖为田,后复田为湖。近年以来,复废为田,雨则涝,旱则涸。民久承佃,所收租税,无计可脱,悉归御前,而漕司之常赋有亏,民之失业无算。可乞尽括东南废湖为田者,复以为湖,度几涸瘵之民,稍复故业。②

认为围湖造田,减少了陂塘蓄水,这是造成"雨则涝、旱则涸"的根本原因,因此指出只有退田还湖才能解决这些地区的水旱之灾。但此提议并未见实施。南宋时,长江下游地区废湖为田之风更甚,众多湖泊都被地方权豪排干,改造为田。至绍兴二年(1132年)复又提议退田还湖之事,高宗采纳了建议,"废绍兴府余姚、上虞县湖田为湖,溉民田"③。绍兴五年(1135年),退田还湖的建议又波及明州和越州。是年,明州守臣李光上奏:

> 明、越陂湖,专溉农田。自庆历中,始有盗湖为田者,三司使切责漕臣,严立法禁。宣和以来,王仲薿守越,楼异守明,创为应奉,始废湖为田,自是岁有水旱之患。乞行废罢,尽复为湖。如江东、西之圩田,苏、秀之围田,皆当讲究兴复。④

虽然时人基本上赞同这一提议,但竟不能行。由于大量湖泊被改造为田,导致旱则无灌溉之利,潦则洪水横流,泛滥成灾。这里以鉴湖为例。鉴湖位于绍兴城西南面,系浙江名湖之一,为东汉太守马臻所开,方圆358里,灌溉农田9000余顷。因此,会稽、山阴二县无荒废之田,无水旱之患,而且山清水秀,风景如画,环境幽雅。南宋王十朋曾作《鉴湖行》诗描写鉴湖的宜人春色:"苍苍凉凉红日生,葱葱郁郁佳气横。鉴湖春色三百里,桃

① [清]徐松.宋会要辑稿:食货七[M].北京:中华书局,1957:4924.
② 宋史:卷九六　河渠六[M].北京:中华书局,1985:2391.
③ 宋史:卷二七　高宗四[M].北京:中华书局,1985:498.
④ 宋史:卷九七　河渠七[M].北京:中华书局,1985:2403.

花水涨扁舟行。花间啼鸟传春意，声落行舟惊梦寐。胡床兀坐心境清，转觉湖山有风味。鉴中风物几经春，身在鉴中思古人。禹迹茫茫千载后，疏凿功归马太守。太守湖成坐鬼责，后代风流属狂客。狂客不长家鉴湖，惟有渔人至今得。日暮东风吹棹回，花枝照眼入蓬莱。回首湖山何处是，欸乃声中画图里。"[1]可是自北宋大中祥符年间（1008—1016 年），有权贵豪绅开始在湖中建筑堤堰，盗湖为田，谋取私利。至南宋绍兴年间，围湖造田面积竟达 2300 余顷，水旱之患时常发生，万亩农田失去灌溉水源，而且生态环境受到极大的破坏。《宋史·河渠七》载：

> 鉴湖之广，周回三百五十八里，环山三十六源。自汉永和五年，会稽太守马臻始筑塘，溉田九千余顷，至宋初八百年间，民受其利。岁月浸远，浚治不时，日久堙废。濒湖之民，侵耕为田，熙宁中，盗为田九百余顷。尝遣庐州观察推官江衍经度其宜，凡为湖田者两存之，立碑石为界，内者为田，外者为湖。政和末，为郡守者务为进奉之计，遂废湖为田，赋输京师。自时奸民私占，为田益众，湖之存者亡几矣。绍兴二十九年十月，帝谕枢密院事王纶曰："往年宰执尝欲尽干鉴湖，云可得十万斛米。朕谓若遇岁旱，无湖水引灌，则所损未必不过之。凡事须远虑可也。"[2]

此段记载别有意味。鉴湖在熙宁和政和年间，大肆废湖为田，但赋输京师，增加了朝廷的赋税收入，基本上得到了朝廷的认可，同时，高宗也看到，由于"湖之存者亡几"，"若遇岁旱，无湖水引灌，则所损未必不过之"，仅从中央的赋税收入来看，圩田之利弊，一目了然。对于鉴湖被盗所造成的严重损失，时人王十朋曾有专门的论述，他分析了公私的损失，特别是对鉴湖调节江河水流、维持生态平衡的重大作用，阐述得十分中肯，是讨论废湖为田问题的一篇重要文献，王十朋说：

> 东坡先生尝谓杭之有西湖，如人之有目。某亦谓越之有鉴湖

---

① ［宋］王十朋.梅溪王先生文集后集：卷三　鉴湖行［M］.影印文渊阁四库全书本.台北：商务印书馆，1986：1151，327.

② 宋史：卷九七　河渠七［M］.北京：中华书局 1985：2406-2407.

如人之有肠胃,目翳则不可以视,肠胃秘则不可以生。二湖之在东南,皆不可以不治,而鉴湖之利害为尤重。昔东汉太守马臻之开是湖也,在会稽、山阴二县界中,周回三百五十余里,溉田九千余顷。湖高田丈余,田又高海丈余,水少则泄湖归田,水多则泄田归海,故会稽、山阴无荒废之田,无水旱之患者以此。自汉永和以来,更六朝之有江东西,晋、隋、唐之有天下,与夫五代钱氏之为国有而治之,莫敢废也。千有余年之间,民受其利博矣、久矣。

至国朝之兴,始有盗湖为田者。然其害犹微,盗于祥符者才一十七户,至庆历间为田四顷而已。当是时,三司转运司犹切责州县,使复田为湖。自是而后,官吏因循,禁防不谨,奸弊日起,侵盗愈多。至于治平、熙宁间,盗而田之者凡八千余户,为田盖七百余顷,而湖寖废矣。然官亦未尝不禁,而民亦未敢公然盗之也。政和末,有小人为州内交权幸专务为应奉之计,遂建议废湖为田,而岁输其所入于京师,自是奸民豪族,公侵强据,无复忌惮。所谓鉴湖者,仅存其名,而水旱灾伤之患,无岁无之矣。

今占湖为田,盖二千三百余顷,岁得租米六万余石,为官吏者徒见夫六万石之利于公家也,而不知九千顷之被其害也;知九千顷之岁被其害而已,而不知废湖为田,其害不止于九千顷而已也①。

鉴于废湖为田对环境所造成的破坏,王十朋指出:"鉴湖之开有三大利,废湖为田有三大害",并据此提出了"复田为湖有三大利,湖固不可以不复也"的主张。然而,由于治理鉴湖触及权贵豪强的既得利益,朝廷内外不时有反对之声,加之王十朋人微言轻,朝廷只采纳了其部分建议。尽管如此,王十朋还是全力参与治理。他敢于查处那些破坏鉴湖环境的权贵和地方豪强势力,为恢复鉴湖的生态作出了贡献。

由于圩田多建立在水流要害之处,且田面反在水面之下,因此对水利要求甚高,稍有罅隙,便有内涝之患。宋徽宗统治时期,当涂路西湖建成的政和圩,使"山水无以发泄,遂致冲决圩埠"。永丰圩自政和五年(1115 年)围湖成田,嗣后五十余年"横截水势,不容通泄,圩为害非细"。焦村私圩,

---

① [宋]王十朋.梅溪王先生文集后集:卷二七 鉴湖说上[M].影印文渊阁四库全书本.台北:商务印书馆,1986:1151,599-600.

"梗塞水面,致化成、惠民频有损害"。宣城童家湖系徽州绩溪与广德军建平二水会合之处,其势阔远,"政和间有贵要之家请佃此湖围成田""绍兴间有淮西总管张荣者诡名承佃,再筑为圩……自后每遇水涨,诸圩被害"。[①]这方面的例子不胜枚举。

第三,历代地方政府在圩田管理方面也是各自为政,各地区的圩田不能形成一个完整的系统,缺乏相互间的协作。郏亶在他的《水利书》中便描述了圩田遭到破坏的情形:"岗门之坏,岂非五代之季,民各纵行舟之便而废之耶?"这说明圩田的破坏早在吴越国时期就已经出现了。到了宋代,特别是豪强贵势私筑圩埠,对圩区水利系统及小农生产的破坏尤甚,这一点在南宋宁宗嘉定三年(1210年)卫泾所上的奏折中体现得甚为明显:

> 隆兴、乾道之后,豪宗大姓,相继迭出,广包强占,无岁无之,……围(圩)田一兴,修筑塍岸,水所由出入之路,顿至隔绝,稍觉旱干,则占据上流,独擅灌溉之利,民田坐视无从取水;逮至水溢,则顺流疏决,复以民田为壑。[②]

关于圩田管理方面各自为政、相互间缺乏协作的记载还能举出不少,史载:

> 而围田之害深矣。议者又曰:围田既广,则增租亦多。于邦计不为无补,殊不思缘江并湖,民间良田,何啻数千百顷,皆异时之无水旱者。围田一兴,修筑塍岸,水所由出入之路,顿至隔绝,稍觉旱干,则占据上游,独擅溉灌之利,民间无从取水。水溢,则顺流疏缺,复以民田为壑。围田侥幸一稔,增租有几,而当税倍收之。田小有水旱,反为荒土。常赋所损,可胜计哉。[③]

由于彼此间缺乏协作,使因破圩而形成的局部水灾年年有之,以至出

---

　　①［清］徐松.宋会要辑稿:食货六一[M].北京:中华书局,1957:5946.

　　②［宋］卫泾.后乐集:卷一三　论围田札子[M].影印文渊阁四库全书本.台北:商务印书馆,1986:169,654.

　　③［清］鄂尔泰,张廷玉,等.授时通考:卷一二　土宜　田制下[Z].北京:中华书局,1956:223.

现了"常赋所损,可胜计哉"的局面。由于影响了国家的赋税收入,朝廷曾多次颁布诏令,禁止开垦更多的圩田,甚至于淳熙十年(1183 年)在每一块圩田区都立置了一块刻有这种诏令的石碑,这种石碑一共用了 1489 块[①],但局势一直未得到改观。

第四,大量构筑圩田,影响到湖泊的蓄水量。大型湖泊,作为陆地水系中的枢纽,具有吞洪吐涝、调节河川径流的重要作用。江南地区大量利用湖边滩地修筑圩田,使湖面缩小,破坏了生态平衡。如太湖地区在圩田出现以前,本有一个天然形成的水面与陆地合理的比例。太湖就是蓄洪的天然水库。而湖边的滩地是水库的一部分,能够发挥调节的功能。自从人们大量利用太湖边上的滩地修筑圩田后,湖面不断缩小,从而影响了其调节水量的功能,破坏了太湖地区的生态条件,由此灾害便接踵而至。水旱失调自然是农民首遭其殃,接着公私圩田大户也同受其祸。因水中筑堤之后,水中泥沙向堤外淤积,湖底升高,于是圩堤又可向湖心延伸,这样,湖便逐渐缩小,以至于消失,一旦河水暴涨,湖已不能容纳,势必将大小堤岸冲垮,导致水灾频频发生。太湖地区东晋至清各代水旱比较示意图,如图 6-1 所示[②]。

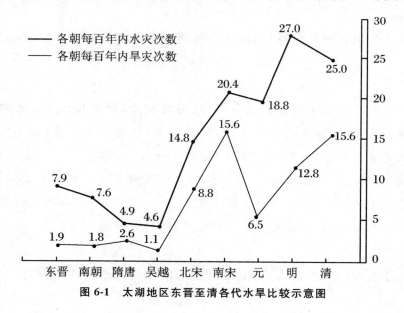

图 6-1　太湖地区东晋至清各代水旱比较示意图

① 宋史:卷一七三 食货志[M].北京:中华书局,1985:35.
② 郑肇经.太湖水利技术史[M].北京:农业出版社 1987:255.

太湖流域从东晋到明清,其水旱演变情况大致可分为两个最少期,四个较多期和四个最多期,表现为宋以前由少到多,再由多到少的过程,而在宋以后,则以水旱灾次的愈益增多为其主要趋势。这一发展态势无疑是与太湖流域生态环境的不断恶化紧密相连的。

第五,围湖造田还破坏了水生资源。长江下游地区的湖泊,水生资源极为丰富,如丹阳练湖,在唐代就有"菰蒲菱芡之多,龟鱼鳖蜃之生,厌饫江淮,膏润数州"之称[①];四明广德湖有"菰蒲凫鸟,四时不绝"之饶;越州鉴湖更有"鱼鳖虾蟹之类不可胜食,茭荷菱芡之实不可胜用"之誉[②]。这些水生资源,一方面为人们提供了丰富的食品,另一方面又为牲畜提供了饲料,为编织、造纸提供了原料,有的还是良好的药材,故此,具有颇高的经济价值。围湖造田以后,特别是废湖以后,这些水生资源便面临了灭顶之灾。对此,当时的有识之士都给予了极大关注。如曾巩在《广德湖记》中指出:熙宁二年张候修复广德湖以后,出现了"鱼雁菱苇果疏水产之良皆复其旧"[③]。徐次铎在《复镜湖议》中如是说:"使湖果复旧,水常弥满,则鱼鳖虾蟹之类不可胜食,茭荷菱芡之实不可胜用,纵民采捕其中,其利自博。"[④]陈仲宜等在上徽宗书中也指出诸路湖泺池塘陂泽被围占以后"贫窭细民,顿失采取莲荷蒲藕、菱芡、鱼鳖、虾蚬、蚌螺之类,不能糊口营生"[⑤]。类似的记载尚能举出不少。这些史料无疑都说明古代江南地区围湖造田后水生资源遭到了严重的破坏。

需要指出的是,唐宋以降特别是明清时期,由于长江下游地区人口的急剧增长,圩田开发对生态环境的影响进一步加剧,成为严重的社会问题。这里以大公圩为例加以论述。

我们知道,圩田本身是在原来不利于甚至无法耕种的湖泊及地势低洼之地,通过人工修堤拦水等途径进行开发的,相对于其他土地利用方式,其本身具有一定的生态脆弱性,加上过度开发利用及缺乏合理的护理,这种超负荷的耕作方式受到自然的惩罚是势所必然。在大公圩开发的过程中,

①［清］董诰. 全唐文:卷三一四 润州丹阳县复练唐颂(并序)[M]. 北京:中华书局 1983:3193.

②④［明］徐光启. 农政全书:卷一六 水利[M]. 影印文渊阁四库全书本. 台北:商务印书馆,1986:731,218.

③［宋］曾巩. 南丰先生元丰类稿:卷一九 广德湖记[M]. 影印文渊阁四库全书本. 台北:商务印书馆,1986:1098,533.

⑤［清］徐松. 宋会要辑稿:食货六一[M]. 北京:中华书局,1957:5925.

由于诸多因素的影响,其成为超负荷的农业生态系统,圩田的过度开发导致整个圩区的生态环境处于经常性的失衡状态,水患频仍是其最直接的表现。元末时,时人李习在《修筑陂塘记》中就指出:"官圩埂百余里……其诸埂坏三百六十有二圩"①。据此可知大公圩损坏之严重。据明人李维桢《金柱山记》载,明时"筑东坝而三湖反从姑溪西入江……会洪水溃堤,官圩田三十七万悉为污莱。疫疠乘之,死亡十九。"②县令"假尔粟以食贫民,假贫民力以筑圩",以为用工多寡,开创灾年互助修堤的先例。到了清代,大公圩的水患更是频频发生,仅从道光三年(1823 年)到光绪十三年(1887 年)的六十余年间,大公圩共有 14 次溃堤,损失惨烈。《当邑官圩修防汇述》如是说:

> 国朝道光癸未,大水异常,己酉尤剧。圩民荡析里居,罔有定极。经乡先辈竭力经营,冀挽天心,以尽人事。近六十年来告溃者,屈指已十有四次。嗟夫! 堤之利民久矣,圩之病涝又屡矣。③

有清一代,大公圩的过度开发产生了相应的环境问题,其直接表现有三:一是灾害频发。康、雍、乾时期,大公圩的水灾较少,道光朝以降则水灾频频发生,已如前文所述。二是受灾面积大。大公圩地势低下,一遇水灾,往往整个圩区一片汪洋。如道光三年(1823 年)五月二十日,"福定圩周家埠溃,波及官圩中心埂。二十二日,戚家桥溃……农佃闻风哭泣,坐任飘淌,田庐器具无一存者。次春,饿殍盈途"④。道光十一年(1831 年)六月十一日,"花津稽村前溃……闭门无人烟者十居八九,麦熟田畦无能刈获"⑤。道光二十九年(1849 年)四月初四日,"孟公碑原缺未竣,先溃……由是汪洋千里,水天一色,皖江郡邑无完区焉。四围工段没尽,百室飘淌无存。近来第一大水之年也"⑥。这方面的例子不胜枚举。三是灾害的破坏性大。一方面灾害造成农作物减产,圩民的基本生活设施被毁,另一方面灾害还污染了水环境,导致瘟疫流行。史载:"盛涨之年,螺蛤尤多,水族逐臭,随涡

---

① 李修生.全元文:卷一一五八 修筑陂塘事迹碑[M].南京:凤凰出版社,1998:4.
② [清]张海,等.万櫹,等.当涂县志:卷二九 艺文[Z].乾隆十五年刻本.
③ [清]朱万滋.当邑官圩修防汇述:序[Z].清光绪二十五年刊本.
④⑤⑥ [清]朱万滋.当邑官圩修防汇述:续编卷五 修造溃缺[Z].清光绪二十五年刊本.

聚处,有至数十百斛者,水落后肉腐壳空,散布堤畔。"①又如道光十一年六月,沛俭圩花津稽村前溃,导致该地"瘟疫盛行"②。

大公圩生态环境遭到破坏,导致灾害频发,其原因大致有三:

第一,人地矛盾尖锐是圩区生态环境恶化的最根本原因。宋代沈括在《万春圩图记》中说:"江南大都皆山也,可耕之土皆下湿厌水濒江,规其地以堤而艺其中,谓之'圩'。"③由这一记载可以判断,当时皖江流域的可耕之地是不多的,因而该地区的人地矛盾是相当尖锐的。尤其到了明清时期,随着长江下游地区人口的激增,人地关系更趋紧张。为了追逐眼前利益,人们无节制地伐林垦荒和围湖造田,产生一系列生态环境问题。如当涂境内多山,山上树木茂盛,近山农民纷纷伐林垦荒,以至"弥望冈峦都成童秃",加速了水土流失。又如同治年间,外省的灾民不断向皖南移民,他们的到来加剧了对皖南的开发,使大公圩相邻的湖泊都被开发殆尽,直接导致湖泊的蓄水量减少,一遇暴雨肆虐,便加剧了大公圩水灾的发生。

第二,大公圩水利生态系统脆弱。当涂是个水乡泽国,大公圩地势尤为低下,四面临水。"官圩堤埂上承山水,下接江潮",一旦溃破之后,又兼"风冲浪激",自然生态十分脆弱。加上大公圩在其开发过程中打乱了以往的水域水文环境,改变了水道系统,导致外河水流不畅,圩内排水和引水增加难度,以致出现"水不得停蓄,旱不得流注"的严重局面。同时,徽宁等府由于棚民大规模的山地开发,使山区水流的泥沙含量大大增加,这便使地处下游的大公圩一带时常受到冲击,致使大公圩的生态系统进一步脆弱,灾害频频发生。

第三,与人们的行为不当关系至密。对于圩区水灾泛滥,生态环境恶化,《当邑官圩修防汇述》的作者道出了个中缘故:"同是江潮泛滥,彼能完堤我连溃埂,非别有天也?殆有人事在焉。官圩人事欲趋欲险,欲变欲诈。自然之利不兴,显然之害不除。而且见利争趋,见害交避,恬不为怪。"④这里揭示了大公圩存在诸如"欲趋欲险,欲变欲诈""见利争趋,见害交避"等

---

①　[清]朱万滋.当邑官圩修防汇述:四编卷三　选能[Z].清光绪二十五年刊本.

②　[清]朱万滋.当邑官圩修防汇述:续编卷五　修造溃缺[Z].清光绪二十五年刊本.

③　[宋]沈括.长兴集:卷九　万春圩图记[M].影印文渊阁四库全书本.台北:商务印书馆,1986:1117,295.

④　[清]朱万滋.当邑官圩修防汇述:三编卷一　琐言总冒[Z].清光绪二十五年刊本.

"人事"问题。如一些圩民为了获取淤泥肥田,导致"地面愈捞愈大,沟心愈捞愈深,埂脚愈捞愈陡……三五十年,沟塘渐渐淤塞,不禁不竭",堤埂坍塌之事屡见不鲜。这与大公圩比邻的金宝圩形成鲜明对比。"金宝圩规条不特永禁捞泥,即傍埂之菱藕荄茨一概不准采取"。另外,圩堤沿岸栽植杨柳本是"护堤遮浪"的有效措施,可是却屡被一些圩民"妄取",甚至一些人还窃取护堤用的椿木,"只图利己,不顾损人。及细思之,未尝不自害耳"。[①]上述人们的不当行为,导致柳树的护堤功能弱化,使圩堤的坚固程度受到影响,灾害便接踵而至。这种由于人们的不当行为所导致圩区生态环境的恶化,为后人留下了深刻的历史教训。正如恩格斯所说:"我们不要过分陶醉于我们对自然界的胜利,对于每一次这样的胜利,自然界都报复了我们"。[②] 因此,我们在肯定圩田开发积极效应的同时,也应理性地看到它所产生的负面效应,总结利弊得失,为圩区的经济社会可持续发展提供历史借鉴。

第二节　生态保护思想与措施

一、生态保护思想

唐宋时期特别是在宋代,长江下游地区的圩田开发活动十分盛行,许多滋生水草的水洼地、沼泽地或浅湖区都被改造成了良田,严重破坏了生态环境,这也引起了一些有识之士的忧虑。如南宋卫泾曾指出:"隆兴乾道之后,豪宗大姓,相继迭出,广包强占,无岁无之。陂湖之利,日朘月削,已亡几何,而所在围田,则遍满矣。以臣耳目所接,三十年间,昔日之曰江,曰湖,曰草荡者,今皆田也。"[③]在这样的背景下,逐步形成了一些生态保护的思想。有宋一代,长江下游圩区的生态保护思想主要体现在两个方面:一是形成了一些生态保护理论,二是出现了一些生态保护文献。

---

① 〔清〕朱万滋.当邑官圩修防汇述:三编卷二　保护[Z].清光绪二十五年刊本.
② 中央编译局.马克思恩格斯选集:卷四[M].北京:人民出版社,1995:519.
③ 〔宋〕卫泾.后乐集:卷一三　论围田札子[M].影印文渊阁四库全书本.台北:商务印书馆,1986:169,654.

先叙述生态保护理论。

从人类认识历史的角度来看,人们是从人与生态环境之间的矛盾对立中逐渐认识自然、利用自然、改造自然,进而提出保护自然、维护生态平衡理论的。

有宋一代,许多官员、学者、儒士,在继承前人对生态环境要素认识的基础上,从不同侧面论述过保护自然环境、维护生态平衡的见解。这种良好的生态环境意识,包括人们对长江下游圩区生态问题的认识。当时,一些有识之士注意到圩田开发同自然环境之间的互动关系,并提出了一些维护生态环境的思想。这些生态思想对于当今进一步认清长江下游的环境问题,探寻保护生态环境的规律仍具有启示意义。这一时期圩区的生态思想主要包括以下两个方面的内容:

一是认为过度开发导致生态系统的脆弱。主要论点体现在以下两个方面:

关于自然灾害与圩田开发关系问题。

北宋年间,长江下游仅太湖一带就发生较大水灾22次,远远超过吴越时期。对于水灾发生的原因,时人多有论述。苏轼指出,"人事不修之积,非特天时之罪也"[①]。南宋绍兴知府史浩进一步认为:"然则非水为害,民间不合以湖为田也"[②]。王十朋在《鉴湖说》中指出:"政和末,有小人为州内,交权幸,专务为应奉之计,遂建议废湖为田,而岁输其入于京师,自是奸民豪族公侵强据,无复忌惮,所谓鉴湖者仅存其名,而水旱灾伤之患,无岁无之矣"[③]。这道出了水旱频繁发生之因,表达了对陂湖失去良好生态水系的感叹。时人又论,"当涂县管下,旧有路西湖,旁有拔声港,系通宣徽州界,每遇春夏山水泛涨,自港入湖出海,塘港入本州姑溪河,通出大江,所以诸圩无水患。止因政和二年,本州将路西湖兴修作政和圩,自后山水无所发泄,遂致冲决圩埠,损害田苗"[④]。时人还在前后对比中阐述了过度开发对圩区生态平衡的危害。乾道七年(1171年)臣僚上奏孝宗:"镇江府丹阳练湖按图经幅员四十里,纳长山诸水,漕运资之,故古语云:湖水寸,渠水尺。

① [宋]苏轼.苏轼文集:卷三二　进单锷吴中水利书状[M].北京:中华书局,1986:916.

② [清]徐松.宋会要辑稿:食货八[M].北京:中华书局,1957:4940.

③ [宋]王十朋.梅溪文集:后集　卷二七　鉴湖说　上[M].影印文渊阁四库全书.台北:商务印书馆,1986:599.

④ [清]徐松.宋会要辑稿:食货六一[M].北京:中华书局,1957:5927.

在唐时法禁甚严,溢决者罪比杀人……(南宋)兵火以后,多废不治,堤岸圮缺,春夏不能贮水,强家因而专利耕以为田,岁月既久,甚害滋广。"①淳熙十年(1183 年),大理寺丞张抑认为:"苏、湖、常、秀昔有水患,今多旱灾,盖出于此。"②龚明之则直接指出:"今所以有水旱之患者,其弊在于围田,由此水不得停蓄,旱不得流注,民间遂有无穷之害。"③卫泾也说:"浙西自有围田,即有水患"。④ 类似的还有《宋会要辑稿》里说的:"东南地濒江海,旧有陂湖蓄水,以备旱岁,近年以来,尽废为田,涝则水为之增益,旱则无灌溉之利,而湖之为田亦旱矣。"⑤时人看到了不合理的开垦行为打乱了原来的水网体系,破坏了原本用于调节水量的陂湖溇渎,以致"水不得停蓄,旱不得流注",水旱灾害频频发生。

关于土地资源问题。

时人认识到,不合理的开发,会造成水土流失。赵霖在《体究治水害状》中指出:"当陟昆山与常熟山之巅,四顾水与天接。父老皆曰:水底,十五年前,皆良田也"⑥。从中道出了由于不合理地垦殖,致使大片沃土良田沉没水底。郏亶也指出常熟等一些地方,"皆积水不耕之田也,水深不过五尺,浅者可二三尺。其间尚有古岸隐见水中,俗谓之'老岸',或有古之民家阶甃之遗址在焉。其地或以城、或以家、或以宅为名,尝求其契券以验,皆全税之田也,是古之良田而今废之耳"。他认为"古者堤岸高者须及二丈,低者亦不下一丈。借令大水之年,江湖之水高于田五七尺,而堤岸尚出于塘浦之外三五尺至一丈,故虽大水不能入于民田也。既不容水,则塘浦之水自高于江,而江之水亦高于海,不需决泄而水自湍流矣。故三江常浚而水田常熟,其塥阜之地亦因江水稍高得以畎引以灌溉"。可如今,"二江已塞,而一江又浅。倘不完复堤岸,驱低田之水尽入于松江,而使江流湍急",因此担心:"恐数十年之后,松江愈塞,震泽之患不止于苏州而已也"⑦。熙

　　① [清]徐松.宋会要辑稿:食货八[M].北京:中华书局,1957:4948.
　　② 宋史:卷一七三 食货上一[M].北京:中华书局,1985:4188.
　　③ [宋]龚明之.中吴纪闻:卷一 赵霖水利[Z].知不足斋丛书本.
　　④ [宋]卫泾.后乐集:卷一三 论围田札子[M].影印文渊阁四库全书本.台北:商务印书馆,1986:1169,655.
　　⑤ [清]徐松.宋会要辑稿:食货七[M].北京:中华书局,1957:4925.
　　⑥ [宋]范成大.吴郡志[M].南京:江苏古籍出版社,1986:287.
　　⑦ [明]归有光.三吴水利录:卷一 郏亶书二篇[M].影印文渊阁四库全书本.台北:商务印书馆,1986:576,520,523,525.

宁八年(1076年)大旱,太湖水退数里,单锷指出:"其地皆有昔日丘墓、街井、枯木之根,在数里之间,信之昔为民田,今为太湖也。"并进而推之:"太湖宽广,愈于昔时。昔云有三万六千顷,自筑吴江岸,及诸港湮塞,积水不泄,又不知其愈广几多顷也。"①

二是认为人与自然应和谐发展。主要论点有二:

关于治水治田相结合的问题。

时人对水利田开发往往只求近功而不顾及长远利益,围垦的目的仅仅是为了获得水田而不是为了治水,以致自然灾害频频发生。

吴越时代,钱氏立国江南,很重视农田水利的开发与维护。在前代的基础上,吴越合都水营田二职为"都水营田使",将治水与治田相结合,在开发水利田的同时注意对生态水系的维护,边开发边治理。

入宋以后,圩田水利系统"人事不修"虽然严重,但治水治田之思想并没有断裂。范仲淹曾认真研究江南大圩古制,总结了古今治理太湖的经验,并结合自己景祐元年的治水体会,提出"修围、浚河、置闸,三者如鼎足,缺一不可"②的思想。三者中"修围"乃圩田开发,而"浚河、置闸"则是对水利系统的疏导和对灾害的预防。他总结了古今治理圩区的实践经验,综合江南之圩、闸,浙西之开河后指出,治理太湖"浙西地卑,常苦水渗。虽有沟河,可以通海,惟时开导,则潮泥不得而湮之,虽有堤塘,可以御患,惟时修固,则无摧坏"③。事隔八十年后,赵霖主持大规模治理太湖时采用了范仲淹、郏亶等人的治水主张,修复情况良好。赵霖在《体究治水利害状》一书中强调说:"一曰开治港浦,二曰置闸启闭,三曰筑圩裹田,三者缺一不可。"事实上以后历代治理水网圩区,大多采用了这种方法。郏亶根据太湖地形,寻访古人治水遗迹,提出了较为全面的治水主张。他认为应规划高圩深浦束水入港归海的塘浦圩田制,创议恢复和发展被淹没的圩田,提出了以治水为农业生产服务的根本方针。他认为低乡的水利治理重在筑圩与排水,只有通过高筑圩岸、深浚塘浦才能保证水田之利。即所谓"五里至七里而为一纵浦,又七里或十里而为一横塘,因横塘之上,以为堤岸,使塘浦

---

①　[宋]苏轼.苏轼文集:卷三二　录进单锷吴中水利书[M].北京:中华书局,1986:921.

②　[明]徐光启.农政全书:卷卷一五　附建闸法[M].影印文渊阁四库全书本.台北:商务印书馆,1986:731,212.

③　[宋]范仲淹.范仲淹全集:第二册　政府奏议卷上　答手诏条陈十事[M].北京:中华书局,2020:470.

阔深,而堤岸高厚。塘浦阔深,则水流通,而不能为田之害也"。如何把高乡横沥、冈门以及潮汐灌溉等水利系统与低乡纵浦、横塘为主的圩田水利体系一起来,从而实现治水与治田双赢呢? 郏亶认为应该因地制宜,高低分治,"治水先治田",恢复吴越时期塘浦纵横、圩岸深阔、蓄泄兼顾的圩田体制,实现高低乡分治下的兼利。

　　郏亶的治水思想在实践过程中虽然遭到挫败,但对后世产生了深远的影响。郏亶之子郏侨在总结其父与单锷治理太湖方略的基础上,提出了综合治理太湖水患的策略,主张治水与治田并举,灌溉与防洪并重,指出:"若止于导江开浦,则必无近效;若止于浚泾作岸,则难以御暴流。要当合二者之说,相为首尾,乃尽其善。"[①]郏侨之所以提出这一主张,是缘于太湖水患日益加剧。而导致太湖水患日重的原因主要有二:一是圩田的过度围垦破坏了湖区的生态平衡,二是来水与去水的不平衡。陂湖被围垦之后,水面变成田面,潴水面积减少,调蓄洪水的能力降低,造成旱时无水灌溉,涝时易于成灾。龚明之指出:"今所以有水旱之患者,其弊在于围田。由此,水不得停蓄,旱不得流注,民间遂有无穷之害。"[②]宋代士人对生态的认识与"环保"观念具有系统化的特点,且达到了一定的理论高度。这些思想对于维护长江下游水系生态平衡、保护水土资源、合理地利用环境等发挥了积极作用。

　　关于适度开发问题。

　　苏轼曾指出:"古人非不知挽路,以松江入海,太湖之咽喉,不敢鲠塞故也。"[③]只有同自然和谐相处,才能使社会经济实现可持续发展。有识之士认为,由于不合理而开发的围田应重新"废田为湖"。隆兴二年(1164年)刑部侍郎吴芾上书孝宗说:"昨守绍兴,尝请开鉴湖,废田二百七十顷,复湖之旧,水无泛滥,民田九千余顷,悉获倍收。"[④]时人反对过度开发。开发这种经济活动与自然灾害的关系同样被广大群众所认识。位于宣城境内的童家圩,原为童家湖,"乃徽州绩溪县广德军建平县二水之所会,其势远阔",政和间被废为田。宣和年间(1119—1125年),"因民户陈词遂令开掘依旧

①　[明]张国维.吴中水利全书:卷一三　郏侨再上水利书[M].杭州:浙江古籍出版社,2014:511.
②　[宋]龚明之.中吴纪闻:卷一　赵霖水利[M].郑州:大象出版社,2019:40.
③　[宋]苏轼.苏轼文集:卷三二　进单锷吴中水利书状[M].北京:中华书局,1986:916.
④　宋史:卷一七三　食货上一[M].北京:中华书局,1985:4185.

成湖"。然"至绍兴间有淮西总管张荣者诡名承佃,再筑为圩,计一十八顷,草塌七顷。自后每遇水涨,诸圩被害如初"[①]。庆元二年(1196年)袁说友等言:"浙西围田相望……悉为田畴,有水则无地可潴,有旱则无水可戽。不严禁之,后将益甚,无复稔岁矣"[②]。有人进而指出:"苏本江海陂湖之地,谓之泽国,自当漫然,容纳数州之水。不当尽为田也。"[③]可见,宋代士人反对过度开发,强调要注意大自然的生态平衡和水域的生态平衡。

再叙生态保护文献。

唐宋时期,人们对于长江下游地区生态环境问题的认识大多停留在直观的感性认识上,对维护圩区生态平衡以及科学地处理人类开发活动与生态环境保护之间的关系还缺乏全面的认识和了解。因此当时不可能出现有关生态保护方面的专门文献。不过,就事论事地阐述有关圩区治水、水利工程等水系生态的文献却有不少。其中,有关治理太湖圩田的文献主要有:范仲淹的《答手诏条陈十事》、郏亶的《吴门水利书》、单锷的《吴中水利书》、郏侨的《水利书》等。

太湖流域特定的自然条件和经济地位,带来了太湖治水的复杂性与艰巨性。宋代以后,由于水利与航运、围田与治水等矛盾处理不善,加之管理养护制度的废弛与塘浦圩田系统的破坏,致使太湖流域水旱灾害与日俱增,因此引起了朝野有识之士的关注,提出了不少的治理主张,对当今太湖治水仍有研究参考的价值。

范仲淹于景祐年间在吴淞江东北主持疏浚港浦,疏导积水,使之东南入吴淞江,东北入长江,并建闸挡潮。同时,他认真研究江南的大圩古制,总结了古今治理太湖的经验,结合自己景祐元年的治水实践,提出了"修围、浚河、置闸,三者如鼎足,缺一不可"的治理主张。宋仁宗庆历年间,范仲淹官拜参知政事,他的《答手诏条陈十事》是"庆历新政"中建议改革弊政的著名奏章。在条陈"厚农桑"时,他讨论了长江下游的水利情况:

　　① [清]徐松.宋会要辑稿:食货六一[M].北京:中华书局 1957:5946.
　　② 宋史:卷一七三　食货上一[M].北京:中华书局 1985:4188.
　　③ [明]归有光.三吴水利录:卷一　郏亶书二篇[M].影印文渊阁四库全书本.台北:商务印书馆,1986:576,520.

　　臣于天下农利之中,粗举二三以言之。且如五代群雄争霸之时,本国岁饥,则乞籴于邻国,故各兴农利,自至丰足。江南旧有圩田,每一圩方数十里,如大城。中有河渠,外有门闸。旱则开闸引江水之利,涝则闭闸拒江水之害,旱涝不及,为农美利。又浙西地卑,常苦水沴。虽有沟河,可以通海,惟时开导,则潮泥不得而堙之。虽有堤塘,可以御患,惟时修固,则无摧坏。臣知苏州日,点检簿书,一州之田,系出税者三万四千顷。中稔之利,每亩得米二石至三石。计出米七百余万石。东南每岁上供之数六百万石,乃一州所出。臣询访高年,则云曩时两浙未归朝廷,苏州有营田军四都,共七八千人,专为田事,导河筑堤,以减水患。于时民间钱五十文籴白米一石。自皇朝一统,江南不稔则取之浙右,浙右不稔则取之淮南,故慢于农政,不复修举。江南圩田、浙西河塘,大半隳废,失东南之大利。今江浙之米,石不下六七百文足。至一贯文省,比于当时,其贵十倍,而民不得不困,国不得不虚矣。①

　　他条陈了江南、浙西水利,分析了唐五代时的大圩古制。"江南旧有圩田",规模甚大,"每一圩,方数十里,如大城";"中有河渠",构成圩区水网;"外有门闸",可控制蓄泄,"旱则开闸,引江水之利","潦则闭闸,拒江水之害",故能"旱涝不及,为农美利"。他知苏州时,曾"询访高年",得知五代吴越"有营田军","共七、八千人,专为田事,导河筑堤,以减水患"。而北宋朝廷"慢于农政,不复修举",致使"江南圩田,浙西河塘,大半隳废",而"失东南之大利"。他总结了古今治理圩区的实践经验,提出综合江南之圩、闸与浙西之开河综合治理太湖的意见。他指出,"浙西水卑常苦水沴,虽有沟河可以通海,惟时开导,则潮泥不得而湮之";"虽有堤塘可以御患,惟时修固,则无摧坏"②。范仲淹"修围、浚河、置闸并重"的治理主张较之景祐元年"疏浚、置闸"的治水实践是一大进步。修围、浚河、置闸并重,体现了治水与治田的结合,他较妥善地解决了蓄水与泄水、挡潮与排涝、治水与治田等矛

---

　　① 〔宋〕范仲淹.范仲淹全集:第二册 政府奏议卷上 答手诏条陈十事〔M〕.北京:中华书局,2020:470-471.

　　② 〔宋〕范仲淹.范仲淹全集:第二册 政府奏议卷上 答手诏条陈十事〔M〕.北京:中华书局,2020:461-475.

盾,反映出范仲淹对生态平衡较为深刻的认识和较为科学的见解,因而他的这一主张对当时与后世都产生了较大影响。

郏亶根据太湖地形高低,寻访古人治水遗迹,总结了吴越钱氏治水的经验,写成《吴门水利书》四卷。郏亶在书中提出了独特的治水思想,他指出应循照古人"浚三江治低田"和"治高田蓄雨泽"的方法治理太湖水利,以使"低田常无水患,高田常无旱灾,而数百里之内常获丰熟"。针对圩岸破坏、民田无法耕作的情况,郏亶提出先治田,后治水,治水必须先治田的主张。郏亶所谓的"治田",即是先筑塘浦圩堤,防止大水泛滥横溢,使水约束在塘浦之中,抬高塘浦水位,然后浚治三江(即吴淞江、娄江、东江),这样塘浦水位高于江中水位,江中水位高于海,就能迅速地排泄入海。郏亶主张应该根据地形,分片分级控制,在高田区、低田区之间设堰闸,阻止高地雨水向低地浸流,这样既可减少低地排水负担,又可在高地拦蓄雨水供抗旱之用。郏亶并认为对盲目围垦应当阻止,但圩田应当恢复[①]。熙宁五年,郏亶被任命为司农寺丞,主持兴修太湖水利,但仅仅进行了一年便被终止。尽管实施的时间较短,但他这种治理太湖的理念要比范仲淹来得进步。

单锷在所著《吴中水利书》中阐述了他对太湖地区治水的主张。他对太湖地区水患严重的原因作了分析,认为其影响因素是多方面的,前人的讨论"有知其一而不知其二,知其末而不知其本,详于此而略于彼"。他强调苏州水患的原因有三:一是欲便运粮,筑吴江长堤,横截江流,太湖水溢而不泄;二是废去溧阳五堰,宣、歙、金陵、九阳之水东灌苏、常、湖;三是宜兴百渎淤塞。针对这一情况,单锷提出了一系列的治理方案:

一是修复五堰。单锷指出:"由伍堰而东注太湖,则有宣、歙、池、广德、溧水之水,苟复堰,使上之水不入于荆溪,自余山涧之水,宁有几耶?比之未复,十须杀其六七耳。"五堰的主要功能是为了阻拦上游来水,但此时已经荒废,单锷提出恢复五堰,主要是为了减少来自上游的水流。通过减少水流来治理太湖的水患,是单锷的首创。

二是开通夹苎干渎。单锷指出:"倘开夹苎干通流,则西来他州入震泽之水,可以杀其势,深利于三州之田也。"夹苎干渎位于金坛、宜兴、武进三县之界,是古时引太湖西北方向来水注入长江干道的水利设施,但此时也

---

① [明]张国维.吴中水利全书:卷一三 郏亶上水利书[M].影印文渊阁四库全书本.台北:商务印书馆,1986:578,373-374.

已荒废。单锷主张开凿夹苎干渎实际上也是为了减少注入太湖的水流。

三是凿通吴淞江茭芦之地。这一措施是为了提高太湖的泄洪能力,单锷认为:"今欲泄震泽之水,莫若先开江尾茭芦之地,迁沙村之民,运其所涨之泥,然后以吴江岸凿其土为木桥千所,以通粮运。"他提出要凿开吴江江岸,改建木桥,桥上留有大孔,同时疏浚白蚬、安亭两江以及吴淞江出海口,可以大大改变太湖"纳而不吐""积而不泄"的现状。

四是修复水网圩田。单锷说:"水既泄矣,方诱民以筑田围。"他认为修筑圩田当在排完积水之后,批评郏亶先修圩田后排水的做法,指出"夫水行于地中,未能泄积水而先成田围,以狭水道,当春夏满流浩急之时,则水当涌行于田围之上,非止坏田围,且淹浸庐舍矣,此不智之甚也"。

五是修复堰埭、陂塘等配套设施。对泄洪完成后的情况,单锷也作了预测,对于可能会出现的新问题,他也提出了预案。他认为:"今若泄江湖之水,则二堰尤宜先复。不复,则运河将见涸而粮运不可行,此灼然之利害也。"泄洪之后,水位降低,会影响到运河运输,所以他提出要恢复原来望亭、吕城等堰埭,恢复正常水位,保障运河畅通。同时,他也担心泄洪会影响正常灌溉,"若决吴江岸泄三州之水,则塘亦不可不开以潴诸水,犹堰之不可不复也。此亦灼然之利害矣。"[①]所以他希望能修复原来的陂塘,以保障农业灌溉用水。[②]

单锷的治水规划虽未付诸实施,但他的《吴中水利书》流传很广,也为后人所重视。宋代以降论太湖水利者大多赞同单锷修复五堰的主张,认为这是治理太湖洪涝的一项有效举措。元代潘应武就指出:"震泽固吐纳众水者也。源之不治,即无以杀其来之势;委之不治,又无以导其去之方;是吐而不纳也。水如之何不患也。"[③]潘氏把修筑五堰杀上源来水,看作治理太湖水利的重要措施。明代沈启也十分赞成单锷"杀上流"的主张,他在《吴江水考》一书中指出:"下流之导其十,不若上流之杀之一。"[④]因为"环太

---

　　① [宋]苏轼.苏轼文集:卷三二　录进单锷吴中水利书[M].北京:中华书局,1986:917-927.

　　② 汪家伦.试论北宋单锷太湖治水的见解和规划[Z].太湖水利史论文集(未刊稿):22-26.

　　③ [明]归有光.三吴水利录:卷三　周文英书一篇　附金藻论[M].影印文渊阁四库全书本.台北:商务印书馆,1986:576,549.

　　④ [明]张国维.吴中水利全书:卷二十　沈启吴中水源说[M].影印文渊阁四库全书本.台北:商务印书馆,1986:578,743.

湖之地而为雨之积者,更几倍于湖矣。泄太湖而为委者,不亦艰哉"。①

治水专家郏亶之子郏侨,在总结其父与单锷治理太湖方略的基础上,写成《水利书略》一书,提出了综合治理太湖水患的主张,强调治水与治田并举,灌溉与防洪并重。其治理水患的主张主要有三:一为治水必先治江宁(今南京),二为整治苏州诸县各自为政的限水之制,三为导青龙江(吴淞江故道青龙镇段)、吴淞江,决太湖水入海。同时主张在泄水口筑闸,垦淤浅湖为良田,对深广湖荡则筑堤拒水,四周设斗门、水濑,大水之年不与外水相通,减免田圩风涛冲击之患;而大旱之年又可以溉田②。郏侨提出的治理太湖必须保持来水与去水的平衡、不能盲目围湖造田、堵塞河道等治水主张,包含维持水系生态平衡的进步思想。

在上述有关水系生态的著述中,专门论述了治理太湖流域圩田的各种主张,内容涉及水系流域范围内的水系、灾害及其出现的原因与根治办法诸方面。这些分析,既切中时弊,又反映出当时人们已具有一定的维持水系生态平衡的科学意识。不仅如此,人们还认识到水系生态平衡与人类社会活动的密切关系,"陂湖川泽之利,或通或塞,存乎其人",因此,认为人类治水等利用、改造自然环境的活动,应"能讲求利便"③。这些认识反映了当时人们对生态环境的自觉意识以及维护生态平衡的初步觉醒,殊为难得。

二、生态保护举措

这一时期,有关圩区生态保护方面的举措主要有以下几个方面:

其一,禁止围垦,控制规模。统治者看到了圩田的过度兴筑,破坏了当地的水利和生态系统,加重了水旱灾害的发生。因此自孝宗开始,宋朝廷关于禁止围垦新的圩田的诏令不绝于书。如隆兴二年(1164年)八月,"命江东、浙西守臣措置开决围田";乾道二年(1166年)四月,诏"两浙漕臣王炎开平江、湖、秀围田","五月,禁浙西修筑围田"④;淳熙三年(1176年)秋七

① [明]张国维.吴中水利全书:卷二十 沈启吴中水源说[M].影印文渊阁四库全书本.台北:商务印书馆,1986:578,743.

② [明]张国维.吴中水利全书:卷一三 郏侨再上水利书[M].影印文渊阁四库全书本.台北:商务印书馆,1986:578,385.

③ 宋史:卷一七三 食货上一[M].北京:中华书局,1985:4187.

④ 宋史:卷三三 孝宗一[M].北京:中华书局,1985:634.

月,"禁浙西围田"①;淳熙八年二月,"禁浙西民因旱置围田者"②;庆元三年
(1197年)三月,"禁浙西州军围田"③;嘉泰元年(1201年)九月,"遣朝臣二
人决浙西围田"④;嘉定三年(1210年)七月,"申严围田增广之禁",嘉定八
年九月,又"申严两浙围田之禁"⑤。以上资料说明,南宋孝宗、宁宗时,曾屡
次下诏两浙,严禁新的围田,试图解决两浙地区的灾害频发问题。

其二,退田还湖,减少灾害。在北宋圩田开发方兴未艾之际,人们便认
识到在发展农业生产、围湖造田的过程中要注意大自然的生态平衡和水域
的生态平衡。这种良好的生态环境意识对于圩区生态环境的破坏,曾经发
挥过遏制的作用。太湖地区所流传的一个故事,反映出这种环境意识所发
挥的作用:

> 宋王安石为相,有人献计干太湖,可得良田数万顷。安石与
> 客议之,刘贡父曰:"此易为也,但旁边别开一个太湖纳了此水,则
> 成良田矣。"安石悟而大笑。⑥

这种保护生态环境的意识,促使同时期一位贤牧良守挺身而出,使濒
临垦废的西湖得以复苏。西湖在11世纪后期,已经湮废殆半,据时人估
计,这一湖泊再过二十年将不复存在。⑦ 此时,知州苏轼果断地进行了复湖
工程,终于保住了这个闻名于世、一直惠于后世的湖泊⑧。《宋史·苏轼传》
记其事云:

> 杭本近海,地泉咸苦,居民稀少。唐刺史李泌始引西湖水作
> 六井,民足于水。白居易又浚西湖水入漕河,自河入田,所溉至千
> 顷,民以殷富。湖水多葑,自唐及钱氏,岁辄浚治,宋兴,废之,葑

---

① 宋史:卷三四 孝宗二[M].北京:中华书局,1985:662.
② 宋史:卷三五 孝宗三[M].北京:中华书局,1985:674.
③ 宋史:卷三七 宁宗一[M].北京:中华书局,1985:722.
④ 宋史:卷三八 宁宗二[M].北京:中华书局,1985:731.
⑤ 宋史:卷三九 宁宗三[M].北京:中华书局,1985:763.
⑥ [明]田艺蘅.留青日札:卷一一 埋土乾湖[M].上海:上海古籍出版社,1992:212.
⑦ [宋]苏轼.苏轼文集:卷三〇 杭州乞度牒开西湖状[M].北京:中华书局,1986:864.
⑧ 陈桥驿.历史时期西湖的发展和变迁[J].中原地理研究,1985(2):1-8.

积为田,水无几矣。漕河失利,取给江潮,舟行市中,潮又多淤,三年一淘,为民大患,六井亦几于废。轼见茅山一河专受江潮,盐桥一河专受湖水,遂浚二河以通漕。复造堰闸,以为湖水畜泄之限,江潮不复入市。以余力复完六井,又取葑田积湖中,南北径三十里,为长堤以通行者。吴人种菱,春辄芟除,不遣寸草。且募人种菱湖中,葑不复生。收其利以备修湖,取救荒余钱万缗、粮万石,及请得百僧度牒以募役者。堤成,植芙蓉、杨柳其上,望之如画图,杭人名为苏公堤。①

进入南宋以后,随着圩区生态环境的日益异化,无论是政府还是社会有识之士,更加关注生态问题,并积极采取措施试图遏制不断退化的生态环境。孝宗即位第一年(1163年),即下诏给浙西路转运常平司,令其解决当地因围湖造田及渔具所造成的"壅遏水势"问题,翌年又下诏说:"江浙水利,久不讲修,势家围田,堙塞水流。诸州守臣按视以闻"②。并诏湖州、秀州、平江府、常州江阴军、宣州太平州的官员"措置围田事宜",实行退田还湖工作,并取得一定的成效。如在浙西,乾道二年(1166年),漕臣王炎开掘势家张子盖家围田九千余亩③,平江知府沈度在长州县开掘围田8890亩,昆山开掘311亩,常熟开掘233亩,共9434亩④。在浙东,隆兴元年(1166年)疏浚鉴湖,"废田一百七十顷,复湖之旧"⑤。又开凿诸暨七十二湖,肖山湘湖湖田。淳熙三年(1176年)疏浚上虞东钱湖,九年(1182年)将定海县风浦、沈窖两湖"所佃田尽行开掘,复为平湖,以为旱干灌注之利"⑥。在江东,隆兴二年(1164年)议"欲将永丰圩废掘,依旧为蓄水之地"⑦,并决定将宣城的童圩"依旧开决作湖以为民利"⑧。通过对围湖为田大规模的清理,众多人为围垦的湖泊重新得到了恢复,这对于减轻长江下游地区的水旱灾

---

① 宋史:卷三三八 苏轼传[M].北京:中华书局,1985:10812-10813.

② 宋史:卷一七三 食货上一[M].北京:中华书局,1985:4185.

③ [宋]卫泾.后乐集:卷一三 论围田札子[M].影印文渊阁四库全书本.台北:商务印书馆,1986:1169,655.

④ [清]徐松.宋会要辑稿:食货八[M].北京:中华书局,1957:4938.

⑤ [清]徐松.宋会要辑稿:食货八[M].北京:中华书局,1957:4944.

⑥ [清]徐松.宋会要辑稿:食货六一[M].北京:中华书局,1957:5937.

⑦ [清]徐松.宋会要辑稿:食货八[M].北京:中华书局,1957:4939.

⑧ [清]徐松.宋会要辑稿:食货八[M].北京:中华书局,1957:4937.

害,发展当地的农业生产,增加政府的田赋收入,起到了明显的作用。

　　需要指出的是,当时的退田还湖并非一帆风顺,其中充满着矛盾和斗争,这里以湘湖的"保废"为例加以说明。湘湖位于钱塘江南岸,与西湖仅一江之隔,被称为西湖的"姊妹湖"。不过,与西湖的"繁华"相比,湘湖在历史上要冷清寂寞得多,且命运多舛。湘湖在北宋末年正式成湖之后,虽有"九乡水仓"之誉,但自成湖起,就不断有私占湖田、蚕食湖面之事发生,围绕着保湖、废湖,开垦、禁垦,一直纷争不断、冲突时起。据记载,早在北宋之前,湘湖就以自然湖泊形态存在,叫西城湖。宋以前,每到汛期,山洪凭借南高北低的地势迅猛涌入萧山城内,加上钱塘江潮水猛涨,常常决堤为患,萧山人民饱受内涝灾害。另一方面,北宋初年西城湖的垦废加剧了水地矛盾,萧山地区农田灌溉十分困难,民众要求恢复西城湖的呼声不绝于耳。先是北宋熙宁年间,殷庆等人请求废田筑湖,宋徽宗大观年间,县民再次请求复湖溉田,但两次复湖请求均未被采纳。北宋政和二年(1112年),杨时出任萧山县令后接受乡民意见决定废田筑湖。湘湖的修筑选择在原西陵湖的低洼地区,湖泊修筑后,"山秀而疏,水澄而深,邑之人谓境之胜若潇湘然,因以名之"①。西城湖到湘湖名称的变化反映了一个天然湖泊到人工湖泊的发展历程。湘湖由上湘湖和下湘湖两部分组成,周围八十里,沿岸设有沟、门、闸、堰,以便灌溉。史载:"湘湖在县西二里,周八十里,溉田数千顷。"②湘湖的修建解决了萧山地区湖泊急剧减少造成灌溉水源不足的问题,而且还促进了渔业的发展,对周边地区产生了巨大的经济效益,"水利所及者九乡,以畋渔为生业不可数计"。③

　　湘湖修筑后不久,就一直处于各种争端的漩涡之中。宣和元年(1119年),湘湖建成仅七年,就有当地"豪民"向朝廷奏请"罢湖复田"。当时萧山的梅雨季节刚过,满堤湖水,沿湖的管理者都撤防观望,保湖与废湖之争骤起,官府也一时难以决断,但最终还是保湖力量占据上风,"废湖"之议便被搁置起来。自南宋以降,湘湖"保废"之争进入一个新的阶段。南宋定都杭州,大量人口南迁,对土地的需求骤然大增。湘湖自然引起了一些朝臣和地方官吏的觊觎。乾道二年(1166年)招讨使李显宗占据湘湖土地建造私宅,另有一个叫周仁的官员指使他的佃户侵占湘湖土地种植大片水稻。湘

---

　　① 李修生.全元文:卷一四八七　湘阴草堂记[M].南京:江苏古籍出版社,1998:48,640.
　　②③ [宋]沈作宾,施宿.(嘉泰)会稽志:卷一〇　水[Z].明正德刻本.

湖附近的豪民与少数朝官乘机勾结,再次提出"罢湖复田",形势十分危急。时任萧山县丞赵善济顶住重重压力,渡江上告朝廷。此时,赵善济遇到了一位正直的朝臣史浩。史浩曾为南宋初期的爱国将领赵鼎、李光申辩无罪,为岳飞申冤平反,是一位主持正义的名相,高宗对其非常信任。赵善济向他述说了湘湖被侵占的实情,并分析了由此产生的危害。而此时绍兴也发生了一些官员侵吞鉴湖湖地的事件。因此,这成了一个事关全局的问题。史浩也拿出巨大勇气,以官府的名义,出榜禁止垦占,至此,湘湖一段时间内才得以暂时恢复平静。

其三,防治污染,保护环境。有宋一代,人们在防治水污染方面也取得了一些实际效果,这里以浙西的西湖水污染治理为例。《宋史·河渠志》记载,绍兴九年(1139 年),张澄任临安知府不久,就颁布了许多法律条文,以改善西湖环境,防治西湖水域污染或被侵占,治理西湖的工程旋即展开。他指派钱塘县尉兼管治湖事宜,并调配府属厢军兵卒二百余人,"专一浚湖"①。当时治理西湖的力度是很大的。对破坏西湖环境、导致西湖水质污染等"违犯之人,科罪追偿"②。以后的数任临安知府,多循"苏公(轼)之规",依法治理西湖,对避免西湖受到人为破坏或污染,发挥了积极的作用。另据《梦粱录》记载,当时为确保西湖水源,以免干涸或受污染,曾在治理西湖的过程中,于望湖亭下开凿一渠,引天目山水,自余杭河补充西湖水量③,从而使西湖清波浩渺。

第三节　圩田禁围与反禁围的冲突与对抗

从总体上讲,两宋时期人们对于长江下游圩田开发与环境问题的认识毕竟是有限的,保护生态环境的观念也较为淡薄,尤其是地方官吏、大地主和普通百姓等更是如此。恰因如此,当时围湖造田等破坏生态环境的现象仍然屡见不鲜。这完全是利益驱动所致。由于圩田土地肥沃,灌溉便利,产量丰硕,所以围湖发生不久,便引起了封建地主的垂涎,至宋仁宗

---

① 宋史:卷九七　河渠七[M].北京:中华书局.1985:2398.
② [清]李卫,等.西湖志:卷一　水利　引汤鹏举"撩湖事宜"[Z].清光绪四年浙江书局重刻本.
③ [宋]吴自牧.梦粱录:卷一二　下湖[M].杭州:浙江人民出版社,1980:106.

时，豪强地主以"起纳租税"为名，采用勾结官府、贿赂官吏的办法，侵占了大量的湖泊水面。从此，围湖造田由原来小规模的私自围垦发展为豪强地主的公开抢占。徽宗年间，由于宋、金战争频仍，军费激增，加之徽宗本人挥霍无度，导致政府财政入不敷出，统治者为开辟财源，便通过出租湖泊，任人耕种，以收取湖租的办法来增加收入，这样一来，围湖便从仁宗时期的地主强占，进一步发展到了政府鼓励围垦。鄞县的广德湖，会稽的鉴湖，上虞的夏盖湖、白马湖，诸暨的七十二湖，当涂的路西湖，宣城的童家湖等，都在这一时期先后被围裹成田。从政和年间到南宋初年，江东、浙东与浙西地区，占湖为田的现象更为严重。正如嘉庆四年（1799 年）《桐乡县志》所说："南渡后，多桥寓巨家，结联土著涸盗为田，而兵卒则复筑滨湖堤为坝田自利，……及涝，坝圩屹屹，周遭港口则不易泄，民患苦之。"唐宋时期长江下游湖泊湮废情况，详见表 6-1。

表 6-1　唐宋时期长江下游湖泊湮废情况

湖　名	位　置	湮废情况	特　征　资　料
后湖	位于建康府	北宋初被围垦	《宋史》卷九六《河渠六》："天禧元年知升州丁谓言：'城北有后湖，往时岁旱水竭，给为民田，凡七十六顷，出租钱数百万，荫溉之利遂废。'"
万春湖	属芜湖、当涂两县管辖	北宋太平兴国时被洪水冲毁而荒废	乾隆《当涂县志》卷五《山川》："（万春湖）距城六十里，壤连路西湖，原系圩田。"
金钱湖	位于宣城县北隅	北宋嘉祐年间，宣城大兴百丈圩，不久被垦废	嘉庆《宣城县志》卷二九《古迹》："管田约八百八十顷……广袤八十四里。"
芙蓉湖（又名无锡湖）	位于无锡县	北宋元祐年间围裹成田	康熙《常州府志》卷四《山川》："宋志云'（芙蓉湖）在县南四十里寰宇……南控常州，东连江阴，北掩晋陵，周围一万五千三百顷，又号三山湖，今皆为腴田。'"
广德湖	位于鄞县西	唐大历八年（773 年），县令储仙舟浚治，周围广约五十里。宋咸平中被围垦，政和时为守臣楼异所废	《全宋文》卷三三四六《乞复广德湖疏》："明州城西十二里有湖名广德，周回五十里，蓄诸山之水利以灌溉鄞县七乡民田，其利甚广，自政和八年守臣楼异请废为田，召人请佃，得租米一万九十余石。至绍兴七年，守臣仇念又乞令见种之人不输田主，径纳官租，增为四万五千余石。"

湖　名	位　置	湮废情况	特　征　资　料
夏盖湖	位于上虞县	北宋政和前已被围垦二至三成,政和时为王仲嶷所废	《农政全书校注》卷一六《水利》:"古人设陂湖以备旱岁,王仲嶷建请以(夏盖湖)为田,乃引鉴湖自处淤淀已成田陆为说,又有不妨民间水利之语,其欺罔甚矣。然佃户占请之初,各有亩数。不敢侵冒,当时湖之为田者,才十二二,佃户止于高仰处作墕,未敢涸湖以自便。……今则湖尽为田矣。"
路西湖	位于当涂县	北宋政和二年(1112年)被废成圩	《宋会要辑稿》卷一七五六〇《食货六一之一〇八》:"当涂县管下,旧有路西湖,旁有拔声港,系通宣徽州界,每遇春夏山水泛涨了,自港入湖出海,塘港入本州姑溪河,通出大江,所以诸圩无水患。止因政和二年,本州将路西湖兴修作政和圩,自后山水无所发泄,遂致冲决圩岸,损害田苗。"
□□湖	位于建康府	北宋政和五年(1115年)围湖成田,名永丰圩	顾炎武《日知录集释》卷一〇《苏松二府田赋之重》:"今高淳县之西有永丰乡者,宋时之湖田,所谓永丰圩者也。《文献通考》卷六:'永丰圩,自政和五年围湖成田,初令百姓请佃,后以赐蔡京,又以赐韩世忠,又以赐秦桧,继拨隶行宫,今隶总所。'"《文献通考》卷六《田赋考六》:"永丰圩,自政和五年围湖成田,今五十余载,横截水势,每遇泛涨,冲决民圩,为害非细。"
鉴湖	位于山阴、会稽二县	汉顺帝永和五年(140年)会稽太守马臻所修,北宋初年被围垦,政和末被废	曾巩《曾巩集》卷一三《越州鉴湖图序》:"宋兴,民始有盗湖为田者,详符之间二十七户,庆历之间二户,为田四顷。当是时,三司转运司犹下书切责州县,使复田为湖。然自此吏益慢法,而奸民浸起,至于治平之间,盗湖为田者凡八千余户,为田七百余顷,而湖废几尽矣。"《全宋文》卷四六三四《鉴湖说》上:"政和末,有小人(指王仲嶷)为州,内交权幸,专务为应奉之计,遂建议废湖为田,而岁输其入于京师,自是奸民豪族公侵强据,无复忌惮,所谓鉴湖者仅存其名,而水旱灾伤之患无岁无之矣。"
太湖	位于苏、松、嘉、湖四府	南宋初年沿海之地大量被兵卒围占,称为坝田	范成大《吴郡志》卷一八《川》:"太湖,在吴县西,即古具区、震泽、五湖之处。《越绝书》云'太湖周回三万六千顷,禹贡之震泽。'《尔雅》云'吴越之间巨区,其湖周回五百里。襟带吴兴、毗陵诸县界,东南水都也。'"

续表

湖　名	位　置	湮废情况	特　征　资　料
童家湖	位于宣城县	南宋绍兴年间之后被废	《全宋文》卷六六四四《乞毋令人户请佃围筑童家湖奏》："宣城县管下有号童家湖者，乃徽州绩溪县、广德军建平县二水之所会，其势阔远。政和间，有贵要之家请佃此湖，围成田。宣和间，因民户陈词，遂令开掘，依旧成湖。至绍兴间，有淮西总管张荣者诡名承佃，再筑为圩，计田一十八顷，草塌七顷。自后每遇水涨，诸圩被害如初。"
练湖	位于润州	唐永泰元年(765年)韦损浚修，幅员四十里，南宋乾道时被围垦	《宋会要辑稿》卷一一一〇九《食货八之二六》：乾道七年(1171年)，"镇江府丹阳练湖按图经幅员四十里，纳长山诸水，漕运资之，故古语云'湖水寸，渠水尺。在唐时法禁甚严，溢决者罪比杀人。'……(南宋)兵火以后，多废不治，堤岸圮缺，春夏不能贮水，强家因而专利，耕以为田，岁月既久，甚害滋广。"
湘湖	位于萧山县	南宋乾道以前，已为百姓填筑为田。乾道四年(1168年)，沿湖九乡农田遭严重围垦	《嘉泰会稽志》卷一〇《湖·萧山县》："湘湖在县西二里，周八十里，溉田数千顷，湖生莼丝最美，水利所及者九乡，以畎渔为生业不可数计。"《宋会要辑稿》卷一一一〇九《食货八之二六》：乾道四年(1168年)，"汪彦等将湘湖为田千余亩以献总管李显忠。"
七十二湖	位于诸暨县	南宋乾道五年(1169年)以前已被围垦	史浩《史浩集》附录一《诗文补遗》："乾道五年七月二十五日知绍兴府史浩言：'诸暨为县当台婺之末流，每岁秋潦水必泛溢。古人于县之四旁作湖七十二，以受此水，岁久湮废，人占以为田。昨因经界法行，官吏无恤民之心，尽将湖田作籍田打量，计二十三万五百二十二亩有奇。'"
西湖	位于临安府	南宋嘉泰以后，湖面狭小，围占严重	《宋史》卷九七《河渠七》：乾道九年(1173年)，"西湖冒佃侵多，葑菱蔓延，西南一带，已成平陆。"《宋会要辑稿》卷一一一〇九《食货六一之一四八》：嘉泰以后，"权奸用事，私欲横生，其微至于西湖草荡，亦复徇情听民请佃，日渐月积，种荷之地寖广，而湖面之水愈狭。"
淀山湖	位于华亭县	南宋淳熙时已被开垦为田，面积达二万余亩	《宋会要辑稿》卷一一一〇九《食货六一之一二九》："华亭县淀山湖阔四十余里，所以潴泄九乡之水，近被人户妄作沙涂，经官佃买，修筑岸塍围裹成田计二万余亩。"

湖　名	位　置	湮废情况	特　征　资　料
凤浦湖 沈窖湖	位于定海县	南宋淳熙时为僧人围垦,后被退耕还湖	《宋会要辑稿》卷一一一○九《食货六一之一二七》:"淳熙九年,传法寺僧请佃明州定海县凤浦、沈窖两湖八百亩为田。契堪两湖可以灌溉田二万六千余亩,乞委浙江提举官,将所佃田尽行开掘,复为平湖,以为旱干灌注之利。"
白马湖	位于象山县东	南宋淳熙前已被围垦,至淳熙十一年(1184年)废田还湖	《宋史》卷二七《宋孝宗七》:"将开掘过白马湖为田去处,并立板榜、每季检举,晓谕人户日后不得再有侵占。"
东钱湖	位于鄞县东	唐天宝三年(744年)县令陆南金所修,周围八百里,约十万亩,溉田五百顷。南宋乾道初被垦,淳熙三年(1176年),皇子魏王赵恺重修,嘉定时被围垦几至于废	《宋史》卷九七《河渠七》:"(乾道年间)豪民于湖塘浅岸渐次包占,种植菱荷,障塞湖水"。《全宋文》卷六七○七《乞浚治东钱湖淤葑札子》:"(嘉定年间)民间因茭葑之涨塞,并皆计嘱请佃,或恃强侵占为己业,种荷裹田,今则湖中之水通利如线。"
西溪湖	位于上虞县西南	废于宋末	徐渭《西溪湖记》:"旧有湖曰西溪者,当县西南,主蓄水以备旱,三乡负郭之田恒赖焉。宋末李显忠既请其高者以牧,福邸仍之,遂尽田以庄,湖始废。旱辄不登。元尹林希元欲复之,不果。入明,田既税,则湖益不可复矣。"
芜湖	位于当涂县西南	宋末至元代,因战乱荒废	李吉甫《元和郡县图志》卷二八《江南道四》:"芜湖水,在县西南八十里。源出丹阳湖,西北流入于大江。汉末湖侧亦尝置芜湖县,吴将陆逊、晋谢尚、王敦皆尝镇此。"《芜湖古今》:"西至东向,绵亘三十里。"
慈湖	位于当涂县积善乡	初湮于宋初,元末全湮	《读史方舆纪要》卷二七《南直九》:"慈湖水,府北六十三里。志云'旧有湖,后湮,其余水流入大江。'"

　　由于这些被围的湖泊陂塘,大多分布在丘陵山区和平原低洼之处,担负着当地圩区蓄洪、排涝、灌溉、航运等多种职能。由于这些湖泊陂塘的围裹与埂废,从而使圩区的生态环境日益恶化,水灾频频发生。为解决这一

关乎国计民生的问题,有不少有识之士纷纷提出废田复湖的主张。如南宋初年陈橐指出,自废湖为田之后,民田缺水灌溉,造成旱灾,不仅人民因旱灾而备受饥荒之苦,政府也因为蠲放而亏失常赋,因此主张废田复湖。[①] 绍兴元年(1131 年)、二年间,吏部侍郎李光、上虞令赵不摇以同样的理由,建议废罢东南诸郡湖田。绍兴五年(1135 年),李光再度请求全部废罢明、越二州湖田。[②] 然而,这些建议在具体实施时,却遇到了很大阻力。阻力主要来自地方官吏不能切实地执行政府的命令。正如卫泾《论圩田札子》所云:"奈何条划虽备,而奉行不虔,或易名而请佃;或已开而复围;或谓既成之业,难于破坏;或谓垂熟之时,不可毁撤"[③]。在这种情形下,便出现了"决之未几,其围如故"[④]、"八年(淳熙八年)之后,围裹益甚"[⑤]的局面。

那么,地方官吏为何不能切实执行政府阻止圩田扩张的政令呢? 我们认为,原因有二:

其一,地方官吏无法抗拒豪户、寺观在政治、社会上的巨大势力。南宋政府阻止圩田扩张的政策,与豪户、寺观在江、浙地区进行土地兼并的利益正相冲突,他们自然要抵制这个政策,地方官吏在执行政策时,遇到诸多阻碍便是顺理成章之事了。卫泾《论围田札子》云:

> 然围田者无非形势之家,其语言气力足以陵驾官府,而在位者每重举事而乐因循,故上下相蒙,恬不知怪。[⑥]

这说明地方官吏因惧怕豪户的势力而无法执行开掘围田的政策。这方面的记载还能举出不少。《宋会要辑稿·食货》载:

---

① [明]徐光启.农政全书:卷一六 水利[M].影印文渊阁四库全书本.台北:商务印书馆,1986:731,218-219.

② [宋]李心传.建炎以来系年要录:卷五〇[M].影印文渊阁四库全书本.台北:商务印书馆,1986:325,676.

③ [宋]卫泾.后乐集:卷一三 论围田札子[M].影印文渊阁四库全书本.台北:商务印书馆,1986:1169,653.

④ [宋]袁燮.絜斋集:卷六 策问 革弊[M].影印文渊阁四库全书本.台北:商务印书馆,1986:1157,60.

⑤ [清]徐松.宋会要辑稿:食货六一[M].北京:中华书局,1957:5937.

⑥ [宋]卫泾.后乐集:卷一三 论围田札子[M].影印文渊阁四库全书本.台北:商务印书馆,1986:1169,654.

去岁因夏秋不雨,复行乾道之令,特遣使者巡视开掘,务在必行,盖为疏广灌溉之源,预为水旱之备。奈何近属贵戚之家,平日享国家高爵厚禄,贪婪无厌,不体九重爱民之心,止为一家营私之计,公然投词,紊烦朝廷,略无忌惮。①

这说明为了维护自己的既得利益,势家试图利用自身的权势改变政府的禁垦圩田的政策。即使有少数势家豪族的圩田被开掘,地方官吏慑于其权势,最终又不得不予以恢复的例子也是很多的。这里试举一例:隆兴元年(1163 年),知绍兴府吴芾向朝廷建议开掘浙东的鉴湖,为朝廷所接受。《宋史·河渠志》载:

知绍兴府吴芾言:"鉴湖自江衍所立碑石之外,今为民田者,又一百六十五顷,湖尽堙废。今欲发四百九十万工,于农隙接续开凿。又移壮城百人,以备撩漉浚治,差强干使臣一人,以'巡辖鉴湖堤岸'为名。"②

由此可知,在农闲时开掘鉴湖,地方官兼带提举或主管开湖的职衔,并专置厢军一百人以备浚治。翌年,吴芾为刑部侍郎,又建议进一步开掘西湖。《宋史·食货志》载:

刑部侍郎吴芾言:"昨守绍兴,尝请开鉴湖废田二百七十顷,复湖之旧,水无泛溢,民田九千余顷,悉获倍收。"③

由上述记载可知,吴芾于隆兴元年、二年主持开掘的鉴湖,在吴芾去职不到一年的时间里,地方官吏因慑于豪户的压力又将湖面恢复为湖田。史载:"公(吴芾)去不一年,守臣不能安集流徙,反归咎复湖,奸民大姓利于为田,亦结权贵,腾谤议而湖复废矣"④。可知鉴湖圩田之得以恢复,原因有

---

① [清]徐松.宋会要辑稿:食货六一[M].北京:中华书局,1957:5945.
② 宋史:卷九七 河渠七[M].北京:中华书局,1985:2407.
③ 宋史:卷一七三 食货上一[M].北京:中华书局,1985:4185.
④ [宋]朱熹.晦庵集:卷八八 龙图阁直学士吴公神道碑[M].影印文渊阁四库全书本.台北:商务印书馆,1986:1146,67-68.

二：一是由于新到任的地方官对开掘圩田缺乏良好的善后措施，二是由于大姓豪户向地方政府施加压力。

其二，统治者本身不能遵守既定的政策。首先，皇室本身占有大量的圩田，如嘉泰《会稽志·镜湖志》云：

> 吴公（吴蒂）所开湖，才数年，皆复为田。暨于今，或岁输所入于官；或为慈福宫庄田及荡地，岁输所入于庄；或为县公田及荡地，岁输赁直于县，为应办用度钱；或为告成、天长、千秋、大禹等寺观因佃吴给事积土之山而包佃为田及荡地。①

又《宋会要辑稿·食货》云："尝推究本原，有奸人规图管庄之利，将此侵湖田献入为慈福宫、延祥观庄田"②。这里的慈福宫、延祥观分别是南宋的皇太后宫和皇室崇奉四圣真君的道观，它们都和皇室有着密切的联系。由于皇室拥有圩田，使得大臣不敢议论，于是一些大姓豪户便在皇室庇护下，纷纷占湖为田。此外，皇室还常常将圩田赐给官户和寺观。《宋会要辑稿·食货》载：

> 大同军节度使蒲察久安奏："蒙恩拨赐水田五百亩，今再踏逐到秀州华亭下沙场芦草荡一围，提举茶盐司见出榜召人请佃，乞下浙西提举茶盐司行下秀州，依臣所乞摽拨；嘉兴县思贤乡草荡一围，元系范玘等退佃还官，见今空闲，乞下两浙转运司行下秀州，依臣所乞摽拨。"召依。③

又嘉泰《会稽志·水志》载：

> 乾道二年，拨田九百亩赐归正官大周仁之妻张氏。议复以湖利还民，淳熙十一年，言者以为请，有旨下所属开掘故湖之为田者，复以予民，自邑以西，逐岁得水利，田者得以资灌溉之利。庆

① ［宋］沈作宾，施宿.（嘉泰）会稽志：卷一三 镜湖［Z］.明正德刻本.
② ［清］徐松.宋会要辑稿：食货六一［M］.北京：中华书局，1957：5944.
③ ［清］徐松.宋会要辑稿：食货六一［M］.北京：中华书局，1957：5899.

元六年,临安府龙华寺僧宝华陈乞拨赐为田,今湖利遂废。①

统治者既然不能遵守既定的阻止圩田扩张的政策,皇室本身占有大量圩田,又不断将草荡、圩田作为赏赐之用,自然也就无法保证阻止圩田扩张的政策能够在官户、寺观中令行禁止了。②

需要指出的是,以上我们分析的关于地方官吏不能切实执行政府阻止圩田扩张政令的原因,只是一个表象,实际上,在圩田禁围与反禁围的问题上包含着深刻的利害关系。

一是长远利益与现实利益的矛盾。宋政府对于长江下游圩田问题的关注,其根本出发点并非统治者诩诩自夸的"一本于仁厚",而是为了保证政府在该地区的赋税收入不至落空。从长远利益考虑,生态环境的日益恶化与圩田的恣意围垦密切相关,如不及时遏制,势必进一步加剧水旱灾害的发生,使宋政府的赋税收入全部落空。但从现实利益考量,圩田面积广大,政府的赋税收入也颇为可观。所以圩田开发从一开始便得到政府的允许和认可,尤其是宋室南渡后,江南地区成为王朝统治的重心,该地区的农业生产更是受到中央政府的重视,于是,圩田开发出现了蓬勃发展的势头。《宋史·食货上一》载:

> 绍兴元年,诏宣州、太平州守臣修圩。二年,以修圩钱米及贷民种粮,并于宣州常平、义仓米拨借。三年,定州县圩田租额充军储。建康府永丰圩租米,岁以三万石为额。圩四至相去皆五六十里,有田九百五十余顷,近岁垦田不及三之一。至是,始立额。③

宋高宗以诏书的形式命令宣州、太平州的守臣修筑圩田,其修筑经费中央政府予以支持,以常平、义仓拨付,并随后确定了圩田应纳租米的数额。在这种情形下,统治者很难放弃眼前的既得收入。所以,尽管对于围湖造田的批评不绝于耳,但实施起来举步维艰。如前文所述绍兴元年、二年间,吏部侍郎李光等上书建议废罢东南诸郡湖田,结果仅废余姚、上虞二

① [宋]沈作宾. 施宿.(嘉泰)会稽志:卷一〇 水[Z].明正德刻本.
② 梁庚尧.南宋的农地利用政策[C].台北:台湾大学文史丛刊(四十六),1977:170-173.
③ 宋史:卷一七三 食货上一[M].北京:中华书局,1985:4183.

县少量湖田,绝大部分的湖田则仍保留;绍兴五年,李光再次建议废除明、越二州湖田,则遭到拒绝①。此外,随着人口的不断南移,长江下游地区的人地关系日趋紧张,圩田的大规模开发未尝不是一种安置过度人口的应急举措,故而宋政府在禁止圩田开发时便有所顾虑,自然也就无法令行禁止了。

　　二是中央与地方利益的矛盾。要保护圩区的生态环境,防范或减少自然灾害的发生,各利益主体应互相协调,统一规划。然而,这一要求在以个体小农经济为基础的封建社会是难以办到的。如前文所述,长江下游圩区普遍存在着多种关系不协调的现象,表现形式之一就是中央与地方利益的不协调。对此,范仲淹曾有过论述:

> 　　曩时两浙未归朝廷,苏州有营田军四都,共七八千人,专为田事,导河筑堤,以减水患。于是民间钱五十文籴白米一石。自皇朝一统,江南不稔则取之浙右,浙右不稔则取之淮南,故慢于农政,不复修举。江南圩田、浙西河塘,太半隳废,失东南之大利。今江浙之米,石不下六七百文足,至一贯文省,比于当时,其贵十

---

① 《建炎以来系年要录》卷五〇绍兴元年十二月丁卯条:"吏部侍郎李光请复东南诸郡湖田。诏户、工部取会奏闻。初,明、越州鉴湖、白马、竹溪、广德等十三湖自唐长庆中创立,湖水高于田,田又高于海,旱涝则递相输放,其利甚博。自宣、政间,楼异守明,王仲薿守越,皆内交权臣,专事应奉,于是悉废二郡陂湖以为田,其租米悉属御前,民失水利而官失省税,不可胜计。光奏请复之。既而上虞人(按:人当作令)赵不摇以为便(原注:不摇申到在明年三月庚申),遂废余姚、上虞二县湖田而他未及也。"([宋]李心传.建炎以来系年要录:卷五〇[M].北京:中华书局,1988:884-885.)同上卷八六绍兴五年闰二月戊申条:"宝文阁待制新知湖州李光言:'明、越之境.地滨江海,水易泄而多旱,故自汉、唐以来,皆有陂湖灌溉之利,大抵湖高于田,田又高于江每(按:每当作海),旱则放湖水溉田,涝则决田入海,故无水旱之灾,凶荒之岁也。本朝庆历、嘉祐间,民始有盗湖为田者,三司使切责漕臣,其禁甚严,图经石刻备载其事。宣和以来,创为应奉,始废湖为田,自是两州之民岁被水旱之患。臣自壬子岁入朝,首论兹害,蒙朝旨先取会余姚、上虞两邑废置利害。县司供具,自废湖以来,所得租课每县不过数千斛,而所失民田常赋动以葛计,遂蒙独罢两邑湖田。其会稽之鉴湖、鄞之广德湖、萧山之湘湖等处,其类尚多,州县豪官往住利为圭田,顽猾之民,因而献计,侵耕盗种,上下相蒙,未肯尽行废罢。臣谓二浙每岁秋谷大数不下五百五十万斛,苏、湖、明、越其数大半,朝廷经费之源,实本于此。伏望圣慈专委漕臣,乘此暇隙之时,遍行群邑,延问父老,考究汉唐之遗制,检举祖宗之成法,应明、越湖田尽行废罢,内有积生荄葑浅淀去处,许于农隙量差食利户旋行开撩,稍假岁月,尽复为湖,非徒实利有以及民,亦以仰副陛下勤恤劝戒之意。其诸路如江东西圩田,苏、秀围田,各有未尽利害,望因此东作之时,遍下诸路监司守令,条具以闻,毋为文具。'诏诸路漕臣躬亲前去相度利害,限半月申尚书省部。"([宋]李心传.建炎以来系年要录:卷五〇[M].北京:中华书局,1988:1414-1415.)诸路漕臣所申见《宋史》卷一七三,《食货上一农田》:"上于是诏诸路漕臣议之,其后议者虽称合废,竟仍其旧。"(宋史:卷一七三 食货上一[M].北京:中华书局,1985:4183.)

倍,而民不得不困,国不得不虚矣①。

我们知道,在吴越国后期,政府将大量资金投入帮助周、宋朝廷灭南唐的战争中,同时还要向周、宋朝廷献纳大量的贡物,因而政府财政捉襟见肘,无法调用更多的财力用于圩田的开发与管理。但在宋朝完成了统一大业之后,政府为何不加大力度修复圩田呢?究其原因,当是由于中央与地方利益取舍有所不同之故。宋朝立国之初,鉴于唐朝藩镇之患,全面削弱地方权力。表现在财政上即是增加财赋中归中央直接使用部分的比例,加强对地方财政的控制和监督,消除藩镇割据的经济基础。这样一来,大量财赋或是輦运京师,或是调拨边疆,即使有些物资留在地方,地方也无权使用。这样势必大大削弱地方进行扩大再生产的能力,使长江下游的圩田无法修复和维持②,进而导致圩区的生态环境不断恶化,水旱灾害不断加剧。

三是封建政府与地主、豪强利益的矛盾。唐宋时期绝大部分圩田都控制在地主手中,寺院豪强也是竭力将湖泊、沼泽之地据为己有,因此政府阻止圩田扩张的政策无疑损害了他们的切身利益,于是他们便采取各种手段来对付政府的限制政策。他们有的利用旱灾发生之际侵占湖泊。如浙西地区的豪户,“每遇旱岁,占湖为田”③,筑为长堤,中间种植榆树和柳树用以护堤,外面则栽种菱芦用以抗击风浪。有的趁政府出卖官产之际侵占湖泊。《宋会要辑稿·食货》载:“昨降指挥,括责户绝田产出卖,其潴水之地并城壕岸、城脚、地脚、街道、河岸及江河、山野、陂泽……之利与众共者,及户绝田地内有坟墓者,在法并不许请佃承受。当来官司失于契勘,更不分豁,是致州县豪疆之家……乘此卖田指挥,并缘计会州县公吏承买。其间更有将溪、河、湖、泖、滩、涂承买在户,筑叠围裹成田成地,以遏众户水势”④。豪强则趁政府出售田产时,勾结州县公吏,购买溪、湖等地为私产。还有的富民为势家侵占湖泊。卫泾《论围田札子》云:“所在围田虽在形势

<hr />

① [宋]范仲淹.范仲淹全集:第二册 政府奏议卷上 答手诏条陈十事[M].北京:中华书局,2020:471.

② 何勇强.钱氏吴越国史论稿[M].杭州:浙江大学出版社,2002:309.

③ 宋史:卷一七三 食货上一[M].北京:中华书局,1985:2804.

④ [清]徐松.宋会要辑稿:食货六三[M].北京:中华书局,1957:6098.

之家包占,然田间厉害,形势之家本无从得知,多是乡村豪强富室意在假托声焰,侵扰良民,或略用工本,广行侵占,因以为己利,操执书契,请嘱献纳"①。部分地方富民,为了本身利益,侵占湖泊之后,献于势家。上述种种现象说明,在圩田问题上,宋政府阻止圩田扩张的政策已失去其阶级基础,因此,虽然南宋政府一直没有中断开掘圩田的工作,并一再下令禁止围垦新的圩田,但原来有碍水势的圩田不仅无法全部掘出,而且新的圩田依然继续出现。龚明之《中吴纪闻》记述"赵霖水利"说,"今所以有水旱之患者,其弊在于围田,由此水不得停蓄,旱不得流注,民间遂有无穷之害,舍此不治而欲兴水利,难矣!"②其实,问题并不在于圩田本身,而是土地私有制带来的必然结果。

　　① ［宋］卫泾.后乐集:卷一三　论围田札子［M］.影印文渊阁四库全书本.台北:商务印书馆,1986:1169,656.
　　② ［宋］龚明之.中吴纪闻:卷一　赵霖水利［M］.影印文渊阁四库全书本.台北:商务印书馆,1986:589,298.

结　　语

唐宋时期长江下游地区圩田的兴起和发展,并不是偶然的,它是由一定的历史因素和自然条件决定的。

第一,圩田是长江下游劳动人民针对本地区优越的自然条件而采取的有效土地利用形式。

长江下游地区属于亚热带湿润季风气候,具有气候温和、无霜期长、雨水丰沛等特点,夏季暖湿气流活跃,降雨较为集中,年均降水量一般在1240毫米上下。一方面,长江及其24条支流使这一地区水网密布,并在沿江及近湖附近形成大片土质肥沃的低洼地。因此,从自然环境上看,这里无疑具有发展农业生产的优越条件。另一方面,由于沿江地区泥沙淤积,使湖床(或沙洲)日益增高,为围湖筑圩创造了条件。早在战国时期,长江上中游就有水土流失的现象,至宋代更为严重。如南宋诗人陆游看到湖口以下江水之浊,曾云:"江自湖口分一支为南江,盖江西路也。(长)江水浑浊……南江(指湖口流出之水)则极清澈,合处如引绳不相乱"。[①] 湖口对岸为彭蠡泽,江水至此产生洄流,所以泥沙淤积严重。稍晚于陆游的蔡沉对巢湖泥沙淤积之因作出了解释:"其北则江汉之浊流,其南则鄱阳(湖)之清涨……巢湖者,湖大而源浅,每岁四五月间,蜀岭雪消,大江泛溢之时,水淤(指泥沙)入湖,至七八月大江水落,湖水方泄,随江以东。"[②]对这种因淤积而筑圩,清代魏源分析为:"浮沙壅泥,败叶陈根……随大雨倾泻而下,由山入溪,由溪达汉达江,由江、汉达湖,水去沙不去,遂为洲渚。洲渚日高,

---

　　① [宋]陆游.入蜀记:卷三[M].郑州:大象出版社,2019:32.
　　② [宋]蔡沉.书集传:卷二 夏书 禹贡[M].北京:中华书局,2018:80.

湖底日浅,近水居民,又从而圩之田之"①。魏氏的剖析十分精到。由此可见,圩田是长江下游人民充分利用沿江湖床垫高等自然生成的条件而采取的一种有效土地利用形式,对于促进该地区将优越的自然地理条件转化为农业生产的潜力,起到了积极作用,这是长江下游地区圩田开发的根本动力所在。

第二,封建统治者的高度重视有力地推动了长江下游地区圩田的开发。

封建统治者对长江下游圩区的开发,其目的经历了由军事需要向发展经济需要的转变。东吴为解决驻军粮秣补给而令诸将广开屯田,遂有五路总兵丁奉、丹阳都尉严密围湖圩垦之举;东晋南朝时期,大规模的军事屯田仍是本地区农业开发中的主要方式。唐中叶以后,随着经济重心的逐渐南移,江南地区成为封建政府财赋的重要来源地,唐代诗人韩愈曾云:"赋出天下而江南居十九"。② 江南地区由先秦之际的"地广人稀"变为封建政府的赋税重地,足见该地区农业经济对封建政府的重要性。唐宪宗也认为:"天宝以后,戎事方殷,两河宿兵,户赋不加,军国费用,取资江淮。"③两宋之际,由于圩田在宣州、太平州、宁国府垦田中占有很大的比重,产量又高,因而也就成为政府一笔极为可观的赋税收入。宋高宗曾称:"今公私兼裕,一岁军饷,皆仰于此。"④这表明,唐宋以后,封建政府对长江下游地区的开发已不仅仅限于军事需要,更主要的是想通过加快这一地区的开发以攫取大量的赋税。无论封建政府出于何种目的开发这一地区,其组织功能以及人力、物力和财力的大量投入对于长江下游地区圩田的发展都是至关重要的,这一点在宋代表现得尤为明显。众所周知,在古代中国,兴修大规模水利工程所需的人力和物力,是个体小农所无法承担的,唯有封建政府才有这种能力。如前揭嘉祐六年(1061 年),转运使张颙、判官谢景温、宁国令沈披重建万春圩时,政府曾出粟 30000 斛、钱 40000 缗,并募集宣城等县贫民14000 人投入其中。宋孝宗乾道九年(1173 年),太平州诸圩"几四百里为

① [清]魏源.魏源集:杂篇 湖广水利论[M].北京:中华书局,2009:389.
② [唐]韩愈.韩昌黎集:卷一九 送陆歙州诗序[M].北京:中华书局,2019:956.
③ [清]董诰.全唐文:卷六三 宪宗元和十四年七月二十三日上尊号赦[M].北京:中华书局,1983:677.
④ 宋史:卷四七四 奸臣四 贾似道传[M].北京:中华书局,1985:13783.

水浸沫"，政府出资整修，耗费"计米二万一千七百五十七硕五斗、计钱二万三千五百七十贯一百三十七文省"①。宋代沿江圩田多属官圩，这一事实证明封建政府在圩田建设中发挥着举足轻重的作用。宋朝政府除积极组织军民修复五代以来湮毁的圩田水利工程，并加快圩田开发步伐外，还制定《农田利害条约》（即农田水利法），将圩田等水利工程的兴废作为对在任官吏升黜的考核依据之一，以督促官吏加强对圩田的管理与维护。如将防护圩岸的制度刻成碑文立于圩田之上，州、县官每年秋后检查一次，成为定制。对于私圩，宋政府也给予积极的资助，如筑圩或圩田生产的钱米不足，官方规定可在常平仓项下借支，依据青苗钱之例分期归还。若工程过大，民户无力修筑，则由官府支钱米雇丁夫修筑。若圩内人力不足或缺工食，政府还可酌量添助。正由于封建政府在沿江圩田开发过程中具有如此重要的作用，因此，在朝政腐败的时期，圩田建设便不可避免会受到影响。如宋初，"慢于农政，不复修举江南圩田"。②就连五代以来较为完善的圩田水利系统也遭到了一定程度的破坏。由于宋朝政府在圩田建设上所发挥的重要作用，所以长江下游圩田开发便从此进入了一个兴盛的阶段，奠定了该地区圩田发展的基础。

第三，人地矛盾也是促进长江下游圩田开发的一个重要原因。

从沈括《万春圩图记》"江南大都皆山也，可耕之土皆下湿厌水濒江"的描述中我们可以看出，古代江南地区可直接用于耕种的土地是相当有限的。先秦之际，该地区"地广人稀"，人口与可耕地之间的矛盾尚不太尖锐，人们采用火耕水耨的低水平生产，便足以维持"无冻饿之人，亦无千金之家"③的平均生活状态。后来该地区人地矛盾的激化与数次大规模移民潮不无关系。我们知道，从西晋末年至宋代，我国历史上曾经有过三次黄河流域向南大规模移民的浪潮，那是西晋末年的永嘉之乱、唐代中期的安史之乱和唐末、宋金之际的靖康之乱。这些移民主要迁徙到南方，其中第一次移民从北方迁往南方的人数大约有90万，第二次约为650万，第三次约

---

① 参见：《宋史》卷一七三《食货志》上一《农田》（中华书局，1985：4186-4187），[清] 徐松《宋会要辑稿·食货》七、六一、《文献通考·田赋考·水利田》。

② [宋] 范仲淹.范仲淹全集：第二册 政府奏议卷上 答手诏条陈十事[M].北京：中华书局，2020：471.

③ 史记：卷一二九 货殖列传[M].北京：中华书局，1982：3270.

为 1000 万①。这三次大规模北人南迁的结果,一方面给南方带来了大量劳动力和先进的中原文化与生产技能,同时也直接导致了南方尤其是江南地区人口的骤增,致使江南地区耕地严重不足。另一方面这里已"野无闲田,桑无隙地",于是人们将目光投向不宜开垦的山地和湖滩,开始了大规模以围江、围湖为主的造田运动。迨至明清两朝,虽因战争、水灾、瘟疫等原因,人口大量死亡,但人口总数还是增多了。如宋崇宁年间,沿江的安庆、宁国、太平三府约有 84 万人口,而明洪武二十六年(1393 年)三府人口增加到了 121 万②。大量人口的涌入使该地区原本宽缓的人地关系一下子又紧张了起来,如何安置这些流民也就成了封建政府必须考虑的现实问题。在以农为本的封建社会里,束民于土地发展生产是安辑流民的最好途径,这样,江南沿江低洼地区大量的湖滩地便成为吸引流民大规模开发的最佳去处。因此无论是宋代,还是明清时期,封建政府都不遗余力地募集流民在此进行开发,从而有效地扩大了耕地面积,很大程度上缓和了一度紧张的人地矛盾。

通过对唐宋时期长江下游圩田开发与环境问题的讨论,笔者形成了以下几点认识:

首先,圩田开发产生了多元化的社会效应。圩田的开发十分适合长江下游地区水乡泽国的地理特点,使大量沿江沿湖滩涂变成了良田。这种土地利用形式是江南人民在长期实践中的伟大创举,它在抗御旱涝、夺取稳产高产方面,有着诸多的优越性。诗人杨万里、韩元吉等都曾作诗赞美圩田:"圩田岁岁镇逢秋,圩户家家不识愁。夹路垂杨一千里,风流国是太平州"③。"东西相望五百圩,有利由来得无害。……请看今来禾上场,七百顷地云堆黄"④。这些诗句都逼真地描绘了当时江南圩区的丰收景象。元代农学家王祯对于圩田的作用也是赞不绝口,他称赞道:圩田"据水筑为堤岸,复叠外护,或高至数丈,或曲直不等,长至弥望,每遇霖潦,以捍水

---

① 邹逸麟.我国环境变化的历史过程及其特点初探[J].安徽师范大学学报(人文社会科学版),2002(3):292-297.

② 李则刚.安徽历史述要[Z].安徽省地方志编纂委员会,1982(未刊稿).

③ [宋]杨万里.诚斋集:卷三四 江东集[M].影印文渊阁四库全书本.台北:商务印书馆,1986:1160,344.

④ [宋]韩元吉.南涧甲乙稿:卷二 七言古诗[M].影印文渊阁四库全书本.台北:商务印书馆,1986:1165,24.

势……内有沟渎,以通灌溉,其田亦或不下千顷,此又水田之善者"①。王祯甚至认为圩田"虽有水旱,皆可救御,凡一熟之余,不惟本境足食,又可赡及邻郡,实近古之上法,将来之永利,富国富民,无越于此"②。这种人工创造的乐土,成为当地粮食生产的重要基地。由于圩田农业产量很高,所以唐宋时期,特别是有宋一世,政府对兴筑、修复圩田总是特别热衷,及至明清,圩田开发日渐深入,圩区经济在封建国家赋税中所占的份额也越来越大。圩田高产、稳产的事实表明,圩区土地开发利用的价值是很高的。此外,圩田开发对于缓和该地区数度出现的人口压力也起到了积极的作用。这些都是应该充分肯定的。

其次,圩田开发与人地矛盾之间呈现出复杂的关系。人地矛盾是人地关系达到一定状态的特殊形式。人口达到一定数量给土地造成很大压力后所造成的人口与土地的紧张关系,无论是从人口密度上还是从土地的负载能力上都超过了最佳值,对人口发展与土地开发的可持续性造成威胁。同时,人地矛盾是一个相对的概念,农业技术、生产力水平提高后,土地可以比之前承载更多的人口,人地矛盾的程度也会随之发生变化,但是自然界中的土地(或水土资源)毕竟是不可再生资源,在一定条件下可开发程度总是有限的,可供养的人口也是有限的。当未达到这一界限时,人们开发利用的自由度是很大的,而且社会的文明与进步,也往往体现在对水土资源利用的程度上。唐宋以前,长江下游地区人口尚少,环境压力不大,突破水土资源利用界限的情况尚不多见,人地关系基本上是和谐的。但唐宋以降,随着人口压力不断增加,人们不得不大规模地向河湖滩地进发,开展大规模的垦殖活动,从而破坏了这些地区原有的人地平衡关系,引发了一系列的社会问题。诸如圩区水事纠纷频繁发生、自然灾害层出不穷、生态环境日益恶化等等。圩田开发所带来的社会问题,并不是圩田自身的问题,而是人们的生态环境意识及开发方式的问题。正如冀朝鼎在论及围田引起的"一个重大的社会经济问题"时所说的,像围田这样一种灌溉与农业紧密相连的社会性的重要活动,"绝对地需要对它们加以统一的设计与管理才行;而如果一个政府决然没有能力履行其总管这样一个地区的职能时,

---

① [元]王祯.农书:卷三　灌溉篇[M].北京:中华书局,1956:27.
② [元]王祯.农书:卷一一　农器图谱　田制门[M].北京:中华书局,1956:136.

就会带来麻烦。这种统一的设计管理,一经在中国出现,因湖川排水而占去的地面就可以大大地缩小,所开垦的土地或许比迄今为止的耕地要多得多。因而,全部问题就可以归结为一个土地制度与国家性质的问题了。这一直是长江流域自从在宋朝达到了完全成熟的阶段,并成为基本经济区以来的中心的社会经济问题"[1]。圩田开发所引起的这些问题已引起时人的关注。然而这种关注却无法扭转对圩田过度开发的恶性状况。圩田开发所带来的轰动性效应,导致了人口的大发展,又由于人口的大发展,进一步推动水土资源的大开发,并逐步超过极限,从而形成一种恶性循环。长江下游圩田的大开发,正是呈现了这样一种过程。

第三,要以"了解之同情"的视野考察圩田开发与生态环境变迁的互动历程。近年来,随着环境问题的日益突出,加强生态环境保护,走可持续发展道路,已成为人们的共识。而在史学研究领域也不断兴起研究人地关系史、生态环境变迁的热潮。但这种研究往往缺乏方法论与研究视角的创新。在当下人地关系的研究中形成了人地关系历史演变的"三阶段论"模式。[2] 这一模式认为:人地关系演变的第一阶段,包括采集狩猎社会和传统农业社会前期,地理环境对人类各方面的活动几乎都起着决定性的作用,人类基本上只能被动地"适应"自然环境,对环境的影响与破坏较小,人地关系基本上是和谐的。第二阶段,包括传统农业社会后期和工业化时代,在农业社会后期,随着人口压力的不断增加,人们不得不大规模地向尚未开垦、人口稀少的边疆地区、山区或平原上的湖沼地区迁移、垦殖,从而破坏了这些地区原有的人地平衡关系,导致大片土地荒漠化,森林覆盖率大幅度降低,水土流失加剧,洪涝灾害越来越频繁等严重的环境问题。随着人类发展到现代社会,由于工业化和城市化的发展,人类对自然的开发利用和改造的规模、范围、深度和速度不断增强,各地区的自然结构和社会经济结构急剧变化,地理环境对人类社会经济发展的影响和反作用也日益凸显,导致全球性的人口、资源、生态、经济、社会关系的严重失调,人地关系处于激烈的对抗中。第三阶段,是人类理想中的未来阶段,人们相信在充分认识人地关系演变进程和规律的前提下,人类有能力建立一个和谐、平

① 冀朝鼎.中国历史上的基本经济区与水利事业的发展[M].北京:中国社会科学出版社,1981:190-191.

② 张建民,鲁西奇."了解之同情"与人地关系研究[J].史学理论研究,2002(4):15-25.

衡的人地关系系统，实现人类的可持续发展。

这一"三阶段论"把人地关系的演进简化为从和谐、平衡走向冲突、失衡，再回复到和谐、平衡的循环模式。这一模式较为充分地注意到人类活动与地理环境的历史演变，这是值得肯定的，但它对于历史时期的"人"所处地理环境及当时、当地之人地关系的认识却缺乏应有的关注。换句话说，我们说历史时期某地区的人地关系是否平衡，是今人站在今天科学水平上的判断，而非当时当地人的判断。而我们今人所依据的研究资料却主要是反映当时当地人对当时当地环境与人地关系认识的历史记录。很显然，这样的研究视角是有问题的。陈寅恪先生曾指出：

> 凡著中国古代哲学史者，其对于古人之学说，应具了解之同情，方可下笔。盖古人著书立说，皆有所为而发。故其所处之环境，所受之背景，非完全明了，则其学说不易评论。而古代哲学家去今数千年，其时代之真相，极难推知。吾人今日可依据之材料，仅为当时所遗存最小之一部，欲藉此残余断片，以窥测其全部结构，必须备艺术家欣赏古代绘画雕刻之眼光及精神，然后古人立说之用意与对象，始可以真了解。所谓真了解者，必神游冥思，与立说之古人，处于同一境界，而对于其持论所以不得不如是之苦心孤诣，表一种之同情，始能批评其学说之是非得失，而无隔阂肤廓之论。[①]

陈先生虽然是就哲学、思想史研究而论的，但他关于研究"古人之学说，应具了解之同情"的思想方法，对于我们今天研究历史时期的人地关系具有重要的指导意义。它告诉我们，研究历史时期的人地关系，首先要站在"古人"的立场上，以"古人"的眼光（包括他们的生存需求、知识水平、文化态度等），来看待"古人"所处的地理环境，以"了解之同情"的态度去体察"古人"所感知的自然环境，并以历史主义的态度看待当时的人地关系的平衡。正如马克·布洛赫所说的那样："理解才是历史研究的指路明灯"[②]。

① 陈寅恪.冯友兰中国哲学史上册审查报告[M]//金明馆丛稿二编.北京:生活·读书·新知三联书店,2001:279.
② 马克·布洛赫.历史学家的技艺[M].张和声,程郁,译.上海:上海社会科学院出版社,1992:102.

只有建立在"理解"基础之上的评判,才能使研究结论接近或尽可能接近历史的真实。

　　在"了解之同情"视野下,我们来审视历史时期的人地关系不难发现,像我国这样一个地域广大、人口众多、自然环境复杂的国家,我们的祖先为求生存走过了一条何等曲折、艰难的道路!以唐宋时期长江下游圩田开发为例,试想在唐宋时期南方人口急剧增长的情况下,如果不去围湖造田、开发圩田,而是在湖荡发展水产业,恐怕很难维持人口不断增加的需要。如此说来,今天看来非常不合理的圩田开发行为,在当时实为无可奈何之举。当圩田开发带来严重的社会问题时,当时的有识之士曾纷纷陈词,晓以利害;政府也曾多次下诏禁止围垦,以控制圩田开发规模。但总是顾此失彼,发展的结果带来的是停滞,繁荣的代价是环境的恶化,循环往复,难以跳出这一怪圈。其原因究竟是什么?现在从人地关系这一层面审视,可以说我国数千年来问题的症结,还是我们今天同样最关心的人口、资源与环境问题!这似乎是我们中华民族永恒的课题!

附录　唐宋时期长江下游圩区自然灾害表

时间	地　　区	水灾	旱灾	后果	资料来源
武德八年 （625 年）	下游沿江圩区	✓			（同治）《上元江宁两县志》
贞观三年 （629 年）	安徽凤阳、泗州， 江苏徐州圩区	✓			《新唐书·五行志》 （乾隆）《江南通志》
贞观八年 （634 年）	江淮圩区	✓			《新唐书·五行志》
贞观十二年 （638 年）	江苏苏州圩区		✓		《新唐书·五行志》
永徽元年 （650 年）	皖南、苏南部分圩区	✓			《新唐书·五行志》
永徽四年 （653 年）	安徽滁州圩区		✓		《新唐书·五行志》
显庆元年 （656 年）	皖南部分圩区	✓			《新唐书·五行志》
总章元年 （668 年）	苏皖江北部分圩区		✓		《新唐书·五行志》 （光绪）《重修安徽通志》
永昌元年 （689 年）	浙江湖州圩区		✓		（同治）《湖州府志》
长寿元年 （692 年）	江西九江圩区		✓		（同治）《湖口县志》
万岁通天元年 （696 年）	长江下游圩区		✓		（同治）《湖州府志》

续表

时间	地　区	水灾	旱灾	后果	资料来源
神功元年 （697 年）	湖北部分圩区		√		《新唐书·五行志》
开元九年 （721 年）	江苏镇江、扬州圩区	√			（乾隆）《江南通志》
开元十四年 （726 年）	江苏苏州圩区	√			（光绪）《苏州府志》
开元二十七年 （739 年）	江西九江等圩区	√			《新唐书·五行志》
乾元元年 （758 年）	江苏吴江县圩区	√			（乾隆）《吴江县志》
大历二年 （767 年）	浙江湖州、 嘉兴等圩区	√			《新唐书·五行志》 （同治）《湖州府志》 （光绪）《嘉兴府志》
大历七年 （772 年）	江西九江圩区	√			《新唐书·五行志》
大历十年 （775 年）	江苏仪征圩区	√			（康熙）《仪征志》
贞元二年 （786 年）	下游大部分圩区	√			《旧唐书·五行志》
贞元三年 （787 年）	江苏扬州等圩区	√			《新唐书·五行志》 （乾隆）《江南通志》
贞元六年 （790 年）	下游大部分地区圩 区旱，江淮圩区涝	√	√		《新唐书·五行志》 《安徽水灾备忘录》（1991）
贞元七年 （791 年）	江苏扬州、 安徽滁州圩区		√		《新唐书·五行志》
贞元八年 （792 年）	下游大部分圩区	√		害稼	《新唐书·五行志》 （嘉庆）《重修扬州府志》
贞元九年 （793 年）	江苏仪征圩区	√		害稼	（康熙）《仪征志》
永贞元年 （805 年）	江、浙部分圩区		√		《新唐书·五行志》
元和二年 （807 年）	江西武宁县圩区		√		（同治）《武宁县志》

续表

时间	地　　区	水灾	旱灾	后果	资料来源
元和三年 （808 年）	沿江部分圩区 及江南圩区		√		《新唐书·五行志》 （光绪）《重修安徽通志》
元和四年 （809 年）	苏南、浙北部分圩区		√		《新唐书·五行志》 （同治）《湖州府志》
元和六年 （811 年）	浙江湖州圩区		√		（同治）《湖州府志》
元和七年 （812 年）	江苏镇江、扬州等圩区 旱，仪征夏旱秋涝	√	√	害稼	《新唐书·五行志》 （乾隆）《镇江府志》 （康熙）《仪征志》
元和九年 （814 年）	江西九江、 安徽宣城等圩区涝	√			《新唐书·五行志》
元和十一年 （816 年）	江西九江，江苏镇江、 常州，浙江湖州等 圩区涝	√		害稼 损田 万顷	《新唐书·五行志》 （乾隆）《镇江府志》 （同治）《湖州府志》
元和十二年 （817 年）	江苏苏州圩区涝	√		害稼	《新唐书·五行志》
元和十四年 （819 年）	江苏镇江圩区涝	√			（光绪）《丹徒县志》
元和十五年 （820 年）	江西武宁圩区涝	√			（同治）《武宁县志》
长庆二年 （822 年）	江苏吴江、浙江湖州 涝，江淮之间旱	√	√		（同治）《上元江宁两县志》 （同治）《湖州府志》
长庆三年 （823 年）	皖南、浙北等圩区旱		√		（光绪）《重修安徽通志》
长庆四年 （824 年）	大部分圩区涝	√		害稼、 伤稼	《新唐书·五行志》 （同治）《湖州府志》
宝历元年 （825 年）	安徽宣城、江苏仪征、 浙北等圩区旱，苏州 圩区涝	√	√	伤稼	《新唐书·五行志》 （光绪）《苏州府志》 （同治）《湖州府志》
大和二年 （828 年）	安徽安庆圩区涝	√		淹田数 百顷	（乾隆）《江南通志》
大和四年 （830 年）	大部分圩区大涝	√		坏堤、 害稼	《新唐书·五行志》 （光绪）《苏州府志》 （同治）《湖州府志》

续表

时间	地　区	水灾	旱灾	后果	资料来源
大和五年 （831 年）	湖北、安徽江淮之间 及太湖流域圩区涝	√		害稼	《旧唐书·五行志》 《新唐书·五行志》
大和六年 （832 年）	江苏苏州、 浙江湖州圩区涝	√			《新唐书·五行志》 （同治）《湖州府志》
大和七年 （833 年）	皖、苏、浙 大部分圩区涝	√		害稼	《新唐书·五行志》 （乾隆）《江南通志》 《安徽水灾备忘录》
大和八年 （834 年）	安徽、江苏部分圩区 旱涝并发，湖北、 江西部分圩区涝	√	√		《新唐书·五行志》 （同治）《上元江宁两县志》
开成二年 （837 年）	江苏扬州圩区大旱		√		（嘉庆）《重修扬州府志》
开成三年 （838 年）	湖北部分圩区和江苏 苏州、浙江湖州圩区 大涝	√		民居及 田产 皆尽	《新唐书·五行志》 （光绪）《苏州府志》 （同治）《湖州府志》
开成四年 （839 年）	江、浙局部圩区旱， 仪征涝	√	√	害稼	《新唐书·五行志》 （康熙）《仪征志》
开成五年 （840 年）	江苏镇江等圩区涝	√			《新唐书·五行志》
会昌元年 （841 年）	江南各圩区涝	√			《新唐书·五行志》 （乾隆）《江南通志》
大中十二年 （858 年）	皖、苏部分圩区涝	√		害稼	《新唐书·五行志》
咸通七年 （866 年）	江淮圩区涝	√			《新唐书·五行志》
咸通九年 （868 年）	江淮圩区旱		√		《新唐书·五行志》
乾符六年 （879 年）	浙江湖州圩区旱		√		（同治）《湖州府志》
中和四年 （884 年）	江南圩区大旱		√		《新唐书·五行志》
同光四年 （926 年）	江苏苏州圩区涝	√			（光绪）《苏州府志》

续表

时间	地　　区	水灾	旱灾	后果	资料来源
后晋天福四年 （939 年）	江苏南京圩区旱		√		（同治）《上元江宁两县志》
后晋天福五年 （940 年）	江苏苏州、 浙江湖州等圩区涝	√			（光绪）《苏州府志》 （同治）《湖州府志》
后晋天福七年 （942 年）	江苏南京、常州等地涝	√			（同治）《上元江宁两县志》
后周广顺二年 （952 年）	江苏南京圩区旱		√		（同治）《上元江宁两县志》
后周广顺三年 （953 年）	苏、皖部分圩区大旱		√		（光绪）《重修安徽通志》 （同治）《上元江宁两县志》
后周显德元年 （954 年）	江苏南京圩区旱		√		（同治）《上元江宁两县志》
乾德二年 （964 年）	江苏扬州圩区涝	√		害民田	《宋史·五行志》
乾德三年 （965 年）	湖北蕲州、江苏扬州涝	√		害民田	《宋史·五行志》 （嘉庆）《重修扬州府志》
乾德四年 （966 年）	江苏扬州圩区涝	√		害民田	（嘉庆）《重修扬州府志》
开宝元年 （968 年）	江苏部分圩区涝	√		害稼	《宋史·五行志》 （乾隆）《江南通志》
开宝六年 （973 年）	安徽江北圩区水	√			《安徽水灾备忘录》
太平兴国二年 （977 年）	太湖流域圩区涝	√			（同治）《湖州府志》
太平兴国四年 （979 年）	江苏江北部分圩区涝	√		害稼	《宋史·五行志》
太平兴国五年 （980 年）	江苏扬州涝	√			（嘉庆）《重修扬州府志》
太平兴国六年 （981 年）	浙江湖州涝	√			（同治）《湖州府志》
太平兴国七年 （982 年）	江苏镇江、 常州等圩区涝	√		害稼	《宋史·五行志》 （光绪）《武进阳湖合志》

续表

时间	地　区	水灾	旱灾	后果	资料来源
太平兴国八年 （983年）	江苏南京涝	✓			（同治）《上元江宁两县志》
太平兴国九年 （984年）	江南圩区旱		✓		《宋史·五行志》
淳化元年 （990年）	湖北、江西部分圩区水	✓		坏民田庐舍皆尽	《宋史·五行志》 （同治）《九江府志》
淳化五年 （994年）	江苏金坛涝	✓			（民国）《重修金坛县志》
至道三年 （997年）	江苏南京圩区旱		✓		（同治）《上元江宁两县志》
咸平元年 （998年）	湖北、江苏、浙江部分圩区旱		✓		《宋史·五行志》 （同治）《湖州府志》
咸平二年 （999年）	湖北、江苏、浙江部分圩区旱		✓		《宋史·五行志》 （同治）《湖州府志》
咸平三年 （1000年）	江南旱		✓		《宋史·五行志》
咸平四年 （1001年）	浙江湖州圩区涝	✓			（同治）《湖州府志》
咸平六年 （1003年）	江苏泰兴圩区水	✓			（光绪）《泰兴县志》
景德元年 （1004年）	江南旱		✓		（同治）《上元江宁两县志》
大中祥符二年 （1009年）	安徽无为、江苏泰州等圩区涝	✓			（乾隆）《江南通志》 （光绪）《续修庐州府志》
大中祥符三年 （1010年）	江南圩区旱		✓		《宋史·五行志》 （乾隆）《江南通志》
大中祥符四年 （1011年）	江西九江、江苏扬州、苏州等圩区涝	✓		害田	《宋史·五行志》 （同治）《九江府志》 （光绪）《苏州府志》
大中祥符五年 （1012年）	大部分圩区旱		✓		（乾隆）《江南通志》 （光绪）《溧水县志》 （同治）《湖州府志》

续表

时间	地　区	水灾	旱灾	后果	资料来源
大中祥符六年 （1013 年）	江苏泰兴、 仪征等圩区涝	√			（康熙）《仪征志》 （光绪）《泰兴县志》
大中祥符八年 （1015 年）	江南圩区旱		√		（光绪）《重修丹阳县志》
天禧元年 （1017 年）	江苏泰兴旱		√		（光绪）《泰兴县志》
乾兴元年 （1022 年）	苏南、浙北等圩区水	√		坏民田	《宋史·五行志》 （乾隆）《吴江县志》
天圣元年 （1023 年）	太湖流域涝	√		坏太湖 外塘	（光绪）《苏州府志》 （同治）《湖州府志》
天圣二年 （1024 年）	江苏仪征、 如皋等圩区涝	√			（康熙）《仪征志》 （嘉庆）《如皋县志》
天圣四年 （1026 年）	江淮及浙江湖州等 圩区涝	√			（乾隆）《江南通志》 （同治）《湖州府志》
天圣五年 （1027 年）	江苏南京、扬州、 镇江等圩区涝	√			《宋史·五行志》 （乾隆）《江南通志》
天圣六年 （1028 年）	江苏扬州、 镇江圩区涝	√			《宋史·五行志》 （乾隆）《江南通志》
明道元年 （1032 年）	江淮及江苏沿江 江北圩区旱		√		（同治）《上元江宁两县志》 （嘉庆）《直隶通州志》
景祐元年 （1034 年）	江西武宁、江苏昆山、 吴江涝	√			（同治）《武宁县志》 （乾隆）《吴江县志》
宝元元年 （1038 年）	浙江湖州旱		√		（同治）《湖州府志》
宝元二年 （1039 年）	江苏扬州旱		√		（嘉庆）《重修扬州府志》
庆历元年 （1041 年）	江苏仪征、泰兴旱		√		（光绪）《泰兴县志》 （康熙）《仪征志》
庆历四年 （1044 年）	淮南、江南等圩区旱		√		《宋史·五行志》 （嘉庆）《如皋县志》
庆历六年 （1046 年）	江苏镇江圩区大旱		√		（光绪）《丹徒县志》

续表

时间	地　区	水灾	旱灾	后果	资料来源
庆历八年 （1048）	江苏吴江、浙江湖州涝	√			（乾隆）《吴江县志》 （同治）《湖州府志》
皇祐二年 （1050 年）	江苏吴江、浙江湖州涝	√			（乾隆）《吴江县志》
皇祐四年 （1052 年）	浙江湖州圩区涝	√			（同治）《湖州府志》
嘉祐元年 （1056 年）	南京圩区水	√			（乾隆）《江南通志》
嘉祐四年 （1059 年）	江苏吴江圩区涝	√			（乾隆）《吴江县志》
嘉祐五年 （1060 年）	江苏苏州、 浙江湖州圩区涝	√		田灾	《宋史·五行志》 （乾隆）《吴江县志》 （同治）《湖州府志》
嘉祐六年 （1061 年）	江南及江苏扬州、 如皋等圩区涝	√		伤稼	《宋史·五行志》 （同治）《湖州府志》
治平元年 （1064 年）	安徽合肥、 宣城等圩区涝	√	√		《宋史·五行志》
熙宁三年 （1070 年）	大部分圩区旱		√		《宋史·五行志》
熙宁四年 （1071 年）	浙江湖州涝	√			（同治）《湖州府志》
熙宁五年 （1072 年）	江苏昆山旱， 浙江湖州涝	√	√		（光绪）《昆新两县续修合志》 （同治）《湖州府志》
熙宁六年 （1073 年）	江苏溧阳、 无锡等圩区旱		√		（光绪）《无锡金匮县志》 （嘉庆）《溧阳县志》
熙宁七年 （1074 年）	大部分圩区大旱		√		（光绪）《泰兴县志》 （光绪）《苏州府志》 （乾隆）《吴江县志》
熙宁八年 （1075 年）	淮南、江南等圩区大旱		√		《宋史·五行志》
熙宁十年 （1077 年）	大部分圩区旱		√		《宋史·五行志》 （同治）《湖州府志》

续表

时间	地　区	水灾	旱灾	后果	资料来源
元丰元年 （1078 年）	太湖流域水， 南京圩区旱	√	√	漂淹塘 岸、田 不播种	（乾隆）《江南通志》 （乾隆）《吴江县志》 （嘉庆）《松江府志》
元丰四年 （1081 年）	江苏各地圩区涝	√		损田稼	《宋史·五行志》 （光绪）《苏州府志》
元丰五年 （1082 年）	浙江长兴涝	√			（同治）《湖州府志》
元丰六年 （1083 年）	太湖流域水	√		田不 播种	（同治）《湖州府志》
元丰八年 （1085 年）	江苏仪征涝	√			（康熙）《仪征志》
元祐元年 （1086 年）	浙江湖州旱， 江苏如皋水旱	√	√		（嘉庆）《如皋县志》 （同治）《湖州府志》
元祐三年 （1088 年）	大部分圩区旱		√		《宋史·五行志》 （同治）《湖州府志》
元祐四年 （1089 年）	浙江湖州等圩区旱		√		（同治）《湖州府志》
元祐五年 （1090 年）	江苏吴江、浙江湖州涝	√		高低田 皆巨浸， 无稼	《宋史·五行志》 （乾隆）《吴江县志》
元祐六年 （1091 年）	太湖流域圩区涝	√			（乾隆）《江南通志》 （同治）《湖州府志》
元祐八年 （1093 年）	江苏沿江北部分 圩区涝	√			（康熙）《仪征志》 （光绪）《泰兴县志》
绍圣三年 （1096 年）	苏皖沿江、 江南部分圩区大旱		√		《宋史·五行志》 《安徽水灾备忘录》
绍圣四年 （1097 年）	浙北部分圩区旱		√		《宋史·五行志》 （同治）《湖州府志》
元符元年 （1098 年）	江、浙等圩区旱		√		《宋史·五行志》 （同治）《湖州府志》
元符二年 （1099 年）	太湖流域圩区水灾	√		伤稼	《宋史·五行志》 （光绪）《嘉兴府志》

时间	地　　区	水灾	旱灾	后果	资料来源
建中靖国元年 （1101 年）	江淮圩区旱， 江苏吴江、 浙江湖州涝	√	√		（光绪）《重修安徽通志》 （乾隆）《吴江县志》 （同治）《湖州府志》
崇宁元年 （1102 年）	江、浙部分圩区旱		√		（同治）《湖州府志》
崇宁二年 （1103 年）	浙江嘉兴涝	√			（同治）《湖州府志》 （光绪）《嘉兴府志》
崇宁三年 （1104 年）	浙江湖州涝	√			（同治）《湖州府志》
崇宁四年 （1105 年）	太湖流域部分圩区涝	√			（乾隆）《江南通志》
大观元年 （1107 年）	江苏苏州、 浙江湖州圩区涝	√			《宋史·五行志》 （光绪）《苏州府志》 （同治）《湖州府志》
大观二年 （1108 年）	苏、皖沿江和江南等 圩区大旱		√		《宋史·五行志》 （嘉庆）《如皋县志》 （光绪）《泰兴县志》
大观三年 （1109 年）	太湖流域圩区涝， 南京等圩区旱	√	√		（同治）《上元江宁两县志》 （嘉庆）《松江府志》
政和元年 （1111 年）	江苏扬州、 泰兴等圩区旱		√		（嘉庆）《重修扬州府志》 （光绪）《泰兴县志》
政和三年 （1113 年）	苏、皖部分圩区旱		√		《宋史·五行志》 （同治）《上元江宁两县志》
政和五年 （1115 年）	皖南、苏南、 浙北等圩区涝	√		田灾	《宋史·五行志》 （乾隆）《吴江县志》
重和元年 （1118 年）	湖北、安徽、江苏及 浙江大部分圩区涝	√		田灾	《宋史·五行志》 （乾隆）《江南通志》 （乾隆）《吴江县志》
宣和元年 （1119 年）	江苏扬州、如皋和 浙江湖州旱		√		（嘉庆）《重修扬州府志》 （同治）《湖州府志》
宣和五年 （1123 年）	浙江嘉兴旱		√		（光绪）《嘉兴府志》
宣和六年 （1124 年）	浙北等圩区涝	√			《宋史·五行志》 （同治）《湖州府志》

续表

时　间	地　　区	水灾	旱灾	后果	资料来源
建炎二年 （1128 年）	江、浙部分圩区涝	✓			《宋史·五行志》
建炎三年 （1129 年）	江苏南京、丹徒涝， 吴江及浙江湖州旱	✓	✓	害禾	（同治）《上元江宁两县志》 （光绪）《丹徒县志》 （同治）《湖州府志》
建炎四年 （1130 年）	江苏吴江、浙江湖州 旱，江苏吴县涝	✓	✓	害稼	（乾隆）《吴江县志》 （同治）《湖州府志》
绍兴二年 （1132 年）	安徽徽州等圩区涝， 江苏常州及如皋旱	✓	✓	害稼	《宋史·五行志》 （嘉庆）《如皋县志》
绍兴三年 （1133 年）	皖南及江苏镇江、吴江 等圩区涝，江苏泰兴、 如皋及浙江湖州旱	✓	✓	水败 圩堤， 害禾麦	（乾隆）《江南通志》 《安徽水灾备忘录》 （光绪）《重修丹阳县志》
绍兴四年 （1134 年）	江西九江、江苏苏州、 浙江湖州圩区涝， 江苏镇江圩区旱	✓	✓	害稼， 坏圩田， 害蚕 麦蔬种	《宋史·五行志》 （同治）《九江府志》 （光绪）《丹徒县志》 （光绪）《嘉兴府志》
绍兴五年 （1135 年）	安徽沿江圩区、 浙江圩区旱，江苏 常州、江阴等圩区涝	✓	✓		《宋史·五行志》 （乾隆）《吴江县志》 （同治）《湖州府志》
绍兴六年 （1136 年）	江苏南通等圩区旱， 镇江圩区涝	✓	✓		（乾隆）《镇江府志》 （光绪）《丹徒县志》
绍兴七年 （1137 年）	江南等圩区旱		✓		《宋史·五行志》
绍兴十二年 （1142 年）	江苏泰兴旱		✓		（光绪）《泰兴县志》
绍兴十四年 （1144 年）	江、浙部分圩区涝	✓		田圩 淹没	（乾隆）《吴江县志》 （同治）《湖州府志》
绍兴十七年 （1147 年）	浙江湖州涝	✓			（同治）《湖州府志》
绍兴十八年 （1148 年）	江苏沿江部分圩区 及浙江部分圩区旱		✓		《宋史·五行志》 （同治）《湖州府志》
绍兴十九年 （1149 年）	江苏常州、 镇江圩区旱		✓		《宋史·五行志》 （乾隆）《镇江府志》

时　间	地　　区	水灾	旱灾	后果	资料来源
绍兴二十三年 （1153 年）	皖南、苏南 部分圩区旱		√		《宋史·五行志》 （乾隆）《吴江县志》
绍兴二十四年 （1154 年）	浙北旱		√		《宋史·五行志》
绍兴二十七年 （1157 年）	大部分圩区涝	√			《宋史·五行志》 （乾隆）《镇江府志》
绍兴二十八年 （1158 年）	安徽、江苏及 浙北部分圩区涝	√			《宋史·五行志》
绍兴二十九年 （1159 年）	江、浙部分圩区旱， 江苏金坛涝	√	√		《宋史·五行志》 （民国）《重修金坛县志》
绍兴三十年 （1160 年）	江、浙部分旱， 浙江安吉水	√	√	伤蚕麦， 害稼	《宋史·五行志》 （同治）《湖州府志》
绍兴三十二年 （1162 年）	浙北等圩区涝	√		坏田	（同治）《湖州府志》
隆兴元年 （1163 年）	江、浙旱涝	√	√	漂没 田圩， 伤稼	《宋史·五行志》 （乾隆）《吴江县志》 （同治）《湖州府志》
隆兴二年 （1164 年）	大部分圩区大涝	√		坏圩田， 害稼	《宋史·五行志》 （同治）《湖州府志》
乾道元年 （1165 年）	江苏常州、 浙江湖州圩区涝	√		坏圩田	《宋史·五行志》 （光绪）《武进阳湖合志》
乾道二年 （1166 年）	浙江湖州涝	√		损稼， 蚕麦 不登	（同治）《湖州府志》
乾道三年 （1167 年）	大部分圩区涝	√		禾稼 皆腐	《宋史·五行志》
乾道四年 （1168 年）	江西武宁县、 江苏南京、浙江湖州水	√			《宋史·五行志》 （同治）《武宁县志》
乾道六年 （1170 年）	江西、皖南、 苏南及浙北圩区涝	√		淹田稼， 溃圩堤	《宋史·五行志》 （乾隆）《吴江县志》
乾道七年 （1171 年）	江西、江苏和 浙江圩区旱		√	首种 不入	《宋史·五行志》

续表

时间	地 区	水灾	旱灾	后果	资料来源
乾道八年 (1172 年)	江西武宁旱		√		(同治)《武宁县志》
乾道九年 (1173 年)	湖北、安徽南部及 江苏南京等圩区 涝,江苏江宁旱	√	√	坏圩 淹田	《宋史·五行志》 (同治)《上元江宁两县志》
淳熙元年 (1174 年)	浙江嘉兴旱		√		(光绪)《嘉兴府志》
淳熙二年 (1175 年)	下游全境大旱		√		《宋史·五行志》
淳熙三年 (1176 年)	常州旱,扬州、 南通等圩区涝	√	√	损禾麦	《宋史·五行志》 (同治)《湖州府志》
淳熙四年 (1177 年)	江西德安县涝	√			(同治)《德安县志》
淳熙五年 (1178 年)	江苏镇江、 浙江嘉兴旱		√		《宋史·五行志》
淳熙六年 (1179 年)	安徽宁国及 浙北圩区涝	√		坏圩田	《宋史·五行志》 (同治)《湖州府志》
淳熙七年 (1180 年)	大部分圩区大旱		√		《宋史·五行志》
淳熙八年 (1181 年)	江西、安徽、江苏 大部分圩区旱		√		《宋史·五行志》
淳熙九年 (1182 年)	江西德安、建昌及 江苏镇江等圩区旱		√		《宋史·五行志》
淳熙十年 (1183 年)	安徽和县及江苏南京、 仪征、南通圩区旱		√		《宋史·五行志》 (康熙)《仪征志》
淳熙十一年 (1184 年)	安徽和县、太平及 江苏南京圩区涝	√		坏圩田	《宋史·五行志》 (同治)《上元江宁两县志》
淳熙十二年 (1185 年)	湖北、浙江局部圩区涝	√		坏田 殆尽	《宋史·五行志》 (同治)《湖州府志》
淳熙十四年 (1187 年)	江西九江、苏南、 浙北大部旱		√		《宋史·五行志》
淳熙十五年 (1188 年)	苏、皖局部圩区涝	√			《宋史·五行志》 《安徽水灾备忘录》

续表

时间	地　区	水灾	旱灾	后果	资料来源
淳熙十六年 （1189 年）	江苏扬州、镇江、常州、浙江湖州等圩区涝	√			《宋史·五行志》 （乾隆）《镇江府志》 （同治）《湖州府志》
绍熙元年 （1190 年）	湖北蕲县、安徽池州旱		√		《宋史·五行志》
绍熙二年 （1191 年）	沿江北部圩区旱		√		《宋史·五行志》
绍熙三年 （1192 年）	苏皖南部水，安徽和县、江苏扬州圩区旱	√	√	漂田庐，损下地之稼	《宋史·五行志》
绍熙四年 （1193 年）	江西九江、安徽、江苏南部圩区水，江浙圩区旱	√	√	坏圩田，害蚕禾	《宋史·五行志》 （同治）《湖州府志》
绍熙五年 （1194 年）	下游大旱，沿江圩区水	√	√		《宋史·五行志》
庆元元年 （1195 年）	九江、湖州圩区水	√			（同治）《九江府志》 （同治）《湖州府志》
庆元二年 （1196 年）	苏南、浙北局部圩区涝	√			《宋史·五行志》 （同治）《湖州府志》
庆元三年 （1197 年）	江苏吴江、浙江湖州旱		√	禾稼不能入土	（乾隆）《吴江县志》 （同治）《湖州府志》
庆元五年 （1199 年）	江、浙局部圩区涝	√		田庐漂没	（乾隆）《吴江县志》 （同治）《湖州府志》
庆元六年 （1200 年）	安徽和县、江苏沿江圩区旱，江西、安徽徽州、江苏南京等圩区涝	√	√	害稼	《宋史·五行志》 （乾隆）《江南通志》
嘉泰元年 （1201 年）	局部圩区旱		√		（乾隆）《江南通志》 （同治）《湖州府志》
嘉泰二年 （1202 年）	江南大部分圩区旱		√		《宋史·五行志》 （光绪）《武进阳湖合志》
嘉泰三年 （1203 年）	江南涝	√		害稼	《宋史·五行志》
嘉泰四年 （1204 年）	浙北旱		√		（同治）《湖州府志》

续表

时间	地　　区	水灾	旱灾	后果	资料来源
开禧元年 （1205 年）	江西、浙江局部圩区旱		√		（同治）《南康府志》 （光绪）《嘉兴府志》
开禧二年 （1206 年）	江西、江苏局部圩区旱		√		《宋史·五行志》 （乾隆）《吴江县志》
开禧三年 （1207 年）	皖、江、浙局部涝， 浙北大旱	√	√		《宋史·五行志》 （同治）《湖州府志》
嘉定元年 （1208 年）	苏南、浙北圩区旱		√		《宋史·五行志》 （同治）《湖州府志》
嘉定二年 （1209 年）	苏南、浙北大旱		√		（同治）《上元江宁两县志》 （同治）《湖州府志》
嘉定三年 （1210 年）	安徽徽州水，江苏南 京、丹阳圩区旱	√	√	圮田庐， 首种 皆腐	《宋史·五行志》 （同治）《上元江宁两县志》
嘉定六年 （1213 年）	苏南、浙北部分圩区涝	√			（同治）《湖州府志》 （光绪）《嘉兴府志》
嘉定七年 （1214 年）	苏南、浙北局部旱		√		（乾隆）《吴江县志》 （同治）《湖州府志》
嘉定八年 （1215 年）	大部分圩区特大旱		√	首种 不入	《宋史·五行志》 （同治）《湖州府志》
嘉定九年 （1216 年）	江苏南京、浙江湖州涝	√			（同治）《上元江宁两县志》 （同治）《湖州府志》
嘉定十一年 （1218 年）	苏、皖南部及沿江圩区 旱，浙江湖州圩区涝	√	√	蔬麦 皆枯， 坏田稼	《宋史·五行志》 （同治）《湖州府志》
嘉定十四年 （1221 年）	南京涝，浙江湖州旱	√	√		《宋史·五行志》 （同治）《湖州府志》
嘉定十五年 （1222 年）	安徽徽州、浙江湖州 圩区久雨成灾	√		圮田庐， 害稼	《宋史·五行志》 （同治）《湖州府志》
嘉定十六年 （1223 年）	大部分圩区大涝	√			《宋史·五行志》 （乾隆）《吴江县志》 （光绪）《嘉兴府志》
嘉定十七年 （1224 年）	江西建昌大水	√		害稼	《宋史·五行志》

续表

时间	地　　区	水灾	旱灾	后果	资料来源
宝庆元年 (1225 年)	安徽滁州大水	√			(乾隆)《江南通志》
宝庆三年 (1227 年)	江苏南京、 浙江湖州圩区局部涝	√			(光绪)《溧水县志》 (同治)《湖州府志》
绍定三年 (1230 年)	江苏吴江、浙江湖州涝	√		田禾 荡没	(乾隆)《吴江县志》 (同治)《湖州府志》
绍定四年 (1231 年)	沿江圩区涝	√			《宋史·五行志》
端平三年 (1236 年)	湖北蕲县圩区涝	√			《宋史·五行志》
嘉熙元年 (1237 年)	南京圩区旱		√		《宋史·五行志》
嘉熙四年 (1240 年)	江、浙局部圩区旱		√		《宋史·五行志》 (同治)《湖州府志》
淳祐二年 (1242 年)	苏南、浙北 局部圩区大水	√			(光绪)《武进阳湖合志》 (同治)《湖州府志》
淳祐七年 (1247 年)	江苏镇江、 浙江湖州圩区旱		√		(乾隆)《江南通志》 (同治)《湖州府志》
淳祐十年 (1250 年)	安徽合肥圩区旱		√		(光绪)《续修庐州府志》
淳祐十一年 (1251 年)	江、浙局部圩区偏涝	√			《宋史·五行志》 (同治)《湖州府志》
宝祐二年 (1254 年)	江苏吴江、 浙江湖州圩区涝	√			(乾隆)《吴江县志》 (同治)《湖州府志》
宝祐三年 (1255 年)	浙江圩区大水	√			(同治)《湖州府志》 (光绪)《嘉兴府志》
开庆元年 (1259 年)	安徽滁州、江苏吴江、 浙江湖州圩区涝	√		坏田稼	《宋史·五行志》 (乾隆)《吴江县志》 (同治)《湖州府志》
景定二年 (1261 年)	江苏吴江、 浙江安吉圩区涝	√			(乾隆)《吴江县志》 (同治)《湖州府志》
景定三年 (1262 年)	浙江安吉圩区涝	√			(同治)《湖州府志》

续表

时间	地　区	水灾	旱灾	后果	资料来源
景定五年 （1264 年）	江苏泰兴圩区旱		√		（光绪）《泰兴县志》
咸淳二年 （1266 年）	江苏南京、镇江、 常州涝	√			（乾隆）《江南通志》 （同治）《上元江宁两县志》
咸淳三年 （1267 年）	苏南、浙北局部圩区涝	√		田淹 过半	（乾隆）《吴江县志》 （同治）《湖州府志》
咸淳六年 （1270 年）	江南大旱， 浙江局部圩区大水	√	√		《宋史·五行志》 （乾隆）《江南通志》
咸淳七年 （1271 年）	江苏太仓涝	√			（民国）《太仓州志》
咸淳九年 （1273 年）	沿江圩区旱涝兼有	√	√		（同治） 《上元江宁两县志》
咸淳十年 （1274 年）	安徽合肥、 浙江湖州圩区涝	√			《宋史·五行志》 （同治）《湖州府志》
德祐元年 （1275 年）	江苏吴江、浙江湖州涝	√			（乾隆）《吴江县志》 （同治）《湖州府志》

参 考 文 献

一、历 史 文 献

[1] [汉]司马迁.史记[M].北京:中华书局,1997.

[2] [晋]陈寿.三国志[M].北京:中华书局,1997.

[3] [唐]魏徵.隋书[M].北京:中华书局,1975.

[4] [后晋]刘昫,等.旧唐书[M].北京:中华书局,1997.

[5] [宋]欧阳,宋祁.新唐书[M].北京:中华书局,1975.

[6] [清]吴任臣.十国春秋[M].北京:中华书局,1983.

[7] [元]脱脱,等.宋史[M].北京:中华书局,1985.

[8] [宋]司马光.资治通鉴[M].郑州:中州古籍出版社,2003.

[9] [宋]李焘.续资治通鉴长编[M].北京:中华书局,2004.

[10] [宋]李心传.建炎以来系年要录[M].影印文渊阁四库全书本.台北:商务印书
      馆,1986.

[11] [宋]王溥.唐会要[M].北京:中华书局,2006.

[12] [宋]王溥.五代会要[M].北京:中华书局,1998.

[13] [元]马端临.文献通考[M].北京:中华书局,1986.

[14] [宋]佚名.续编两朝纲目备要[M].北京:中华书局,1995.

[15] [宋]窦仪.宋刑统[M].北京:中华书局,1984.

[16] [宋]黄震.黄氏日抄[M].影印文渊阁四库全书本.台北:商务印书馆,1986.

[17] [明]王圻.续文献通考[M].杭州:浙江古籍出版社,1988.

[18] [清]徐松.宋会要辑稿[M].北京:中华书局,1957.

[19] [唐]韩愈.韩昌黎集[M].北京:商务印书馆,1958.

[20] [宋]范成大.石湖居士诗集[Z].四部丛刊本.

[21] [宋]范仲淹.范文正公文集[Z].四部丛刊本.

[22] [宋]欧阳修.欧阳修全集[M].北京:中华书局,2001.

[23]　[宋]沈括.长兴集[M].影印文渊阁四库全书本.台北:商务印书馆,1986.

[24]　[宋]苏轼.苏轼文集[M].北京:中华书局,1986.

[25]　[宋]苏轼.经进东坡文集事略[Z].四部丛刊初编本.

[26]　[宋]苏辙.栾城应诏集[M].北京:中华书局,1990.

[27]　[宋]王安石.临川先生文集[M].北京:中华书局,1959.

[28]　[宋]曾巩.南丰先生元丰类稿[M].影印文渊阁四库全书本.台北:商务印书馆,1986.

[29]　[宋]杨万里.诚斋集[M].影印文渊阁四库全书本.台北:商务印书馆,1986.

[30]　[宋]叶适.叶适集[M].北京:中华书局,1983.

[31]　[宋]王十朋.梅溪王先生文集[M].影印文渊阁四库全书本.台北:商务印书馆,1986.

[32]　[宋]胡宿.文恭集[Z].宋集珍本丛刊本.

[33]　[宋]胡寅.斐然集[Z].宋集珍本丛刊本.

[34]　[宋]蔡襄.蔡襄全集[Z].宋集珍本丛刊本.

[35]　[宋]卫泾.后乐集[M].影印文渊阁四库全书本.台北:商务印书馆,1986.

[36]　[宋]吴泳.鹤林集[Z].宋集珍本丛刊本.

[37]　[宋]薛季宣.浪语集[Z].宋集珍本丛刊本.

[38]　[宋]韩元吉.南涧甲乙稿[M].影印文渊阁四库全书本.台北:商务印书馆,1986.

[39]　[宋]苏籀.双溪集[Z].宋集珍本丛刊本.

[40]　[宋]林表民.赤城集[Z].宋集珍本丛刊本.

[41]　[宋]陈傅良.止斋先生文集[Z].四部丛刊本.

[42]　[宋]张孝祥.于湖居士文集[Z].宋集珍本丛刊本.

[43]　[宋]周必大.文忠集[M].影印文渊阁四库全书本.台北:商务印书馆,1986.

[44]　[宋]朱熹.晦庵集[M].影印文渊阁四库全书本.台北:商务印书馆,1986.

[45]　[宋]魏了翁.鹤山先生大全文集[Z].四部丛刊本.

[46]　[宋]陆游.渭南文集[Z].四部丛刊本.

[47]　[宋]吕祖谦.东莱集[Z].宋集珍本丛刊本.

[48]　[宋]王迈.臞轩集[M].影印文渊阁四库全书本.台北:商务印书馆,1986.

[49]　[宋]虞俦.尊白堂集[M].影印文渊阁四库全书本.台北:商务印书馆,1986.

[50]　[宋]袁甫.蒙斋集[M].影印文渊阁四库全书本.台北:商务印书馆,1986.

[51]　[宋]袁燮.絜斋集[M].影印文渊阁四库全书本.台北:商务印书馆,1986.

[52]　[宋]赵蕃.章泉稿[Z].丛书集成初编本.

[53]　[清]董诰.全唐文[M].北京:中华书局,1983.

[54]　[清]彭定求,等.全唐诗[M].北京:中华书局,1960.

[55]　[宋]计有功.唐诗纪事校笺[M].北京:中华书局,2007.

[56]　[宋]陈起.江湖小集[M].影印文渊阁四库全书本.台北:商务印书馆,1986.

[57]　[金]元好问.中州集[M].北京:中华书局,1962.

[58]　[清]钱毂.吴都文粹续集[M].影印文渊阁四库全书本.台北:商务印书馆,1986.

[59]　[唐]李吉甫.元和郡县图志[M].北京:中华书局,1983.

[60]　[清]顾祖禹.读史方舆纪要[M].北京:中华书局,2005.

[61]　[清]顾清.(正德)松江府志[M].上海:上海书店,1990.

[62]　[清]赵宏恩,等.(乾隆)江南通志[M].影印文渊阁四库全书本.台北:商务印书
　　　馆,1986.

[63]　[清]嵇曾筠,等.(雍正)浙江通志[M].影印文渊阁四库全书本.台北:商务印书
　　　馆,1986.

[64]　[宋]谈钥.(嘉泰)吴兴志[M].杭州:浙江古籍出版社,2018.

[65]　[宋]罗浚,等.(宝庆)四明志[Z].清咸丰四年刻《宋元四明六志》本.

[66]　[宋]梅应发,刘锡.(开庆)四明续志[Z].清咸丰四年刻《宋元四明六志》本.

[67]　[宋]张津,等.(乾道)四明图经[Z].清咸丰四年刻《宋元四明六志》本.

[68]　[元]王元恭.(至正)四明续志[Z].清咸丰四年刻《宋元四明六志》本.

[69]　[宋]潜说友.(咸淳)临安志[M].影印文渊阁四库全书本.台北:商务印书
　　　馆,1986.

[70]　[宋]施谔.(淳祐)临安志[Z].影印《宛委别藏》本.

[71]　[宋]施宿,等.(嘉泰)会稽志[M].北京:中华书局,1990.

[72]　[宋]史能之.(咸淳)重修毗陵志[M].北京:中华书局,1990.

[73]　[宋]杨潜.(绍熙)云间志[M].北京:中华书局,1990.

[74]　[宋]孙应时.重修琴川志[Z].影印《宛委别藏》本.

[75]　[宋]凌万顷,等.(淳祐)玉峰志[Z].影印《宛委别藏》本.

[76]　[元]俞希鲁.(至顺)镇江志[Z].影印《宛委别藏》本.

[77]　[清]鲁铨,等.(嘉庆)宁国府志[Z].清嘉庆二十年刻本.

[78]　[明]彭泽,汪舜民.(弘治)徽州府志[M].上海:上海古籍书店,1964.

[79]　[明]唐诰,等.(万历)和州志[Z].影印明万历三年刻本.

[80]　[宋]范成大.吴郡志[M].江苏古籍出版社,1986.

[81]　[清]孙云锦.(光绪)淮安府志[M].南京:江苏古籍出版社,1991.

[82]　[清]梁园棣.(咸丰)重修兴化县志[M].南京:江苏古籍出版社,1991.

[83]　[宋]周应合.(景定)建康志[M].影印文渊阁四库全书本.台北:商务印书
　　　馆,1986.

[84]　[宋]单锷.吴中水利书[Z].清嘉庆张海鹏刻墨海金壶本.

[85]　[明]归有光.三吴水利录[M].影印文渊阁四库全书本.台北:商务印书馆,1986.

[86]　[明]姚文灏.浙西水利书[M].影印文渊阁四库全书本.台北:商务印书馆,1986.

[87]　[明]沈启撰,[清]黄象曦增辑.吴江水考增辑[Z].沈氏家藏本.

[88]　[明]张国维.吴中水利全书[M].杭州:浙江古籍出版社,2014.

［89］ ［明］张内蕴.三吴水考［M］.影印文渊阁四库全书本.台北:商务印书馆,1986.

［90］ ［清］金友理.太湖备考［M］.南京:江苏古籍出版社,1998.

［91］ ［清］李卫等.西湖志［Z］.清光绪四年浙江书局重刻本.

［92］ ［清］周道遵.甬上水利志［Z］.民国四明张寿镛刻《四明丛书》本.

［93］ ［清］阮元.两浙金石志［M］.杭州:浙江古籍出版社,2012.

［94］ ［清］缪荃孙.江苏金石志［M］.南京:凤凰出版社,2014.

［95］ ［清］王昶.金石萃编［Z］.清嘉庆十年刻同治钱宝传等补修本.

［96］ ［清］李遇孙.栝苍金石志［Z］.清同治十三年处州府署刻本.

［97］ ［清］倪国琏.钦定康济录［M］.影印文渊阁四库全书本.台北:商务印书馆,1986.

［98］ 焦忠祖,等.(民国)阜宁县新志［M］.中国地方志集成本.南京:江苏古籍出版社,1991.

［99］ 刘春堂,吴寿宽.(民国)高淳县志［M］.中国地方志集成本.南京:江苏古籍出版社,1991.

［100］ ［宋］沈括.新校正梦溪笔谈［M］.胡道静,校.北京:中华书局,1957.

［101］ ［宋］洪迈.夷坚志［M］.北京:中华书局,1981.

［102］ ［宋］吴自牧.梦粱录［M］.北京:中华书局,1985.

［103］ ［宋］庄绰.鸡肋编［M］.北京:中华书局,1983.

［104］ ［宋］岳珂.愧郯录［M］.影印文渊阁四库全书本.台北:商务印书馆,1986.

［105］ ［宋］魏了翁.古今考［M］.影印文渊阁四库全书本.台北:商务印书馆,1986.

［106］ ［宋］张君房.云笈七签［M］.北京:中华书局,2003.

［107］ ［宋］章如愚.山堂考索［M］.北京:中华书局,1992.

［108］ ［清］顾炎武.日知录［M］.西安:陕西人民出版社,1998.

［109］ ［元］王祯.农书［M］.北京:中华书局,1956.

［110］ ［明］徐光启.农政全书［M］.影印文渊阁四库全书本.台北:商务印书馆,1986.

［111］ ［宋］陈旉.农书［Z］.清鲍氏刻《知不足斋丛书》本.

［112］ ［明］田艺蘅.留青日札［M］.上海:上海古籍出版社,1992.

二、今人论著、论文

（一）专著

［1］ 长江流域规划办公室政治部宣传处.长江水利发展史［Z］.1975.

［2］ 程民生.宋代地域经济［M］.郑州:河南大学出版社,1996.

［3］ 邓云特.中国救荒史［M］.北京:商务印书馆,2011.

［4］ 冻国栋.中国人口史:第二卷［M］.上海:复旦大学出版社,2002.

［5］ 傅增湘.宋代蜀文辑存［M］.北京:北京图书馆出版社,2005.

［6］ 傅筑夫.中国封建社会经济史:第五卷［M］.北京:人民出版社,1989.

[7]　傅宗文.宋代草市镇研究[M].福州:福建人民出版社,1989.

[8]　葛剑雄.中国移民史[M].福州:福建人民出版社,1997.

[9]　葛金芳.宋辽夏金经济研析[M].武汉:武汉出版社,1991.

[10]　郭万清,朱玉龙.皖江开发史[M].合肥:黄山书社,2001.

[11]　郭文韬.中国古代的农作制和耕作法[M].北京:农业出版社,1981.

[12]　韩茂莉.宋代农业地理[M].太原:山西古籍出版社,1993.

[13]　何德章.中国经济通史3:魏晋南北朝[M].长沙:湖南人民出版社,2002.

[14]　何勇强.钱氏吴越国史论稿[M].杭州:浙江大学出版社,2002.

[15]　黄敏枝.宋代佛教社会经济史论集[M].台北:台湾学生书局,1989.

[16]　纪念科学家竺可桢论文集编辑组.纪念科学家竺可桢论文集[M].北京:科学普及
出版社,1982.

[17]　历史地理编辑委员会.历史地理:第1~12辑[C].上海:上海人民出版社,2006~2018.

[18]　刘尚恒.二馀斋文集[M].天津:天津古籍出版社,2013.

[19]　梁方仲.中国历代户口、田地、田赋统计[M].上海:上海人民出版社,1980.

[20]　鲁西奇.区域历史地理研究:对象与方法 汉水流域的个案考察[M].南宁:广西人
民出版社,2000.

[21]　梅莉,等.两湖平原开发探源[M].南昌:江西教育出版社,1995.

[22]　缪启愉.太湖塘浦圩田史研究[M].北京:农业出版社,1985.

[23]　彭雨新,张建民.明清长江流域农业水利研究[M].武汉:武汉大学出版社,1993.

[24]　中央气象局研究所.气候变迁和超长期预报文集[M].北京:科学出版社,1977.

[25]　漆侠.宋代经济史:上[M].上海:上海人民出版社,1987.

[26]　齐涛.魏晋隋唐乡村社会研究[M].济南:山东人民出版社,1995.

[27]　钱穆.古史地理论丛[M].北京:生活·读书·新知三联书店,2004.

[28]　任美锷,等.中国自然区域及开发整治[M].北京:科学出版社,1992.

[29]　斯波义信.宋代江南经济史研究[M].方健,等译.南京:江苏人民出版社,2001.

[30]　史念海.中国历史地理论丛[C].第1~34辑.

[31]　谭其骧.长水集[M].北京:人民出版社,1987.

[32]　谭其骧,等.中国历史地图集[M].北京:地图出版社,1982.

[33]　万绳楠,庄华峰,等.中国长江流域开发史[M].合肥:黄山书社,1997.

[34]　王社教.苏皖浙赣地区明代农业地理研究[M].西安:陕西师范大学出版社,1999.

[35]　王玉德,张金明,等.中华五千年生态文化:上下册[M].武汉:华中师范大学出版
社,1999.

[36]　魏嵩山.太湖流域开发探源[M].南昌:江西教育出版社,1993.

[37]　吴松弟.中国移民史:4卷[M].福州:福建人民出版社,1997.

[38]　西岛定生.中国经济史研究[M].冯佐哲,等译.北京:农业出版社,1984.

[39]　徐扬杰.宋明家族制度史论[M].北京:中华书局,1995.

[40] 杨果.宋代两湖平原地理研究[M].武汉:湖北人民出版社,2001.

[41] 冀朝鼎.中国历史上的基本经济区[M].朱诗鳌,译.北京:商务印书馆,2014.

[42] 张家驹.两宋经济重心的南移[M].武汉:湖北人民出版社,1957.

[43] 张建民,宋俭.灾害历史学[M].长沙:湖南人民出版社,1998.

[44] 郑学檬.中国古代经济重心南移和唐宋江南经济研究[M].长沙:岳麓书社,2003.

[45] 郑肇经.太湖水利技术史[M].北京:农业出版社,1987.

[46] 中共中央马克思恩格斯列宁斯大林著作编译局.马克思恩格斯全集[M].北京:人民出版社,2006.

[47] 中国科学院中国自然地理编辑委员会.中国自然地理[M].北京:科学出版社,1985.

[48] 中国科学院植被编辑委员会.中国植被[M].北京:科学出版社,1980.

[49] 中国农业科学院,南京农业大学中国农业遗产研究室.中国古代农业科学技术史简编[M].南京:江苏科学技术出版社,1985.

[50] 周振鹤.中国历史文化区域研究[M].上海:复旦大学出版社,1997.

[51] 朱雷.敦煌吐鲁番文书论丛[M].兰州:甘肃人民出版社,2000.

[52] 朱士光.黄土高原地区环境变迁及其治理[M].郑州:黄河水利出版社,1999.

[53] 竺可桢.竺可桢文集[M].北京:科学出版社,1979.

[54] 张全明.两宋生态环境变迁史:上[M].北京:中华书局,2015.

[55] 张全明.两宋生态环境变迁史:下[M].北京:中华书局,2015.

(二) 论文

[1] 卜风贤.中国农业灾害史研究综论[J].中国史研究动态,2001(2).

[2] 陈家其.南宋以来太湖流域大涝大旱及其近期趋势估计[J].地理研究,1987(1).

[3] 陈桥驿.历史时期西湖的发展和变迁[J].中原地理研究,1985(2).

[4] 陈志一.关于占城稻[J].中国农史,1984(3).

[5] 崔思棣.江淮地区圩田初探[J].安徽史学,1984(6).

[6] 樊志民,冯风.关于历史上的旱灾与农业问题研究[J].中国农史,1988(1).

[7] 葛金芳,顾蓉.宋代江南地区的粮食亩产及其估算方法辨析[J].湖北大学学报,2000(3).

[8] 何炳棣,谢天祯.中国历史上的早熟稻[J].农业考古,1990(1).

[9] 黄粟嘉.从苏州地区历史的沿革看耕作制度的改革[J].农业考古,1986(1).

[10] 姜文来.湿地资源开发可持续环境影响评价研究[J].中国环境科学,1997,17(5).

[11] 雷慰慈.长江流域生态形势、灾害趋势与湿地保护[J].地球科学,1999,24(4).

[12] 李伯重.宋末至明初江南农民经营方式的变化(十三、十四世纪江南农业变化探讨之三)[J].中国农史,1998(2).

[13]　李伯重.我国稻麦复种制产生于唐代长江流域考[J].农业考古,1982(2).

[14]　林立平.试论唐宋之际城市分布重心的南移[J].暨南学报,1989(2).

[15]　鲁西奇.人地关系理论与历史地理研究[J].史学理论研究,2001(2).

[16]　闵宗殿.宋明清时期太湖地区水稻亩产量的探讨[J].中国农史,1984(3).

[17]　彭文宇.唐宋福建沿海围垦发展的原因及特点[J].农业考古,1989(1).

[18]　施正康.宋代两浙水利人工和经费初探[J].中国史研究,1987(3).

[19]　史继刚.宋代屯田、营田问题初探[J].中国社会经济史研究,1999(2).

[20]　王剑,等.论长江流域河湖体系演化与洪灾防治[J].岩相古地理,1998,18(5).

[21]　吴滔.建国以来明清农业自然灾害研究综述[J].中国农史,1992(4).

[22]　向祥海.论宋代圩田[J].湘潭大学学报,1992(2).

[23]　许怀林.明清鄱阳湖区的圩堤围垦事业[J].农业考古,1990(1).

[24]　杨果.宋代荆江堤防的历史考察[J].中国史研究,1999(4).

[25]　殷鸿福,等.长江中游的泥沙淤积问题[J].中国科学 D 辑·地球科学,2004(3).

[26]　袁震.宋代户口[J].历史研究,1957(3).

[27]　曾雄生.宋代的双季稻[J].自然科学史研究,2002(3).

[28]　曾雄生.宋代的早稻和晚稻[J].中国农史,2002(1).

[29]　曾昭燏,尹焕章.江苏古代历史上的两个问题[C]//江苏省出土文物选集.北京:文物出版社,1963.

[30]　张芳.宋代两浙的围湖垦田[J].农业考古,1986(1).

[31]　张国旺.近年来中国环境史研究综述[J].中国史研究动态,2003(3).

[32]　张家诚.气候变化对中国农业生产的影响初探[J].地理研究,1982(2).

[33]　张家炎.明清长江三角洲地区与两湖平原农村经济结构演变探异[J].中国农史,1996,15(3).

[34]　郑学檬.宋代两浙围湖垦田之弊[J].中国社会经济史研究,1982(3).

[35]　郑学檬,陈衍德.略论唐宋时期自然环境的变化对经济重心南移的影响[J].厦门大学学报(哲社版),1991(4).

[36]　周宏伟.历史时期长江清浊变化的初步研究[J].中国历史地理论丛,1999(4).

[37]　周生春.论宋代太湖地区农业的发展[J].中国史研究,1993(3).

[38]　周生春.论宋代浙西、江东水利田的异同及利弊[C]//文史:第 43 辑.北京:中华书局,1997.

[39]　周生春.试论宋代江南水利田的开发和地主所有制的特点[J].中国农史,1995(3).

[40]　周生春.宋代浙西、江东地区水利田的开发[J].浙江学刊,1991(6).

[41]　朱士光.历史时期江汉平原农业区的形成与农业环境的变迁[J].农业考古,1991(3).

[42]　竺可桢.南宋时代我国气候之揣测[J].科学,1925,10(2).

[43]　竺可桢.中国近五千年来气候变迁的初步研究[J].考古学报,1972(1):15-38.

[44]　竺可桢.中国历史上气候之变迁[J].东方杂志,1925,22(2).

后 记

自 20 世纪 90 年代开始,我便对古代长江下游的圩田开发问题产生了浓厚的兴趣。当时,为便于学者开展研究,我搜集圩田志方面的资料,编辑出版了《古代长江下游圩田志整理与研究》一书,同时试作一些文章,每有收获。在此基础上,我于 2004 年以"7—19 世纪长江下游圩田开发与生态环境变迁"为题申报国家社科基金项目,试图在已有学术积累的基础上,运用多学科的手段和方法,以长时段的视野,进行多方面有重点的实地考察,对自唐代以来长江下游圩田开发与生态环境的关系,进行贯通性的、多层次的综合研究,从而为本地区协调经济发展与生态环境的关系,保证该地区"生态-经济-社会"三维复合系统的健康运行与可持续发展,提供可靠的基础理论依据与历史借鉴。申请项目于当年获准立项后,我与课题组成员经过几年的努力,顺利完成了研究任务,于 2009 年获准结项。呈现在读者面前的这部拙著就是该项目结题成果中"唐宋"部分的内容。在这里,首先要感谢五位不知姓名的成果鉴定专家的提携与鼓励,他们提出的很多富有建设性的意见与建议为拙著的修改和完善指明了方向。

本书部分章节的内容经修改,曾在《光明日报》《中国历史地理论丛》《中国农史》《中国社会科学院研究生院学报》等学术期刊上发表,在此谨对这些期刊及编辑表示感谢。清华大学历史系张国刚教授对本书的写作和完善给予了指导,中国社会科学院经济研究所魏明孔研究员拨冗为本书作序;我的同事沈世培教授撰写了本书的第四章。在此,谨对他们表示最真诚的感谢!

在本书出版过程中,得到了中国科学技术大学出版社领导和编辑的大力支持,借此机会,谨向他们表示最诚挚的谢意!

在本书的资料查阅及校对过程中,我的博士和硕士研究生付秀兵、黄伟、蔡燕灵、余运生、钱久隆、姜文浩、李雨帆诸君付出了很多心力。对于他们的诚挚相助,亦深表谢忱!

"文章千古事,得失寸心知。"本书即将付梓,但我的心情并未因此而感到轻松,由于写作匆忙,出手也匆忙,加之学识浅薄,书中难免有许多缺憾和不足,恳请学界前辈、同仁不吝赐教。

行笔至此,已是深夜时分了,大地一片静谧,辛劳了一天的人们早已进入梦乡。进行"文化苦旅"的我,此时不由得想起王国维对苦涩的治学之道所给予的诗意般概括:"古今之成大事业、大学问者,必经过三种之境界:'昨夜西风凋碧树,独上高楼,望尽天涯路。'此第一境界也。'衣带渐宽终不悔,为伊消得人憔悴。'此第二境界也。'众里寻他千百度,蓦然回首,那人却在,灯火阑珊处'。此第三境界也。未有不阅第一、第二境界而能遽跻第三境界者。"可见做大学问,要具有"蓦然回首"的功夫,要有"独上高楼"的勇气和"终不悔"的决心才行。王氏之说还告诉我们,唯有经过这三大境界,才能真正领略到治学的快乐和幸福。

庄华峰

识于江城怡墨斋

2022 年 10 月 16 日